国家自然科学基金项目“核主泵动静叶栅内部非定常流动及其激励机制”（51866009）
国家自然科学基金项目“核主泵动静叶栅匹配规律及瞬态干涉效应研究”（51469013）
国家自然科学基金项目“混流泵叶轮与导叶耦合模式的瞬态效应及多参数匹配规律研究”（51369015）
资助

Complex Flow Theory and Optimization Design Method for Reactor Coolant Pumps

核主泵内部复杂流动理论与优化方法

程效锐　黎义斌 - 著

镇　江

图书在版编目(CIP)数据

核主泵内部复杂流动理论与优化方法 / 程效锐，黎义斌著. — 镇江 ：江苏大学出版社，2019.8
ISBN 978-7-5684-1175-2

Ⅰ. ①核… Ⅱ. ①程… ②黎… Ⅲ. ①主泵－应用－反应堆－研究 Ⅳ. ①TB752

中国版本图书馆 CIP 数据核字(2019)第 180144 号

核主泵内部复杂流动理论与优化方法
Hezhubeng Neibu Fuza Liudong Lilun Yu Youhua Fangfa

著　　者/程效锐　黎义斌
责任编辑/孙文婷
出版发行/江苏大学出版社
地　　址/江苏省镇江市梦溪园巷 30 号(邮编：212003)
电　　话/0511-84446464(传真)
网　　址/http://press.ujs.edu.cn
排　　版/镇江市江东印刷有限责任公司
印　　刷/镇江文苑制版印刷有限责任公司
开　　本/718 mm×1 000 mm　1/16
印　　张/14.5
字　　数/278 千字
版　　次/2019 年 8 月第 1 版　2019 年 8 月第 1 次印刷
书　　号/ISBN 978-7-5684-1175-2
定　　价/48.00 元

如有印装质量问题请与本社营销部联系(电话:0511-84440882)

前　言

核电站系统中，核反应堆主冷却剂循环泵（又称核主泵、一回路泵）是一回路唯一高速旋转的设备，被喻为核反应堆的“心脏”。核主泵是核反应堆冷却剂系统的动力设备之一，是一回路的主要压力边界。核主泵的主要作用是给核反应堆供给冷却剂，实现一回路系统内冷却剂的循环，以便将反应堆的热量带至蒸汽发生器并加热二回路热工质。因此，核主泵对整个核电站的安全具有至关重要的作用。

近年来，本课题组先后获得了国家自然科学基金“混流泵叶轮与导叶耦合模式的瞬态效应及多参数匹配规律研究”(51369015)、“核主泵动静叶栅匹配规律及瞬态干涉效应研究”(51469013)和“核主泵动静叶栅内部非定常流动及其激励机制”(51866009)的资助。课题组围绕核主泵设计理论和优化方法、动静叶栅水动力学特性、非定常流动机理及其压力脉动特性、动静叶栅多参数匹配规律等方面进行了系统研究，初步构建了核主泵内部流动理论和优化设计方法，为核主泵的设计制造提供了理论依据。

本书是在长期从事核主泵内部复杂流动理论研究和优化设计的基础上积累而成的，期望为从事核主泵理论研究和工程设计的人员、研究生及技术人员提供参考。本书的出版获得了兰州理工大学“流体机械与能源装备”红柳特色优势学科的资助，得到了兰州理工大学杨从新教授、王秀勇副教授的大力支持，谨在此致以衷心的感谢。作者课题组的郭艳磊老师和硕士生常正柏、王晓全、王鹏、张爱民、陈红杏、胡鹏林、齐亚楠、毕祯、祁炳、朱涵等为本书的出版付出了辛勤劳动，在此向他们表示感谢。在本书的撰写过程中，参考和引用了大量的国内外相关文献，在此向这些文献的作者一并表示感谢。

由于作者水平有限，书中难免存在不妥或疏漏之处，敬请读者批评指正。

程效锐　黎义斌

2019年5月于兰州理工大学

目 录

1 绪 论 001

1.1 研究背景和意义 001

1.2 核主泵动静叶栅内部复杂流动研究进展 002

1.2.1 核主泵动静叶栅内部非定常流动研究进展 003

1.2.2 核主泵动静叶栅内部两相流动的研究进展 004

1.3 本书的主要内容 005

2 核主泵动静叶栅内部流动数值计算方法 007

2.1 流动控制方程与求解方法 008

2.1.1 流动控制方程 008

2.1.2 湍流数值求解方法 008

2.1.3 求解流动问题的计算模型 010

2.1.4 湍流模型 012

2.2 核主泵内部空化流动模型及数值方法 014

2.2.1 完全空化模型(Full Cavitation Model) 014

2.2.2 VOF(Volume of Fluid)模型 015

2.2.3 均相流模型 016

3 核主泵模型样机试验系统 020

4 核主泵水力模型设计方法与数值优化研究 024

4.1 核主泵水力性能数值预测的缩比效应研究 024

4.1.1 模型额定工况参数换算与修正 024

4.1.2 水力模型方案 025

4.1.3 数值计算方法 025

4.1.4 数值计算结果与分析 027

4.2 核主泵动静叶栅比面积调控的协同设计 030
4.2.1 比面积的定义及控制因素 030
4.2.2 数值计算方法 031
4.2.3 导叶进口参数的确定 032
4.2.4 最佳比面积的影响因素分析 034
4.2.5 比面积对水力性能的影响 036
4.3 基于正交试验的核主泵导叶水力性能优化 039
4.3.1 正交试验设计 039
4.3.2 模型及网格 040
4.3.3 数值计算结果与分析 041
4.4 导叶扩散度对核主泵水力性能影响的数值分析 046
4.4.1 研究对象和研究方法 046
4.4.2 控制因素水平选取 047
4.4.3 数值计算结果与分析 048
4.4.4 正交数值试验结果分析 050
4.5 导叶轴向安放位置对核主泵性能的影响 054
4.5.1 模型描述与数值计算 055
4.5.2 计算结果及分析 056
4.6 核主泵叶轮与导叶叶片数匹配的数值优化 065
4.6.1 计算模型的建立 065
4.6.2 数值计算结果与分析 066
4.7 动静转子间隙对核主泵性能的影响 074
4.7.1 计算模型的建立和模型算法 074
4.7.2 确定动静转子间隙的选取范围 075
4.7.3 动静转子间隙对核主泵外特性的影响分析 076
4.7.4 动静转子间隙对核主泵内流场的影响分析 077

5 核主泵环形压水室内部流动特性分析 085
5.1 核主泵环形压水室内的能量转换特性 085
5.1.1 计算模型与网格 085
5.1.2 计算结果及分析 086
5.2 隔舌圆角对核主泵环形压水室流动特性的影响 091
5.2.1 模型描述与数值计算 092
5.2.2 设计方案确定 092

5.2.3 数值计算结果与分析 093
5.3 导叶周向位置对环形压水室内流特性的影响 099
5.3.1 计算模型 099
5.3.2 导叶周向安放位置对环形压水室性能的影响 100
5.3.3 导叶周向安放位置对环形压水室内压力分布的影响 101
5.3.4 导叶周向安放位置对环形压水室内湍动能分布的影响 104
5.3.5 导叶周向安放位置对环形压水室内流量变化规律的影响 105
5.3.6 导叶周向安放位置对环形压水室内速度场分布的影响 105
5.3.7 导叶周向安放位置对环形压水室内流场分布的影响 107
5.4 核主泵导叶轴向安放位置与隔舌倒圆半径匹配研究 109
5.4.1 计算模型 110
5.4.2 不同匹配组合下模型泵扬程和效率变化 111
5.4.3 不同匹配组合下叶轮扬程和效率变化 114
5.4.4 不同匹配组合下导叶和压水室损失变化 116
5.4.5 不同匹配组合下导叶和压水室损失和变化 118
5.4.6 不同匹配组合下模型泵内部流场分析 120

6 核主泵动静叶栅内部瞬态流动特性研究 125
6.1 核主泵内部流动干涉的瞬态效应研究 125
6.1.1 动静干涉对扬程的脉动效应 125
6.1.2 动静干涉对导叶流量脉动效应的影响 126
6.1.3 动静干涉界面的静压效应 127
6.1.4 动静叶栅内部涡团演化过程 129
6.2 导叶周向安放位置对压力脉动的影响规律 132
6.2.1 导叶周向安放位置及监测点布置 132
6.2.2 导叶周向安放位置对叶轮出口处压力脉动的影响 133
6.2.3 导叶周向安放位置对叶轮-导叶间隙处压力脉动的影响 135
6.2.4 导叶周向安放位置对环形压水室内压力脉动的影响 136
6.2.5 压力脉动最大能量幅值 138
6.2.6 导叶周向安放位置对泵内流场的影响 139
6.3 导叶轴向安放位置对核主泵非定常压力脉动的影响 140
6.3.1 导叶轴向安放位置及监测点布置 140
6.3.2 导叶轴向安放位置对周向压力脉动的影响 141
6.3.3 导叶轴向安放位置对径向压力脉动的影响 143

6.3.4 导叶轴向安放位置对隔舌及出口处压力脉动的影响 144
6.3.5 导叶轴向安放位置对内流场的影响 146
6.4 动静间隙对核主泵动静干涉的影响 147
6.4.1 动静间隙及监测点布置 147
6.4.2 动静间隙对叶轮出口压力脉动的影响分析 148
6.4.3 动静间隙对叶轮-导叶间隙处压力脉动的影响分析 149
6.4.4 动静间隙对导叶处压力脉动的影响分析 153

7 核主泵水力结构参数的匹配对叶轮载荷的影响 155
7.1 核主泵叶轮能量转换与叶片载荷的关联性研究 155
7.1.1 变流量工况下叶轮内流动特征 155
7.1.2 变流量工况下叶轮内能量转换 158
7.1.3 变流量工况下叶片载荷分布规律 159
7.2 导叶周向位置对核主泵叶轮径向力的影响 161
7.2.1 导叶周向布置方案 162
7.2.2 导叶周向位置对核主泵外特性的影响 162
7.2.3 导叶周向位置对叶轮径向力的影响 163
7.2.4 同一周向位置不同工况对叶轮径向力的影响 167
7.3 导叶轴向位置对核主泵叶轮径向力的影响规律 170
7.3.1 导叶轴向布置方案 170
7.3.2 导叶轴向位置对核主泵外特性的影响 171
7.3.3 导叶轴向位置对核主泵叶轮出口压力脉动的影响 172
7.3.4 导叶轴向位置对叶轮径向力的影响 174
7.4 核主泵前后腔口环间隙对轴向力的影响 178
7.4.1 口环间隙方案 178
7.4.2 轴向力理论计算 179
7.4.3 不同口环间隙下轴向力变化规律 179
7.4.4 口环间隙变化对核主泵外特性的影响 181
7.4.5 口环间隙变化对核主泵内流场的影响 182
7.5 核主泵叶轮叶片数与叶片载荷的关联性分析 185
7.5.1 叶轮叶片数对核主泵外特性的影响 185
7.5.2 叶轮叶片数对核主泵内流场的影响 187
7.5.3 叶轮叶片数对核主泵叶片载荷的影响 190

8 核主泵动静叶栅内部空化流动特性研究 193

8.1 弱空化状态下核主泵空化流动特性与能量转换关系 193

8.1.1 空化模型计算方法 193

8.1.2 试验验证 194

8.1.3 计算结果及分析 195

8.2 弱空化状态下空化发展对核主泵性能的影响 202

8.2.1 空化流动对核主泵外特性的影响 203

8.2.2 空化流动对过流部件性能的影响 203

8.2.3 空化状态下核主泵叶轮内压力分布 206

8.3 空化状态下核主泵叶轮内流场分布规律 208

8.3.1 空化状态下核主泵叶轮内速度场分布 208

8.3.2 空化状态下核主泵叶轮湍流耗散分布 208

8.4 叶片进口边几何形状对核主泵空化流动特性的影响 210

8.4.1 计算模型方案 210

8.4.2 叶片进口边几何形状对核主泵外特性的影响 211

8.4.3 叶片进口边几何形状对泵空化性能的影响 212

参考文献 217

1 绪　论

1.1 研究背景和意义

核电站系统中，核反应堆主冷却剂循环泵（又称核主泵、一回路泵）是一回路唯一高速旋转的设备。在整个核电系统中，核主泵被喻为核岛的“心脏”，其安全级别为质保一级。核主泵是核反应堆冷却剂系统的关键动力设备之一，是一回路的主要压力边界。其主要作用是给核反应堆供给冷却剂，实现一回路系统内冷却剂的循环，以便将反应堆的热量带至蒸汽发生器并加热二回路热工质。因此，核主泵对整个核电站的安全具有至关重要的作用。目前，技术运用成熟的核电站为压水堆核电站，主要由核反应堆、一回路和二回路系统及辅助系统与设备组成，其工作原理图如图 1-1 所示。

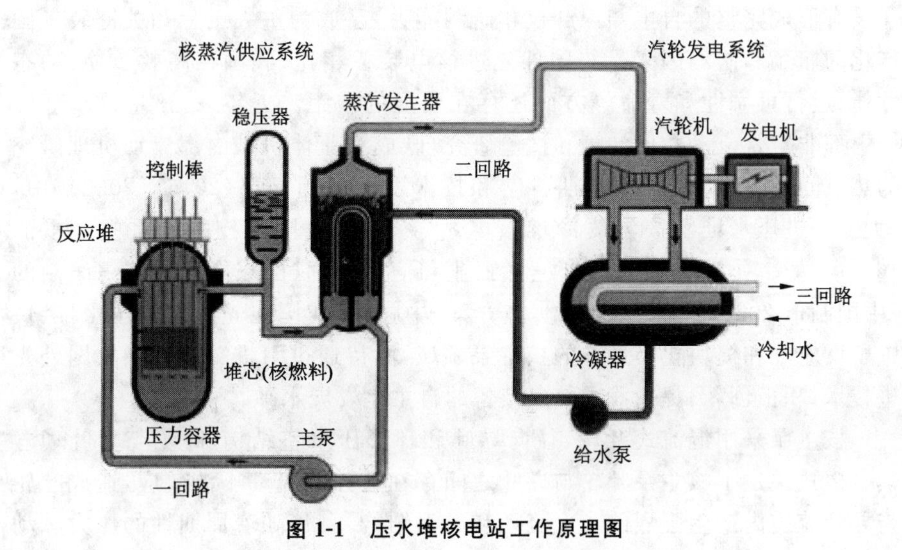

图 1-1　压水堆核电站工作原理图

《国家核电发展专题规划(2005－2020年)》(以下简称《规划》)为我国未来核电技术的发展路线进行了明确规划。《规划》中不仅制定了第三代核电技术引进吸收的路线图,还明确提出了建设CAP1400示范工程。该示范工程选用的发电机组的寿命达到60年以上,单机容量为140万千瓦。近年来,我国在核主泵设计制造的基础理论及研发领域已取得了较大进展。特别地,在核主泵超长使役安全性分析与评价方面,针对轴密封式和屏蔽式2种类型核主泵,已将轴密封式核主泵安全使役时间从40年延长到60年,初步建立了核主泵系统的安全运行评价体系及标准。

核主泵长期在高温、高压下高速运转,驱动高辐射性的冷却剂循环,其对环境温度和压力变化十分敏感。核电站中一回路任一管路破裂引发的失水事故,核主泵的密封破坏引起的泄漏,二、三回路故障引起的一回路温度上升,以及核电站的启停、断电等瞬态工况都会导致核主泵内部发生空化,使其扬程和效率降低,引起反应堆芯过热,严重时会对核主泵性能和安全运行造成重大影响。然而核主泵内部流动非常复杂,在较宽的温度和压力范围内以及大流量瞬变工况下,必须确保泵内不发生空化,从而保证核主泵在启停、断电及回路失水等极端工况的安全运行。

1.2 核主泵动静叶栅内部复杂流动研究进展

目前,我国在第三代核主泵、华龙一号模块堆核主泵、第四代钠冷快堆主泵、高温液态金属铅铋堆主泵和钍基熔盐堆主泵等关键技术装备研究领域,还没有形成完整的自主知识产权和研制能力,已成为重大工程和关键装备国产化的瓶颈和制约因素。与国外先进核电装备相比,我国在高效节能、动态性能、运行可靠性和寿命等方面还存在明显的差距。近年来,核主泵动静叶栅内部非定常流动数值计算和试验研究,已成为流体机械内部流动机理研究的热点问题。在《国家中长期科学和技术发展规划纲要(2016－2020)》中,"大型先进压水堆及高温气冷堆核电站"被列为我国科技发展重中之重的16个重大专项之一。国家发改委、工业和信息化部、国家能源局组织编制的《中国制造2025——能源装备实施方案》中强调,我国在先进大型压水堆、快中子反应堆和模块化小型堆的核主泵领域,亟待通过引进、消化、吸收国外先进技术,积极创新,提高我国核电装备的自主化发展水平。

核主泵采用混流式叶轮、径向导叶和环形压水室结构,叶轮与导叶动静耦合模式决定了核主泵叶轮与导叶之间存在较强的流动干涉效应,造成叶轮与导叶流道内产生强烈的二次流动和漩涡结构,且伴随着周期性的压力脉动和其他流动不稳定现象，从而诱发核主泵机组的周期性振动和噪声。同时，由于核主泵内的压力超过15 MPa，设计点入口流速超过15 m/s，将会使上述问题变得更加复杂。因此，开展核主泵内部非定常流动机理研究，对于核主泵设计制造，实现核电安全和可持续发展具有非常重要的意义。

1.2.1 核主泵动静叶栅内部非定常流动研究进展

德国KSB公司与美国西屋电力公司在核反应堆冷却剂主循环泵水力部件研发领域拥有卓越的技术和丰富的经验，成果颇丰。Knierim等针对1 400 MW核电站（APR1400）用核主泵的研发过程，详细介绍了原始水力模型设计要求，并设计了满足要求的核主泵。然后对泵全流道流动情况进行了数值模拟，并将理论研究得到的结论作为下一步优化设计的工作依据。最终加工制造出1∶2的模型泵，重点开展了叶轮进口空化流场可视化试验、整泵的四象限全特性试验及动态压力脉动测量，以此检验设计理论及结果的可靠性。Baumgarten等在AP1000－RUV型核反应堆冷却剂主循环泵结构的研究基础上，采用CFD技术对泵水力部件参数进行了优化设计。随后制造加工出1∶2模型泵，开展了水力性能、惰转性能、热态传热与瞬态过程及转子动力学特性等较全面的试验研究工作。在泵主要水力部件设计、性能预测、数值模拟及试验方面，主要借鉴混流泵的设计和试验思路。

核主泵内部流动不稳定特性会导致严重的振动，尤其在特殊的准球形压水室中，内部非稳态流场极其复杂，并且对其稳定运行产生危害。相较于普通螺旋形压水室，准球形压水室内会产生典型的流动分离、二次流及回流现象，并且压水室两侧的非定常流动结构极其不对称。Sven Baumgart详细介绍了西屋AP1000反应堆的RUV型核主泵的结构。其水力部件的优化采用CFD技术，最终采用1∶2的模型泵开展了全面的试验研究。韩国原子能研究院（KAERI）为1 400 MW核反应堆设计制造了一台测试用核主泵，进行了冷态与热态性能测试，观察到在特定的温度范围内，压力脉动振幅异常增加。其原因是当核主泵叶片通过频率及其谐波与核主泵测试设备的频率成正比时，声共振现象发生。以上研究显示，核主泵内非定常流动结构可能会导致严重的压力脉动和振动，将会危害泵的安全稳定运行。

龙云等对小流量工况下核主泵驼峰现象进行了数值研究，发现核主泵驼峰现象的形成与叶片的进出口漩涡、导叶流道内的回流、泵的旋转失速等都有密切联系。李靖等分别采用剪切应力输运模型（SST $k-\omega$）和分离涡模型（DES）研究了非均匀分布导叶对核主泵外特性及压力脉动的影响，发现采用一定形式的非均匀分布导叶能够对核主泵的出口流动状态起到改善作用，并且能够在一定程度上提升核主泵的多工况性能。倪丹等采用大涡模拟的方法证实了核主泵内的流动与压力脉动之间的关系，表明压力脉动主要是由核主泵内非定常流动结构引起的。苏宋洲等以AP1000核主泵为例，利用统计学方法来描述无量纲化下的压力脉动，从而得出转子部件流道的压力脉动各不一样，而且核主泵在常温下偏离于设计工况时，压力脉动会增强，此时振动会更加严重。在核主泵叶轮优化方面，杨敏官等利用计算流体动力学(CFD)方法研究了叶型厚度变化规律对核主泵叶轮水力性能的影响，发现叶片流面上最大厚度在叶片适当位置时，其水力性能相对较优。同时通过分析叶轮叶片正、背面静压，获得了其分布及变化规律。

1.2.2 核主泵动静叶栅内部两相流动的研究进展

当反应堆发生失水事故时，核主泵将处于两相混合运行状态。这种情况可能会增加二次回路的泄漏损失，这将会阻止热交换器带走主冷却剂中的热量，引起温度的升高并最终导致液体汽化，增加主回路受到破坏的可能性。朱荣生等对核主泵在失水事故下进行分析，指出叶轮内气体主要分布在叶轮轮毂附近区域；当含气量超过一定范围时泵性能下降，核主泵无法安全运行。朱荣生等对核主泵失水事故下气液两相流进行了定量分析，数值计算了空泡份额对核主泵性能的影响。Poullikkas利用高速视频监测了气液两相下核主泵叶轮内的不稳定流动过程，提出了失水事故下的压头改进模型。当核电站外围回路发生失水事故时，堆芯停堆需要大量的冷却液来冷却堆芯，此时核主泵的安全稳定运行对堆芯的冷却和核电站的安全停堆具有至关重要的影响。等截面类球形压水室及特殊的出流方式使得核主泵内部产生不同程度的回流，尤其是导叶流道内部。回流对核主泵的效率、空化，特别是振动噪声具有很大的影响。

核主泵在排气过渡工况运行时，泵内流动状态十分复杂且不稳定，其剧烈的流动变化使核主泵内部的压力、径向力、速度分布等动力特性发生较大变化，同时气液两相下叶轮高速旋转导致的泵内气体聚集、边界层分离、气相与液相的滑移作用，以及叶轮与导叶的动静干涉作用、二次回流，诱发核主泵产生明显的振动噪声响应，影响核主泵安全可靠运行。因此，研究核主泵排气过渡过程中内部的瞬态动力特性，对提高核主泵的稳定性具有重要的理论价值。国内外学者针对核主泵在过渡工况下的非稳态流动研究已有相关报道。Farhadi等对核反应堆离心泵启动过程的瞬变工况进行建模分析，通过模拟得到了开机过渡过程的有效能量比率曲线。同时，考虑管道系统湍动能和泵旋转湍动能2个重要参数的影响，从能量的角度对核主泵的启动过程建立了数学模型，启动过程瞬态外特性的预测值与试验值吻合较好，发展了泵启动瞬态分析模型。刘夏杰等针对核主泵断电惰转过程中的瞬态水力特性进行了试验研究，结果表明：在断电瞬间，泵的流量和转速迅速下降，试验结果符合安全标准规定；轴承座位移振动在断电瞬间突然加强，在断电后一段时间转轴振动发生变化。Choi 等通过试验研究了在高温高压水-蒸汽两相流动条件下的核主泵真机性能，同时为主泵两相流模拟提供了试验数据支撑。Gao 等推导了用于计算主泵在断电事故下流量衰减的数学模型，并对泵启动过程中的瞬态特性进行了理论分析。

近年来，国内外学者开展了核主泵内部空化流动研究。付强等通过数值计算和试验研究，分析了转速对 AP1000 核主泵空化特性的影响，采用 Zwart - Gerber - Belamri 空化模型进行了热力学效应修正，并验证了在核主泵空化发生时热力学效应修正的正确性。陆鹏波通过数值计算分析了叶片进口边优化前后的空化流场，得到叶片进口边适当向进口方向延伸，前缘减薄，以及改变叶片厚度可以使临界空化余量减小的结论。王秀礼等基于流固耦合对核主泵汽蚀动力特性进行了研究，得出汽蚀发生区域中气体体积分数最大的地方对应于叶片进口的最大变形量处，且叶轮变形波动幅值的主要因素，对径向力的值产生了重要影响。

1.3 本书的主要内容

本书的研究对象为第二代压水堆核电主泵、第三代非能动系统核电主泵和第四代核电主泵。如图 1-2 所示，第三代核主泵典型结构普遍采用直锥形吸入室、离心式或混流式叶轮、径向导叶和环形压水室的布置型式，核心元件为叶轮、导叶和环形压水室组成的动静叶栅结构，它们不仅要承受十几兆帕的高温介质压力及其瞬变冲击和热冲击载荷，还要克服高负载、热流冲击条件下过流部件微尺度间隙的热变形和零件配合性质的不变性等问题。

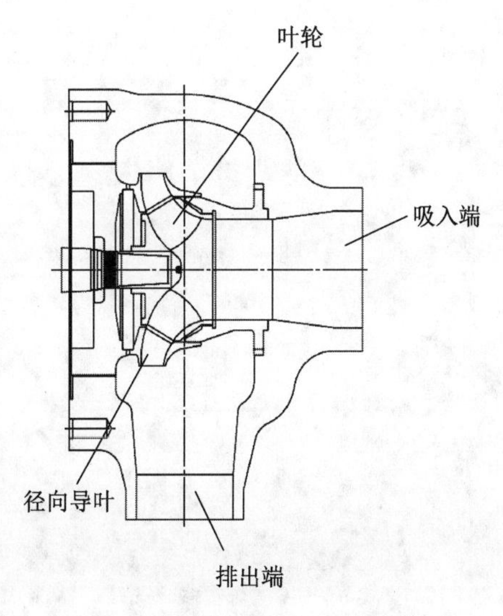

图 1-2 第三代核主泵计算域示意图

在实际运行过程中，核主泵动静

叶栅内部流动受到多重因素的影响，产生动静叶栅流动干涉、流道局部空泡析出、密封间隙的偏心磨损和静叶高频压力脉动，以及上述流动现象诱发的机组流致振动和流致噪声等动态效应。核主泵动静叶栅内部水动力学性能的服役劣化是引起主泵机组振动的主要原因，是核主泵机组安全可靠性降低的主要根源。

所以，本书围绕核主泵动静叶栅内部非定常流动机理及其优化设计方法，在考虑变工况、变转速和介质热效应条件下，建立核主泵动静叶栅多参数的定量匹配关系，提出核主泵动静叶栅水力协同设计理论和优化方法，揭示核主泵动静叶栅内部非定常流动及其压力脉动机理，研究核主泵动静叶栅内部能量转化机理，获得核主泵动静叶栅内部空化流动及演化规律，为核主泵的设计制造提供理论参考。

2

核主泵动静叶栅内部流动数值计算方法

鉴于核主泵动静叶栅内部流场的复杂性，试验方法难以准确测量核主泵内部非定常流动规律，因此CFD数值模拟成为研究核主泵内部非定常流动的主要手段和方法。基于CFD数值模拟方法，首先要建立核主泵动静叶栅内部流动数值计算方法，主要包括流动控制方程和求解方法、求解问题的计算模型、湍流模型、空化模型、定解条件等。

CFD数值计算的基本思路为：将求解域用有限网格代替，在整个计算域内将连续函数的所有点进行离散化，形成所有离散点上的函数值，将控制方程的偏微分形式转化为离散形式，然后求解离散方程，得到有限个离散点上的计算数据。离散格式是一种数值算法，其实质是将数值点的差分取代偏分方程中的导数或偏导。这是数值计算的第一步，对计算结果比较重要，其做法是对流体控制方程在生成网格的基础上进行数值离散，而生成网格首先要将空间连续的计算域进行划分，确定多个子区域中的节点。CFD工作流程如图2-1所示。

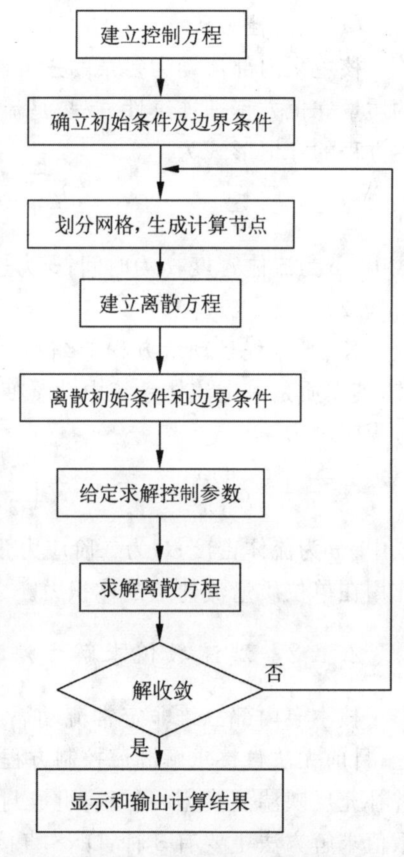

图2-1 CFD工作流程图

2.1 流动控制方程与求解方法

2.1.1 流动控制方程

随着 CFD(Computational Fluid Dynamics)技术的快速发展,目前已可以求解复杂三维黏性流动问题。在核主泵过流部件的水力优化设计中,基于 CFD 技术准确预测核主泵整机水力性能是否满足设计要求,若不满足则提高核主泵整机的水力性能,替代核主泵的模型试验,从而大幅度缩短核主泵水力模型的开发周期和降低其研制成本。

(1)连续性方程

核主泵内部流动为复杂的三维黏性不可压缩湍流问题,核主泵内部流动的质量守恒方程即连续性方程,是流体运动所应遵循的基本定律之一。连续性方程的守恒形式为

$$\frac{\partial \rho}{\partial t}+\nabla \cdot (\rho \boldsymbol{v})=0 \tag{2-1}$$

式中:ρ 为流体密度;t 为时间;$\boldsymbol{v}$ 为速度矢量。

(2)动量方程

N-S 方程是动量方程的缩写,它是流体运动所应遵循的另一个基本规律,其实质是一定流体系统中动量变化率等于作用于其上的外力总和。动量方程表示为

$$\rho \frac{\mathrm{D}\boldsymbol{v}}{\mathrm{D}t}=-\nabla \boldsymbol{P}+\nabla \left(\frac{2}{3}\mu \nabla \cdot \boldsymbol{v}\right)+\nabla \cdot (2\mu \boldsymbol{S})+\rho \boldsymbol{f} \tag{2-2}$$

式中:ρ 为流体密度;$\boldsymbol{P}$ 为二阶应力张量;μ 为动力黏度;$\boldsymbol{S}$ 为变形率张量;$\boldsymbol{f}$ 为作用在单位质量流体上的体积力。

2.1.2 湍流数值求解方法

核主泵内部三维非定常流动属于复杂的三维黏性不可压缩湍流流动问题,目前无法直接求解湍流控制方程。工程上通常将瞬态 N-S 方程时均化,并补充反映湍流模型的方程,组成封闭的控制方程组进行求解。湍流模型的数值求解方法主要有 3 种:DNS 直接数值模拟、LES 大涡模拟和 RANS 雷诺时均法。图 2-2 为湍流模型示意图。

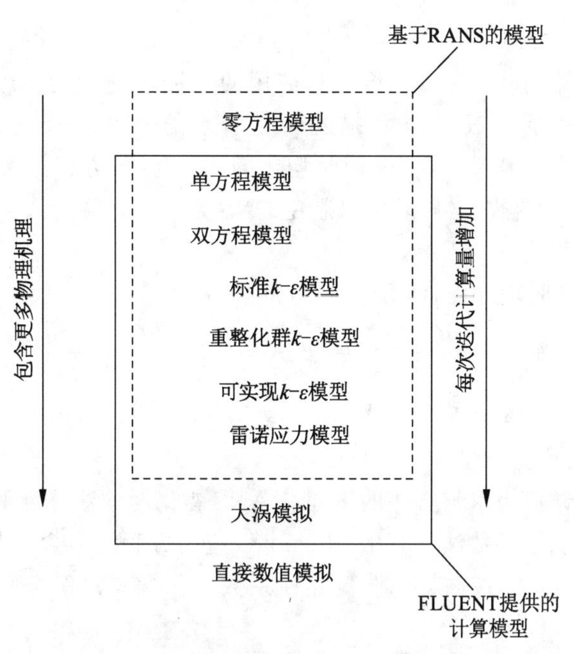

图 2-2 湍流模型示意图

(1) DNS 直接数值模拟

DNS 直接数值模拟方法直接用瞬态 N－S 方程对湍流问题进行数值计算，最大的好处是无须对湍流流动作任何简化或近似，理论上可以得到相对准确的计算结果。但是直接模拟湍流流动，一方面计算区域的尺寸应大到足以包含最大尺度的涡，另一方面计算网格的尺度应小到足以分辨最小涡的运动。然而目前计算机能力所允许的计算网格尺度仍比最小涡尺度大得多，即使计算网格取得足够小，根据计算机的运行速度，直接求解湍流 N－S 方程所需的时间仍然无法接受。目前，直接数值模拟无法用于实际工程计算，仅限于计算较低的雷诺数和具有简单几何边界条件的简单流动问题。

(2) LES 大涡模拟

LES 大涡模拟方法的基本思想：通过瞬态 N－S 方程直接计算出比网格尺度大的湍流，小尺度涡对大尺度涡运动的影响通过一定的模型在瞬态 N－S 方程中体现。建立数学滤波函数和建立亚格子尺度模型是大涡模拟的 2 个重要步骤。滤波函数可以滤掉小尺度涡，分解大涡流场运动方程；建立亚格子尺度模型可以将小涡对大涡运动的影响滤掉。需要说明的是，LES 是介于 DNS 和 RANS 之间的一种湍流数值模拟方法，其对计算机硬件的要求低于

DNS 方法，所以 LES 方法已成为 CFD 研究的热点。

(3) RANS 雷诺时均法

RANS 雷诺时均法是最适合工程应用的一种方法，由于湍流引起的平均流场变化很难用瞬态 N－S 方程描述，而且流场的瞬态 N－S 方程描述对工程实践没有任何实际意义，因而采用时均化的 Reynolds 方程方法，而不是直接求解瞬态 N－S 方程。这样既可以避免 DNS 方法中计算量超大的难点，同时还可以满足工程实际的需要。

雷诺 N－S 时均方程，即 Reynolds 方程：

$$\frac{\partial(\rho u_i)}{\partial t}+\frac{\partial(\rho u_i u_j)}{\partial x_j}=-\frac{\partial p}{\partial x_i}+\frac{\partial \sigma_{ij}}{\partial x_j}+\frac{\partial(-\rho\overline{u_i' u_j'})}{\partial x_j} \tag{2-3}$$

式中：$-\rho\overline{u_i' u_j'}$ 称为湍流应力或 Reynolds 应力；ρ 为密度；p 为压强；u_i' 为脉动速度；σ_{ij} 为应力张量分量。

根据对雷诺应力求解方法的不同，RANS 雷诺时均法分为 Reynolds 应力方程法和湍流黏性系数法。其中，Reynolds 应力方程法包含代数应力方程模型和 Reynolds 应力方程模型；湍流黏性系数法包含零方程模型、一方程模型和两方程模型。

目前，雷诺时均 N－S 方程方法计算量小，能够快速、经济地给出预测结果，但其普适性差，尤其对大曲率分离流动、叶栅角区二次流和跨尺度旋转间隙流等非定常湍流问题难以给出令人满意的结果。LES 大涡模拟十分适合大尺度叶栅分离涡的研究且可以节省计算量，但其对网格要求极高。RANS/LES 混合方法结合了 RANS 与 LES 方法各自的优点，能在较小的计算量下较为准确地模拟复杂流动问题，使得其近年来已成为湍流模型研究的热点。近年来，基于 RANS/LES 混合方法产生了几类高精度混合 RANS/LES 湍流模型：DES 模型、DDES 模型和 IDDES 模型。

2.1.3 求解流动问题的计算模型

建立描述核主泵计算域的控制方程后，还要形成所求解流动问题的计算模型，主要包括：计算模式、计算域的数值离散方法、空间离散格式、时间域离散格式、时间积分步长、流场数值算法、几何模型、计算网格、定解条件、滑移网格等。

(1) 计算模式

计算模式即核主泵内部流场是定常或非定常、单相流或多相流、流体是否考虑黏性、是否考虑温度变化等。对于核主泵的快速启停过程、空化初生和演化过程，以及压力脉动特性，均属于非定常流动分析，即需要考虑时间因素的影响。对于稳态工况下核主泵内部流动分析，一般只需定常计算，即在控制方程中不考虑时间项，从而大幅度减少计算量。

(2) 离散方法及离散格式

计算域的数值离散方法是指变量在离散节点之间的分布假设及相应推导离散方程的方法。常用的方法有有限差分法、有限元法和有限体积法，近年来使用最广泛的是有限体积法。FLUENT，STAR-CD 和 CFX 都是常用的基于有限体积法的商用软件，它们在流动、传热传质、燃烧和辐射等方面应用广泛。

(3) 数值算法

流场数值算法本质上是指离散方程组的解法，主要有耦合式解法和分离式解法。一种常用的分离式解法是基于原始变量模式的压力修正算法，即 SIMPLE 算法，意为求解压力耦合方程组的半隐式方法。此外，还有改进的 SIMPLE 算法、SIMPLEC 算法及 PISO 算法等。

(4) 计算模型和网格划分

核主泵计算模型包含叶轮、导叶、环形压水室、叶轮与泵体之间的前腔、叶轮与泵盖之间的后腔、密封环间隙等计算区域，结构复杂，需要借助于具有强大的 3D 设计功能的设计软件 Pro/ENGINEER 来完成三维实体的造型。采用 ICEM CFD 网格生成软件，根据各部分结构分别进行网格划分。叶轮、导叶和环形压水室采用块结构化网格。为了更好地捕捉流场的细微流动结构变化规律，根据需要可对核主泵动静叶栅内部流道进行局部加密。泵吸入端和排出端采用六面体结构网格，以减少网格数量，从而减少计算量。通过网格无关性检查，确定用于数值计算的网格数。

(5) 定解条件

边界条件是求解任何物理问题都要设定的，常用的有速度进口、压力进口、壁面、出口等。选择正确的边界条件是得到正确的计算结果的关键。看似简单，但准确给定复杂问题的边界条件并不是一件容易的事，需要通过积累经验以达到熟能生巧的目的。初始条件是非定常(瞬态)问题所必须输入的内容，表征各物理量在初始时刻的取值。初始条件是所研究对象在过程开始时刻各个求解变量的空间分布情况。对于瞬态问题，必须给定初始条件；对于定常流动问题，不需要给定初始条件。

流场求解中，压力与速度耦合采用 SIMPLEC 算法，采用二阶迎风格式离散基本方程组，迭代进行求解。代数方程迭代计算采取亚松弛，设定收敛精度为 10^{-4}。计算的收敛精度和结果的准确性受边界条件选取的影响较大，所以设叶轮进口为质量入流条件，进口参考压力设为 101 325 Pa；出口设置为自由出流。固壁面设为无滑移壁面，即壁面上各速度分量均为0。对近壁面的湍流流动按标准壁面函数处理。

2.1.4 湍流模型

(1) RNG $k-\varepsilon$ 湍流模型

RNG $k-\varepsilon$ 湍流模型即为重整化群 $k-\varepsilon$ 湍流模型(Renormalization Group $k-\varepsilon$，简称 RNG $k-\varepsilon$)。RNG $k-\varepsilon$ 湍流模型使雷诺时均 N-S 方程封闭，其张量形式为

$$\rho\frac{\mathrm{d}k}{\mathrm{d}t}=\frac{\partial}{\partial x_j}\left(\alpha_k\mu_{\mathrm{eff}}\frac{\partial k}{\partial x_j}\right)+2\mu_t\bar{\boldsymbol{S}}_{ij}\frac{\partial\bar{u}_i}{\partial x_j}-\rho\varepsilon \tag{2-4}$$

$$\rho\frac{\mathrm{d}\varepsilon}{\mathrm{d}t}=\frac{\partial}{\partial x_j}\left(\alpha_\varepsilon\mu_{\mathrm{eff}}\frac{\partial\varepsilon}{\partial x_j}\right)+2C_{1\varepsilon}\frac{\varepsilon}{k}\mu_t\bar{\boldsymbol{S}}_{ij}\frac{\partial\bar{u}_i}{\partial x_j}-R-C_{2\varepsilon}\rho\frac{\varepsilon^2}{k} \tag{2-5}$$

式中：μ_t 为湍流黏性系数，是湍动能 k 和湍动能耗散率 ε 的函数；μ_{eff} 为 μ_t 与 μ 之和；$\bar{\boldsymbol{S}}_{ij}$ 为应变率张量。

$$\bar{\boldsymbol{S}}_{ij}=\frac{1}{2}\left(\frac{\partial\bar{u}_i}{\partial x_j}+\frac{\partial\bar{u}_j}{\partial x_i}\right) \tag{2-6}$$

R 为 ε 方程中的附加源项，代表平均应变率对 ε 的影响。

$$R=\frac{C_\mu\rho\eta^3\left(\frac{1-\eta}{\eta_0}\right)}{1+\beta\eta^3}\frac{\varepsilon^2}{K} \tag{2-7}$$

其中，$\eta=Sk/\varepsilon$，$C_\mu=0.084\,5$，$C_{1\varepsilon}=0.42$，$C_{2\varepsilon}=1.68$，$\alpha_k=1.0$，$\alpha_\varepsilon=0.769$，$\beta=0.012$，$\eta_0=4.38$。

(2) SST $k-\omega$ 湍流模型

1994年，Menter将 $k-\varepsilon$ 湍流模型和 $k-\omega$ 湍流模型的模化思路融合为 SST $k-\omega$ 湍流模型，称为剪切压力传输模型(Shear Stress Transport，SST $k-\omega$)湍流模型，即在近壁面使用 $k-\omega$ 湍流模型，在边界层外和自由流区使用 $k-\varepsilon$ 湍流模型，在混合区域内则通过一个加权函数混合使用这2种模型，使得 SST $k-\omega$ 湍流模型对逆压梯度流动的数值预测得到了修正。但该模型对于大曲率和旋转流动模式还存在较大的偏差。SST $k-\omega$ 湍流模型集合了 $k-\varepsilon$ 湍流模型和 $k-\omega$ 湍流模型的优势，对于核主泵动静叶栅内部流动的数值描述具有一定适定性。

张量形式的 SST $k-\omega$ 湍流模型的方程如下：

$$\frac{\partial}{\partial x}(\rho u_i)+\frac{\partial}{\partial x_j}(\rho u_i u_j)=-\frac{\partial p}{\partial x_i}+\frac{\partial}{\partial x_j}\left(\Gamma\frac{\partial u_i}{\partial x_j}\right)+S_i\ (i=1,2,3) \tag{2-8}$$

$$\frac{\partial}{\partial t}(\rho k)+\frac{\partial}{\partial x_j}(\rho k u_j)=\frac{\partial}{\partial x_j}\left(\Gamma_k\frac{\partial k}{\partial x_j}\right)+G_k-Y_k+S_k \tag{2-9}$$

$$\frac{\partial}{\partial t}(\rho\omega)+\frac{\partial}{\partial x_j}(\rho\omega u_j)=\frac{\partial}{\partial x_j}\left(\Gamma_\omega\frac{\partial\omega}{\partial x_j}\right)+G_\omega-Y_\omega+D_\omega+S_\omega \tag{2-10}$$

式中：Γ，Γ_k，Γ_ω 分别为速度 u(v 或 w)、湍动能 k 和比耗散率 ω 的有效扩散项；G_k，G_ω 分别为 k，ω 的产生项；Y_k，Y_ω 分别为 k，ω 的发散项；D_ω 为正交发散项；S_k 与 S_ω 为用户自定义。各项分别定义如下：

$$\begin{cases}\Gamma=\mu+\mu_t\\ \Gamma_k=\mu+\mu_t/\sigma_k\\ \Gamma_\omega=\mu+\mu_t/\sigma_\omega\end{cases} \tag{2-11}$$

其中 μ_t 为湍流黏性系数，其定义为

$$\mu_t=\frac{\rho k}{\omega}\frac{1}{\max\left[\frac{1}{a^*},\frac{SF_2}{\alpha_1\omega}\right]} \tag{2-12}$$

$$G_k=\min(\mu_t S^2,10\rho\beta^* k\omega) \tag{2-13}$$

$$G_\omega=\alpha_\infty\rho S^2 \tag{2-14}$$

$$Y_k=\rho\beta^* k\omega \tag{2-15}$$

$$Y_\omega=\rho\beta_i\omega^2 \tag{2-16}$$

$$D_\omega=2(1-F_1)\rho\sigma_{\omega,2}\frac{1}{\omega}\frac{\partial k}{\partial x_j}\frac{\partial\omega}{\partial x_j} \tag{2-17}$$

式中：S 为平均应变率的张量模量；F_1，F_2 为混合函数；σ_k，σ_ω，a^*，α_∞，β^*，β_i 为湍流模型中的系数；$\sigma_{\omega,2}$，α_1 为湍流模型常数；S_i，S_k，S_ω 为各输送方程的自定义源项。

(3) DES 湍流模型

分离涡模型(Detached-Eddy Simulation, DES)由 Spalart 于 1997 年首次提出，以 S－A (Spalart Allmaras)方程湍流模型作为统一模式。DES 模型是一种将 RANS 模型和 LES 相结合的混合模型，在流场的边界层内采用 RANS 求解，边界层以外的区域则采用 LES 求解，这就极大地降低了边界层内所需要布置的网格数量，且计算结果可以和 LES 相媲美。黄剑锋等采用 DES 模型，捕捉到了水轮机活动导叶和转轮间动静干扰形成的三维动态涡结构，表明 DES 模拟能够精确模拟三维漩涡结构分离区的细微流场结构。该模型可表述为

$$\frac{\mathrm{D}\tilde{\nu}}{\mathrm{D}t}=c_{b1}S\tilde{\nu}+\frac{1}{\sigma}\{\nabla\cdot[(v+\tilde{\nu})\nabla\tilde{\nu}]+c_{b2}(\nabla\tilde{\nu})^2\}-c_{w1}f_w\left(\frac{\tilde{\nu}}{d_w}\right)^2 \tag{2-18}$$

式中：d_w 为该湍流模型的长度尺度。工作变量 $\tilde{\nu}$ 和湍流黏性 ν_t 的关系如下：

$$\nu_t=\tilde{\nu}f_{v1},f_{v1}=\frac{\chi^3}{\chi^3+c_{v1}^3},\chi\equiv\frac{\tilde{\nu}}{\nu} \tag{2-19}$$

式中：ν 为分子运动黏性系数。式(2-18)的生成项可表达为

$$S \equiv f_{v3} S + \frac{\tilde{\nu}}{\kappa^2 d_w^2} f_{v2}, f_{v2} = \left(1 + \frac{\chi}{c_{v2}}\right)^{-3}, f_{v3} = \frac{(1+\chi f_{v1})(1-f_{v2})}{\chi} \tag{2-20}$$

式中：S 为当地涡量的绝对值。

$$f_w = g\left(\frac{1+c_{w3}^6}{g^6+c_{w3}^6}\right)^{1/6}, g = r + c_{w2}(r^6 - r), r \equiv \frac{\tilde{\nu}}{S\kappa^2 d_w^2}, c_{w1} = \frac{c_{b1}}{\kappa^2} + \frac{1+c_{b2}}{\sigma} \tag{2-21}$$

其他常数的取值分别为 $c_{b1}=0.1355$，$c_{b2}=0.622$，$\sigma=2/3$，卡门常数 $\kappa=0.41$，$c_{w1}=0.3$，$c_{w3}=2$，$c_{v1}=7.1$。

基于 S－A 模型的 DES，将特征长度 d_w 替换为

$$\tilde{d} = \min(d_w, C_{DES}\Delta) \tag{2-22}$$

其中，$\Delta=\max(\Delta x, \Delta y, \Delta z)$ 为最大的网格距离。一般来说，C_{DES} 不需要做出修正，而且 DES 计算的结果对它不是很敏感，所以一般取推荐的 0.65。该式的引入，使得在近壁面的薄剪切层内 $d_w < C_{DES}\Delta$ 的区域，S－A 方程模型保持其 RANS 的性质。在远离壁面的区域，$d_w > C_{DES}\Delta$，此时特征长度的大小和网格的尺度有关，S－A 模型将作为亚格子模型来计算涡黏。

2.2 核主泵内部空化流动模型及数值方法

2.2.1 完全空化模型(Full Cavitation Model)

这一模型全面地考虑了空化发生时的主要物理过程：相变过程中空泡的产生与消亡；空泡的输运；湍流压强、速度脉动的影响；液体中含有的不溶解性其他气体的影响。空化流动计算控制方程为

(1) 连续性方程

混合流体相：$$\frac{\partial \rho}{\partial t} + \nabla \cdot (\rho \boldsymbol{u}) = 0 \tag{2-23}$$

蒸汽空泡相：$$\frac{\partial}{\partial t}(\rho f_v) + \nabla \cdot (\rho f_v \boldsymbol{u}) = R_e - R_c \tag{2-24}$$

(2) 动量方程

$$\frac{\partial(\rho \boldsymbol{u})}{\partial t} + \nabla \cdot (\rho \boldsymbol{u}\boldsymbol{u}) = -\nabla \boldsymbol{p} + \frac{1}{3}\nabla[(\mu+\mu_t)\nabla \cdot \boldsymbol{u}] + \nabla \cdot [(\mu+\mu_t)\nabla \cdot \boldsymbol{u}] + \rho g \tag{2-25}$$

式中：ρ 为空泡相和液体相形成的混合流体质量密度；$\boldsymbol{u}$ 为混合流体的速度矢量；f_v 为空泡相的质量分数；R_e 为水蒸气生成率；R_c 为水蒸气凝结率；$\boldsymbol{p}$ 为静

压力；μ 为分子黏性系数；μ_t 为湍流黏性系数。

(3) 空泡动力学方程

水力机械内部发生严重空化时，液体中存在大量气核，空化计算的第一步是准确描述空泡的生长、压缩与溃灭。在空泡相与流体相不存在滑移的流动中，空泡动力特性方程可由 Rayleigh－Plesset 方程得到：

$$\frac{\partial}{\partial t}(\rho f)+\nabla(\rho f\boldsymbol{u})=(4\pi n)^{1/3}(3\alpha)^{2/3}\frac{\rho_v\rho_l}{\rho}\left[\frac{2}{3}\left(\frac{p_B-p}{\rho_l}\right)\right]^{1/2} \tag{2-26}$$

式中：f 为空泡质量分数；α 为空泡相的体积组分；n 为单位体积内的空泡数量；ρ_v，ρ_l 分别为气相密度和液相密度，kg/m^3；p_B 为泡壁压强；p 为控制单元中心压强。

2.2.2 VOF(Volume of Fluid)模型

VOF 模型为求解气液两相流动和自由表面流动的算法，该方法通过引入流体体积组分 α 函数及其控制方程来表示混合流体的密度并跟踪自由面的位置。若设 α 为液体的体积组分，当网格中的体积组分 $\alpha=0$ 时，表示网格内完全是气体；当 $\alpha=1$ 时，表示网格内完全是液体；当 $0<\alpha<1$ 时，表示网格中含有气液界面。

在 VOF 方法中，有两个关键问题需要解决：一个是对气液交界面的重构问题；另一个是交界面随着时间的推进问题。以两相流动为例，当在某一网格内体积组分 $0<\alpha<1$ 时，说明这个网格是气液界面，界面重构就是指如何确定界面在网格中的位置。采用 VOF 模型进行空化流模拟。该模型将空化表示为两相(液态水和空气)三成分(液态水、蒸汽和非凝结空气)的变化过程，认为相间无滑移，且保持热平衡。空化计算时，求解各相体积分数标量方程，而相间的相互作用则由反映气泡体积变化的源相来表示，其中气相的成长或收缩由 Rayleigh－Plesset 方程控制。

(1) 密度属性方程

$$\rho=\rho_v\alpha_v+\rho_l\alpha_l,\ \alpha_v+\alpha_l=1 \tag{2-27}$$

式中：ρ 为混合流体的密度，kg/m^3；α_v，α_l 分别为气相和液相体积分数；ρ_v，ρ_l 分别为气相密度和液相密度，kg/m^3。

(2) 连续性方程

$$\frac{\partial\rho}{\partial t}+\frac{\partial}{\partial x_i}(\rho u_i)=0 \tag{2-28}$$

式中：u_i 为混合流体速度。

(3) 蒸汽相体积分数的输运方程

$$\frac{\partial \alpha_v}{\partial t}+\frac{\partial}{\partial x_i}(\alpha_v u_i)=R \tag{2-29}$$

式中:R 为净相变率,$R=R_e-R_c$,其中 R_e 为蒸汽生成率,R_c 为蒸汽凝结率。

(4) 混合流体的雷诺平均 N-S 方程

$$\frac{\partial}{\partial t}(\rho u_j)+\frac{\partial}{\partial x_i}(\rho u_i u_j)=-\frac{\partial p}{\partial x_j}+\frac{\partial}{\partial x_i}(\mu+\mu_t)\left(\frac{\partial u_i}{\partial x_j}+\frac{\partial u_j}{\partial x_i}\right)+\rho g_j \tag{2-30}$$

式中:u_j,u_i 分别为混合流体速度;t 为时间;g 为重力加速度;μ_t 为湍流黏性系数,$\mu_t=C_\mu \rho k^2/\varepsilon$;$\mu$ 为混合流体黏性系数,$\mu=\alpha_l\mu_l+\alpha_v\mu_v$。

(5) 混合流体湍动能方程(k 方程)

$$\rho\frac{\mathrm{D}k}{\mathrm{D}t}=\frac{\partial}{\partial x_i}\left[\left(\mu+\frac{\mu_t}{\sigma_k}\right)\frac{\partial k}{\partial x_i}\right]+G_k-\rho\varepsilon \tag{2-31}$$

式中:$G_k=-\rho\overline{u_i'u_j'}\frac{\partial u_i}{\partial x_i}$;$k$ 为湍动能;ε 为湍动能耗散率。

(6) 混合流体湍动能耗散率方程(ε 方程)

$$\rho\frac{\mathrm{D}\varepsilon}{\mathrm{D}t}=\frac{\partial}{\partial x_i}\left[\left(\mu+\frac{\mu_t}{\sigma_\varepsilon}\right)\frac{\partial \varepsilon}{\partial x_i}\right]+C_{1\varepsilon}\frac{\varepsilon}{k}G_k-C_{2\varepsilon}\rho\frac{\varepsilon^2}{k} \tag{2-32}$$

根据经验,方程中的常数 C_μ,$C_{1\varepsilon}$,$C_{2\varepsilon}$,σ_k,σ_ε 分别取 0.09,1.44,1.92,1.0,1.3。

2.2.3 均相流模型

均相流模型是一种最简单的模型分析方法,其基本思想是通过合理地定义两相混合物的平均值,把两相流当作具有这种平均特性,遵守单相流体基本方程的均匀介质。一旦确定了两相混合物的平均特性,就可以用经典流体力学方法进行研究。这实际上是单相流体力学的拓延。这种模型的基本假设是:① 两相具有相等的速度;② 两相之间处于热力平衡状态;③ 可使用合理确定的单相摩阻系数表征两相流动。

混合物均相流模型包含了体积分数方程,采用源项控制液相与气相间的质量传输以模拟空泡的产生和溃灭。其连续性方程、动量方程分别为

$$\frac{\partial \rho_m}{\partial t}+\nabla\cdot(\rho_m C_m)=0 \tag{2-33}$$

$$\frac{\partial}{\partial t}(\rho_m C_m)+\rho_m(C_m\cdot\nabla)C_m=-\nabla p_m+\nabla(\tau+\tau_t)+M_m+f \tag{2-34}$$

式中:$\rho_m=\sum_{n=1}^{2}\rho_n\alpha_n$ 为混合密度;$C_m=\sum_{n=1}^{2}\frac{(\rho_n C_n)}{\rho_m}$ 为体积分数;$p_m=\sum_{n=1}^{2}p_n\alpha_n$ 为混合压力;α_n 为体积分数;τ 为黏性应力;τ_t 为雷诺应力;$M_m=2R_{21}S\nabla\alpha_2+$

M_m^R 为界面动量输运源项；R_{21} 为界面平均曲率；S 为表面张力；$f=\rho g=\nabla(-\rho g z)$为由重力引起的体积力。

分别用 α_w，α_v，α_{nuc} 表示不可压缩液体、可压缩气泡和不可压缩微小气核在流质中的体积分数，则 $\alpha_w+\alpha_v+\alpha_{nuc}=1$。在大多数情况下，不可压缩微小气核和液体充分混合，可把两者简化为不可压缩流体处理，引入 $\alpha_1=\alpha_w+\alpha_{nuc}$，其质量输运方程为

$$\frac{\partial}{\partial t}(\alpha_1\rho_1)+\nabla\cdot(\alpha_1\rho_1 C_m)=\dot{m}_{1v}+\dot{m}_{1c} \tag{2-35}$$

式中：$\dot{m}_{1v}$，$\dot{m}_{1c}$ 分别为在气泡产生和溃灭过程中不可压缩流体的质量传递率。

(1) 空泡动力学方程

采用 Rayleigh－Plesset 方程描述空泡形成和溃灭时液相与气相之间质量传递的过程，方程为

$$R_B\frac{d^2R_B}{dt^2}+\frac{3}{2}\left(\frac{dR_B}{dt}\right)^2+\frac{2S}{R_B}=\frac{p_v-p}{\rho_f} \tag{2-36}$$

式中：R_B 为气泡直径；p_v 为气泡内压力；p 为气泡周围液体压力；ρ_f 为液体密度。忽略黏性和表面张力对气泡生长的影响，式(2-36)可简化为

$$\frac{dR_B}{dt}=\sqrt{\frac{2}{3}\frac{p_v-p}{\rho_f}} \tag{2-37}$$

气体的体积变化率可表示为

$$\frac{dV_B}{dt}=\frac{d}{dt}\left(\frac{4}{3}\pi R_B^3\right)=4\pi R_B^2\sqrt{\frac{2}{3}\frac{p_v-p}{\rho_f}} \tag{2-38}$$

设单位体积内的气泡数为 N_B，则单位体积内两相间的质量传递率为

$$m=N_B\,\rho_v\frac{dV_B}{dt}=4N_B\,\rho_v\,\pi R_B^2\sqrt{\frac{2}{3}\frac{p_v-p}{\rho_f}} \tag{2-39}$$

在气泡形成过程中，

$$N_B=N_{Bv}=\frac{3\alpha_1\alpha_{nuc}}{4\pi R_B^3} \tag{2-40}$$

在气泡溃灭过程中，

$$N_B=N_{Bc}=\frac{3\alpha_v}{4\pi R_B^3} \tag{2-41}$$

在气泡形成与溃灭过程中质量传递率可分别表示为

$$\dot{m}_{1v}=-F_v\frac{3\rho_v\alpha_1\alpha_{nuc}}{R_B}\sqrt{\frac{2}{3}\frac{|p_v-p|}{\rho_f}}\mathrm{sgn}(p_v-p) \tag{2-42}$$

$$\dot{m}_{1c}=-F_c\frac{3\rho_v(1-\alpha_1)}{R_B}\sqrt{\frac{2}{3}\frac{|p_v-p|}{\rho_f}}\mathrm{sgn}(p-p_v) \tag{2-43}$$

式中：F_v，F_c 分别为气泡形成和溃灭时所取的经验系数。

(2) 控制方程

在基于均质多相传输方程的模型中，使用以下控制方程来描述空化流场：

$$\frac{\partial \rho_m}{\partial t}+\frac{\partial(\rho_m \mu_j)}{\partial x_j}=0 \tag{2-44}$$

$$\frac{\partial(\rho_m u_i)}{\partial t}+\frac{\partial(\rho_m u_i u_j)}{\partial x_j}=-\frac{\partial p}{\partial x_i}+\frac{\partial}{\partial x_j}\left[(\mu+\mu_t)\left(\frac{\partial u_i}{\partial x_j}+\frac{\partial u_j}{\partial x_i}-\frac{2}{3}\frac{\partial u_i}{\partial x_j}\delta_{ij}\right)\right] \tag{2-45}$$

$$\frac{\partial(\alpha_v \rho_v)}{\partial t}+\frac{\partial(\alpha_v \rho_v u_j)}{\partial x_j}=R \tag{2-46}$$

上述方程组依次是汽/液混合介质的连续方程、动量守恒方程及汽相体积分数的输运方程。体积分数输运方程的提出是为了求解流场中的两相分布。式中：t 为时间，s；下标 i 和 j 分别代表坐标方向；u_i 为速度分量；ρ_m，ρ_v，ρ_l 分别为混合介质密度、汽相密度、液相密度，kg/m^3；δ_{ij} 为克罗内克数；α_v 为汽相体积分数；μ，μ_t 分别为混合介质动力黏度、湍流黏度，kg/(m·s)；R 为相间质量传输率，kg/(m^3·s)。ρ_m 和 μ 分别为汽相和液相的体积加权平均：

$$\rho_m=\rho_v\alpha_v+\rho_l(1-\alpha_v) \tag{2-47}$$

$$\mu=\mu_v\alpha_v+\mu_l(1-\alpha_v) \tag{2-48}$$

式中：μ_l，μ_v 分别为液相和蒸汽相动力黏度。

相间质量传输率 R 可以用合适的空化模型来模拟：

$$R=R_e-R_c \tag{2-49}$$

式中：R_e，R_c 分别为蒸汽生成率和蒸汽凝结率。

(3) 基于输运方程的几类空化模型

① Zwart - Gerber - Belamri 模型

Zwart - Gerber - Belamri 模型已集成在 ANSYS CFX 软件中，并已在水力机械空化流的模拟中得到比较广泛的应用。

$$R_e=F_{vap}\frac{3\alpha_{ruc}(1-\alpha_v)\rho_v}{R_B}\sqrt{\frac{2}{3}\frac{p_v-p}{\rho_l}}(\text{当 } p<p_v) \tag{2-50}$$

$$R_c=F_{cond}\frac{3\alpha_v\rho_v}{R_B}\sqrt{\frac{2}{3}\frac{p-p_v}{\rho_l}}(\text{当 } p>p_v) \tag{2-51}$$

式中：α_{ruc}为成核位置体积分数，取 5×10^{-4}；R_B 为空泡半径，m，取 1.0×10^{-6}；p，p_v 分别为流场压力和汽化压力，Pa；F_{vap}，F_{cond}分别为对应于蒸发和凝结过程的 2 个经验校正系数，分别取 50，0.01。

② Kunz 模型

Kunz 模型与其他输运方程类空化模型相比，最大的特点在于质量传输率的表达式不同。对于液相到汽相的传输，质量传输率正比于汽化压力和流场压力之间的差值；而对于汽相到液相的传输，采用 Ginzburg - Landau 势函数的简化形式，质量传输率基于汽相体积分数的三次多项式。

$$R_e=\frac{C_{dest}\rho_v(1-\alpha_v)\max(p_v-p,0)}{(0.5\rho_l u_\infty^2)t_\infty} \tag{2-52}$$

$$R_c=\frac{C_{prod}\rho_v\alpha_v(1-\alpha_v)^2}{t_\infty} \tag{2-53}$$

式中：u_∞ 为自由流速度，m/s；L 为特征长度，m；$t_\infty=L/u_\infty$ 为特征时间尺度，s；$C_{dest}=9\times10^5$；$C_{prod}=3\times10^4$。

③ Schnerr - Sauer 模型

$$R_e=3\frac{\rho_v\rho_l}{\rho_m}\frac{\alpha_v(1-\alpha_v)}{R_B}\sqrt{\frac{2}{3}\frac{p_v-p}{\rho_l}}\text{（当 }p<p_v\text{）} \tag{2-54}$$

$$R_c=3\frac{\rho_v\rho_l}{\rho_m}\frac{\alpha_v(1-\alpha_v)}{R_B}\sqrt{\frac{2}{3}\frac{p-p_v}{\rho_l}}\text{（当 }p>p_v\text{）} \tag{2-55}$$

$$R_B=\left[\frac{3\alpha_v}{4\pi n_0(1-\alpha_v)}\right]^{1/3} \tag{2-56}$$

式中：n_0 为单位液体体积空泡个数。模型中质量传输率正比于 $\alpha_v(1-\alpha_v)$，且函数 $f(\alpha_v,\rho_v,\rho_l)=\rho_v\rho_l\alpha_v(1-\alpha_v)/\rho_m$ 的一个显著特点是，当 $\alpha_v=0$ 或 $\alpha_v=1$ 时，$f(\alpha_v,\rho_v,\rho_l)$ 接近于 0，而当 $0<\alpha_v<1$ 时，$f(\alpha_v,\rho_v,\rho_l)$ 达到最大值。该模型中唯一要确定的参数是空泡数密度 n_0，大量研究表明最优的空泡数密度在 10^{13} 左右。

3 核主泵模型样机试验系统

本书引用沈阳鼓风机集团国家水泵测试中心模型样机的实测数据。闭式试验系统如图 3-1 所示。

图 3-1　沈阳鼓风机集团有限公司四象限试验台

该试验系统为核主泵四象限试验台，技术参数如下：

(1) 设计的性能参数

流量：$Q=4\sim3\ 000\ \mathrm{m^3/h}$；扬程：$H\leqslant160\ \mathrm{m}$；功率：$P_a\leqslant2\ 000\ \mathrm{kW}$；转速：$n\leqslant3\ 000\ \mathrm{r/min}$。

(2) 设计的依据

GB/T 18149－2000《离心泵、混流泵和轴流泵　水力性能试验规范　精密级》。其中，管路设计、取压装置等均符合标准要求。

(3) 试验台相关信息

相关信息见表 3-1 和表 3-2。

表 3-1　四象限试验台测量仪表

序号	仪表名称	规格型号	准确度	数量	测量参数	量程
1	电磁流量计	IFS4000,DN400	0.5%	1	流量	3 000 m^3/h
2	压力传感器	3051 型	0.1%	2	进出口压力	1 MPa,1.6 MPa
3	转矩转速传感器	Jc	0.1%	1	泵输入功率、转速	2 000 kW 3 000 r/min

表 3-2　试验台不确定度

测量方法		
检测依据	GB/T 18149—2000《离心泵、混流泵和轴流泵　水力性能试验规范　精密级》	
数学模型	流量	$Q=Q$
	扬程	$H=Z_2-Z_1+\frac{p_2-p_1}{\rho g}+\frac{v_2^2-v_1^2}{2g}+H_{j2}-H_{j1}$
	泵效率	$\eta=\frac{P_u}{P_a}\times 100\%$
	泵输入功率	用转矩转速传感器直接测量出泵的输入功率
不确定度分析		

1.流量

实测值:1 333.3 m^3/h

A 类不确定度:

测量数列

次数	1	2	3	4	5
实测值/($m^3\cdot h^{-1}$)	1 333.3	1 331.0	1 334.1	1 332.5	1 331.7

$Q_{平}=1\ 332.52\ m^3/h$;$S_{QA}=1.521\ m^3/h$;$S_Q=0.114\%$

B类不确定度:0.50%

合成标准不确定度:0.512 8%

2.扬程

实测值:21.733 m,因速度能和位置能对总的扬程影响不大,故这些项的测量结果不确定度可忽略,只考虑出口压力和入口压力的测量结果不确定度。在计算 B 类不确定度时,计算示值(量程)因素

入口压力选用的仪表:压力传感器

量程:1 MPa

精度:±0.1%

入口压力读值:0.410 5 MPa

续表

测量数列

次数	1	2	3	4	5
实测值/MPa	0.410 5	0.410 2	0.410 0	0.410 6	0.410 4

$p_{1平}=0.410\ 34$ MPa；$S_{p1}=0.000\ 12$ MPa
A类不确定度：0.029%
B类不确定度：0.241%
合成标准不确定度：0.26%
出口压力选用的仪表：压力传感器
量程：1.6 MPa
精度：±0.1%
出口压力读值：0.614 0 MPa

测量数列

次数	1	2	3	4	5
实测值/MPa	0.614 0	0.611 3	0.612 1	0.615 0	0.614 6

$p_{2平}=0.613\ 4$ MPa；$S_{p2}=0.000\ 67$ MPa
A类不确定度：0.11%
B类不确定度：0.26%
合成标准不确定度：0.279%
总扬程合成标准不确定度：0.381%
3.泵输入功率
选用的仪表：转矩转速传感器
量程：2 000 kW
精度：±0.1%
功率读值：94.317 kW

测量数列

次数	1	2	3	4	5
实测值/kW	94.317	94.817	93.251	94.934	94.586

$P_{a平}=94.435$ kW；$S_{Pa}=0.337\ 5$ kW
A类不确定度：0.357%
B类不确定度：0.5%
合成标准不确定度：0.614%
4.效率
效率是由流量、扬程和功率计算而来的，故效率的不确定度为

$$e_{ngr}=\sqrt{e_Q^2+e_H^2+e_{Pgr}^2}=0.81\%$$

不确定度计算结果

检测项目	流量	扬程	功率	效率	置信概率
不确定度/%	±0.513	±0.381	±0.614	±0.81	95%
GB/T 18149—2000 中的不确定度容许值/%	±1.5	±1.0	±1.3	±2.0	

本书所涉及的核主泵模型样机轴向力及振动测试在沈阳鼓风机集团国家水泵测试中心开式试验台上进行，测试系统如图 3-2 所示。

图 3-2　核主泵模型样机轴向力及振动测试台

4 核主泵水力模型设计方法与数值优化研究

4.1 核主泵水力性能数值预测的缩比效应研究

本节基于第三代核主泵水力优化设计的多参数匹配方案，通过理论分析和 CFD 数值计算方法，研究核主泵水力性能数值预测的缩比效应。

4.1.1 模型额定工况参数换算与修正

(1) 额定工况参数换算

核主泵是由吸入端、叶轮、导叶、压水室和排出端等过流部件组成的立式悬臂结构，电机采用高性能屏蔽电机，轴向力通过屏蔽电机上端部的推力轴承承受。考虑到原型泵尺寸较大，通过原型泵进行试验测试的研制成本较高，国内外普遍采用缩比模型试验台，取核主泵缩比系数为

$$\lambda = D_{2M}/D_2 = 0.5 \tag{4-1}$$

式中：λ 为核主泵的缩比系数，其值为 0.5；D_2 和 D_{2M} 分别为原型泵和模型泵叶轮出口名义直径。对于缩比系数为 0.5 的模型泵和原型泵，转速均为 1 480 r/min，假定原型泵和模型泵满足几何相似和动力相似，即二者比转速 n_s 相等、水力效率相等，可近似认为满足相似换算准则，即下列各式成立：

$$Q_M/Q = (D_{2M}/D_2)^3 \tag{4-2}$$

$$H_M/H = (D_{2M}/D_2)^2 \tag{4-3}$$

$$\frac{P_M}{P} = \left(\frac{D_{2M}}{D_2}\right)^2 \left(\frac{\rho_M}{\rho}\right) \tag{4-4}$$

式中：下标 M 表示缩比系数为 0.5 的模型泵。上式是核主泵的相似换算关系。由此计算得到的原型泵和模型泵的额定参数列于表 4-1 中。考虑到叶片排挤系数和尺寸效应对核主泵水力性能的影响，基于叶轮和导叶的叶片排挤

系数的不变性假设，原型泵叶轮叶片 7 枚，导叶叶片 15 枚；模型泵叶轮叶片 5 枚，导叶叶片 11 枚。

表 4-1　原型泵和模型泵额定参数对比

方案	流量/($m^3 \cdot s^{-1}$)	扬程/m	效率/%
原型泵	5.833	110	≥85
模型泵	0.729	27.5	≥82

(2) 修正模型效率

对于模型泵及原型泵，尺寸效应对核主泵水力性能的影响不能忽略，即在模型换算时应考虑模型泵和原型泵的水力效率对水力性能的影响。

$$\frac{1-\eta}{1-\eta_M}=\frac{1}{2}\left[1-\left(\frac{Re_M}{Re}\right)^{0.2}\right] \tag{4-5}$$

式(4-5)是原型泵和模型泵水力效率的换算关系，可将模型泵的水力效率值换算到原型泵。

4.1.2　水力模型方案

基于将理论分析和数值模拟相融合的离散设计法，研制了 0.5 缩比模型样机和试验台，试验表明，0.5 模型泵的冷态试验(25 ℃)效率为 83%。考虑到该泵的尺寸效应及运行温度对水力性能的影响，热态工况时，核主泵真机的额定效率超过 85%，可达到预期设计要求。

基于上述考虑，为了使核主泵水力性能满足设计要求，为核主泵缩比模型试验提供必要的理论依据，对模型泵和原型泵叶轮、导叶和压水室的多参数匹配方案进行了水力优化。由于核主泵比转速为 384，因而采用混流式叶轮的悬臂式紧凑结构；为了使叶轮和导叶的水力参数达到最优匹配，导叶采用扭曲型径向导叶的结构型式；考虑到高温、高压介质条件下，环形压水室具有较好的受力特性和较高的水力性能，采用扩散型环形压水室匹配混流式叶轮和扭曲型径向导叶结构。

4.1.3　数值计算方法

(1) 三维模型的建立

采用 Pro/E 5.0 软件对缩比模型和原型核主泵流道进行三维造型，为了确保核主泵入口流动分布均匀，克服边界条件对内部流场的影响，分别对吸入端和排出端进行了延长，图 4-1 为核主泵三维实体模型和子午面布置型式。

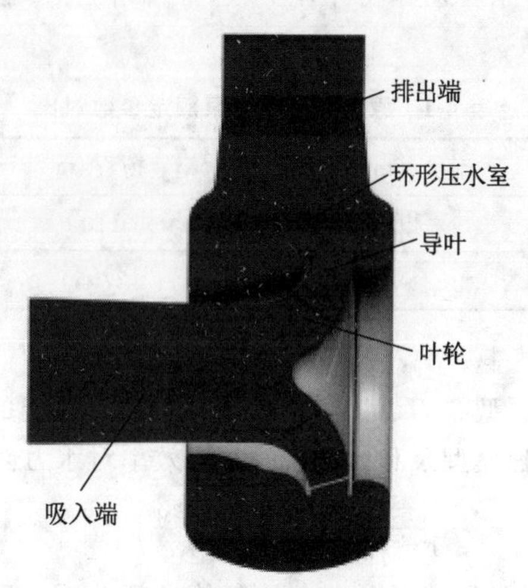

图 4-1　核主泵子午面

(2) 边界条件及网格处理

计算域由吸入端、叶轮、导叶、环形压水室及排出端组成。核主泵计算域网格划分采用 ICEM CFD 14.5 软件，在计算域内采用高质量的块结构化六面体网格布局。通过网格无关性验证(见图 4-2)，网格数大于 1 100 万时，模型泵的计算扬程值趋于稳定；网格数大于 1 400 万时，原型泵的计算扬程值趋于稳定，获得最经济的网格数。图 4-3 所示为模型泵结构化网格，模型泵的计算网格总数为 1 205.7 万，原型泵的计算网格总数为 1 524.3 万。模型泵网格局部拓扑结构如图 4-4 所示。

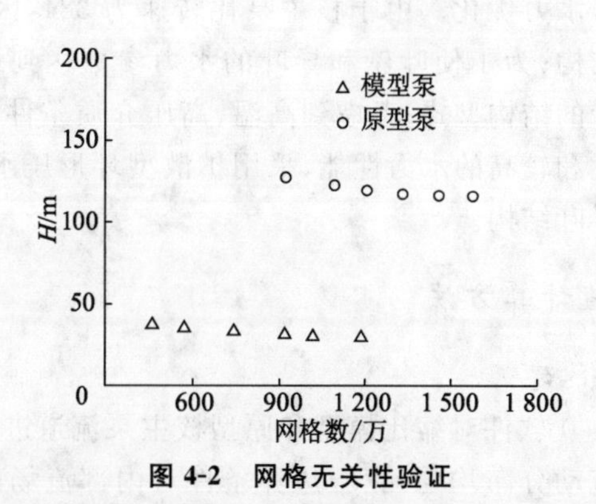

图 4-2　网格无关性验证

图 4-3　核主泵结构化网格模型

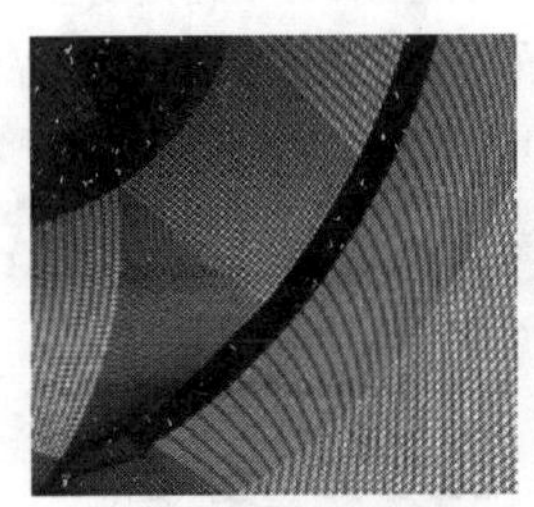

图 4-4　核主泵叶轮与导叶网格拓扑结构

(3) 水力损失的定义

定义导叶的水力损失 Δh_D 为

$$\Delta h_D = \frac{p_{1outlet} - p_{1inlet}}{\rho g} \tag{4-6}$$

式中：p_{1inlet} 为导叶进口表面质量平均总压；$p_{1outlet}$ 为导叶出口表面质量平均总压。

定义环形压水室的水力损失 Δh_C 为

$$\Delta h_C = \frac{p_{2outlet} - p_{2inlet}}{\rho g} \tag{4-7}$$

式中：p_{2inlet} 为环形压水室进口表面质量平均总压；$p_{2outlet}$ 为环形压水室出口表面质量平均总压。

4.1.4　数值计算结果与分析

采用 ANSYS CFX 14.5 软件对模型泵和原型泵内部流动进行数值模拟，从零流量工况到 1.4Q_d（本书中 Q_d 为设计流量，Q 为任意流量，单位均为 m^3/h）全流量工况的范围内，对共计 15 种工况下的原型泵和模型泵的外特性进行性能预估。

图 4-5 为原型泵与模型泵在全流量工况下的扬程预估值比较。结果表明：在 $0.4Q_d$～$0.7Q_d$ 工况范围内，模型泵和原型泵的扬程-流量特性曲线较为平坦；在额定工况点，模型泵的扬程预估值(29.1 m)较设计值高 5.4%，原型泵的扬程预估值(115.6 m)较设计值高 5.1%。根据原型泵和模型泵的相似换算准则式(4-3)，将模型泵的扬程预估值换算到原型泵，如图 4-5 所示。在全流量工况范围内，原型泵和模型泵的扬程性能预估值吻合较好，表明在全流量工况范围内，原型泵和模型泵的扬程值满足泵的相似换算准则。

全流量工况下原型泵与模型泵的叶轮扬程预估值如图 4-6 所示。性能预估结果表明：在 $0.4Q_d$～$0.7Q_d$ 工况范围内，模型泵和原型泵的叶轮扬程-流量特性曲线较为平坦；在 $0.4Q_d$ 工况点，核主泵叶轮扬程达最大值。原型泵与模型泵叶轮扬程预估值均存在明显的驼峰现象，在 $0.4Q_d$ 工况到关死点(零流量)工况范围内，原型泵与模型泵叶轮的做功能力逐步下降。

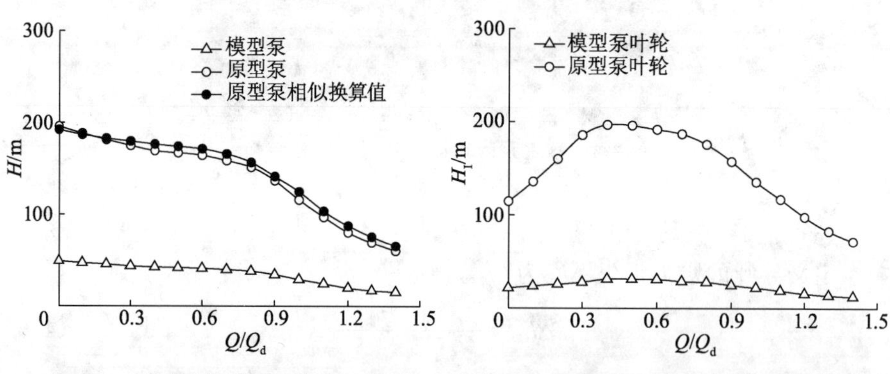

图 4-5 原型泵与模型泵扬程比较

图 4-6 原型泵与模型泵叶轮扬程比较

图 4-7 为原型泵与模型泵水力效率的预估值。性能预估结果表明：在全流量工况下，模型泵和原型泵的水力效率差异不大于 3%，最高效率点位于 $0.9Q_d$ 工况点附近，其中模型泵的最高效率为 84.9%，原型泵最高效率达到 85.7%。小于 $0.4Q_d$ 工况时，模型泵水力效率预估值大于原型泵；大于 $0.4Q_d$ 工况时，模型泵水力效率预估值小于原型泵。

图 4-8 为原型泵与模型泵叶轮水力效率的预估值。性能预估结果表明：在全流量工况下，原型泵叶轮水力效率预估值均大于模型泵；在关死工况点，原型泵与模型泵叶轮水力效率相差 3.1%；在最大流量工况点，原型泵与模型泵叶轮水力效率相差 4.9%；在 $0.8Q_d$ 工况点，原型泵与模型泵叶轮水力效率值差异最小，为 0.6%。

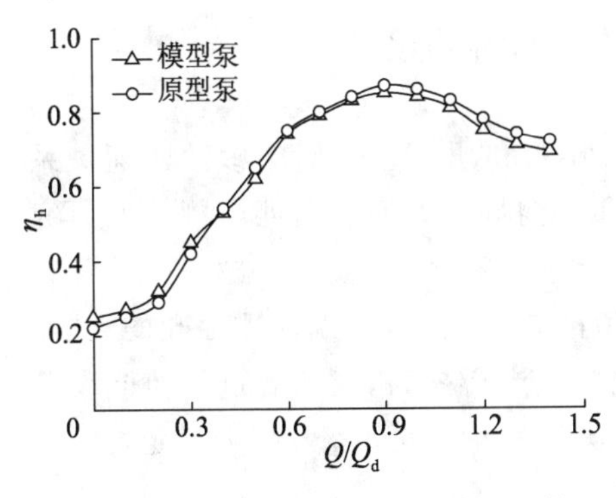

图 4-7 原型泵与模型泵水力效率比较

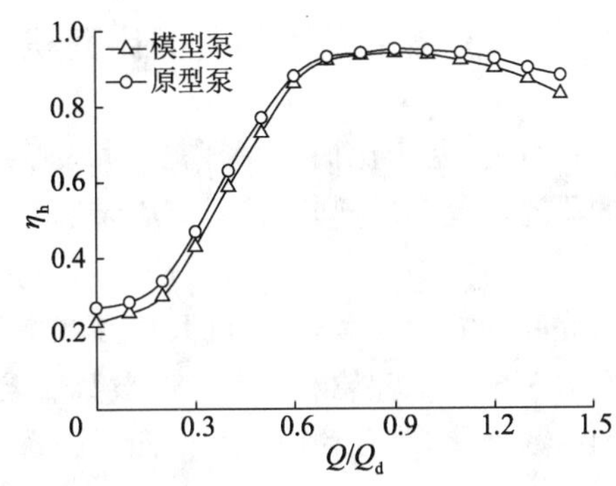

图 4-8 原型泵与模型泵叶轮水力效率比较

图 4-9 为全流量工况下原型泵与模型泵导叶水力损失的预估值。性能预估结果表明：以 $0.4Q_d$ 工况点为中轴线，在关死点工况至 $0.8Q_d$ 工况范围内，原型泵与模型泵导叶水力损失的预估值符合正态分布规律，且导叶水力损失最大值在 $0.4Q_d$ 工况点。在额定工况至最大流量工况范围内，导叶水力损失较小，最小值位于 $1.1Q_d$ 工况点，原型泵与模型泵导叶最小水力损失分别为 2.11 m 和 0.45 m。

图 4-10 为原型泵与模型泵压水室水力损失的预估值。性能预估结果表明：全流量工况下，原型泵与模型泵压水室水力损失的预估值符合正弦波分布规律，波峰值位于 $0.4Q_d$ 工况点附近，其值分别为 18.45 m 和 4.25 m；波谷值位于 $0.9Q_d$ 工况点附近，其值分别为 9.38 m 和 2.25 m。

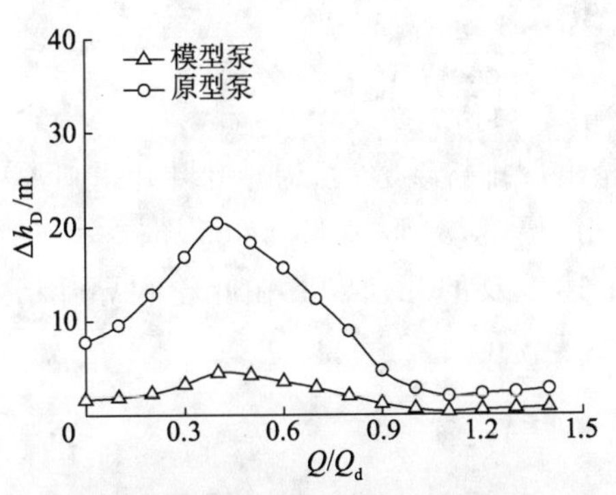

图 4-9 原型泵与模型泵导叶水力损失比较

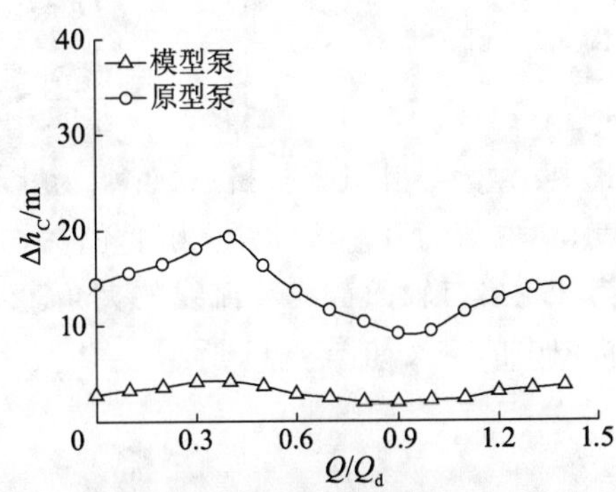

图 4-10 原型泵与模型泵压水室水力损失比较

4.2 核主泵动静叶栅比面积调控的协同设计

目前,基于比面积原理,针对离心泵叶轮和压水室之间的参数匹配关系的研究已趋于成熟,而针对离心泵叶轮和径向导叶之间参数匹配规律的研究极少。传统的径向导叶设计法受限于统计数据和经验,没有考虑泵叶轮和径向导叶的协同关系,且导叶几何参数取值的自由度大,难以保证导叶的性能。本节对核主泵叶轮和径向导叶参数匹配关系进行探讨,对两者进行协同设计和参数优化,改善动静叶间的匹配关系,从而提高泵的效率和水力稳定性。

4.2.1 比面积的定义及控制因素

为了建立叶轮与径向导叶几何参数的协同关系,引入比面积的概念,定义为导叶叶片进口有效过流断面面积和叶轮叶片出口有效过流断面面积之比,其值为无量纲参数,即比面积定义为

$$\xi=\frac{F_{\mathrm{D1}}}{F_{\mathrm{I}}} \tag{4-8}$$

式中:F_{D1} 为导叶叶片进口有效过流断面面积,$\mathrm{m^2}$;F_{I} 为叶轮叶片出口有效过流断面面积,$\mathrm{m^2}$。

其中,

$$\begin{cases} F_{\mathrm{D1}}=\pi D_3 b_3 \psi_3 \sin \alpha_3 \\ F_{\mathrm{I}}=\pi D_2 b_2 \psi_2 \sin \beta_2 \end{cases} \tag{4-9}$$

$$\begin{cases} \psi_3=1-\dfrac{\delta_3 Z_{\mathrm{D}}}{D_3 \pi \sin \alpha_3} \\ \psi_2=1-\dfrac{Z_{\mathrm{I}} \delta_2}{\pi D_2} \cdot \sqrt{1+\left(\dfrac{\cos \beta_2}{\sin \lambda_2}\right)^2} \end{cases} \tag{4-10}$$

式中:ψ_3 为导叶进口排挤系数;ψ_2 为叶轮出口排挤系数;δ_3 为导叶叶片进口厚度,δ_3 取值为 0.003 m;δ_2 为叶轮叶片出口厚度,δ_2 取值为 0.005 m;$\lambda_2=90^\circ$ 为叶轮出口轴面截线与流线的夹角。上述涉及的几何参数在叶轮和导叶结构图中的定义如图 4-11 所示。

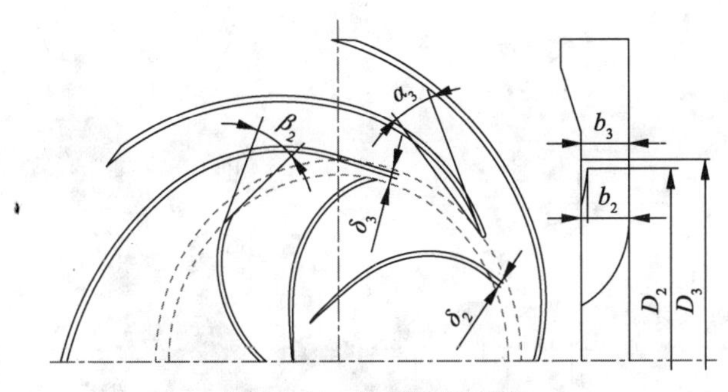

图 4-11 比面积的定义

研究表明，当叶轮扬程大于 35 m、效率大于 94%时，泵的水力性能可以满足设计要求。因此，在获得优秀叶轮水力模型的基础上，开展 ξ 对泵水力性能和内部流动特性影响的机理研究，且 $\psi_2=0.956$，$F_I=0.016\ 76\ m^2$，联立式(4-9)和式(4-10)得到

$$\xi=59.665\ 9b_3(\pi D_3\sin\alpha_3-Z_D\delta_3) \tag{4-11}$$

上式表明，影响 ξ 的几何参数分别为 D_3，b_3，Z_D，δ_3 和 α_3。上述参数中，可根据 D_2 确定 D_3。首先，为了考虑几何参数对 ξ 的影响，优先在 S_1 和 S_2 两类相对流面上选择参数，即叶片型线对内流影响显著的 S_1 流面和轴面流道对内流影响显著的 S_2 流面。其次，由于 α_3 受到 b_3 和 Z_D 的约束，可通过控制 α_3，b_3 和 Z_D 的匹配关系改变 F_D，因此 S_2 流面选择 b_3，S_1 流面选择 α_3 和 Z_D。

4.2.2 数值计算方法

(1) 三维模型的建立

对核主泵过流部件各水体进行三维建模，将泵计算域分为进口段、叶轮、径向导叶、环形压水室及出口段。为保证数值模拟结果的准确性，使流动得到充分发展，对叶轮进口段和压水室出口段进行了适当延伸处理，计算域分解图如图 4-12 所示。

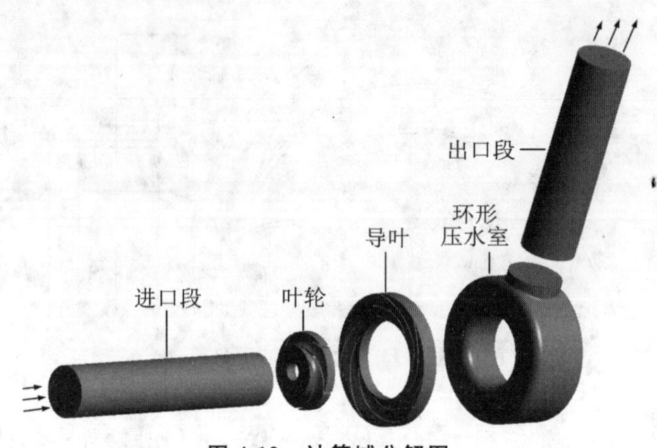

图 4-12 计算域分解图

(2) 数值计算方法

核主泵内部为三维不可压缩黏性湍流流场，建立相对坐标系下的雷诺时均 N－S 方程，基于 RNG $k-\varepsilon$ 湍流模型和 SIMPLEC 算法，采用二阶迎风格式离散基本方程组，并进行迭代求解，代数方程迭代计算采取亚松弛，设定收敛精度为 10^{-4}。设吸入端为 velocity inlet condition，进口参考压力设为 17.5 MPa；排出端设置为 outflow。固壁面为无滑移壁面，近壁面按标准壁面函数法处理，叶轮与吸入端及导叶间的交互面采用多重参考系(MRF)模型。

(3) 网格划分与定解条件

计算域采用结构网格和非结构网格拼接的混合网格，为了验证网格的无关性，对网格数分别为 603.8 万、1 141 万和 1 537.9 万的实体模型进行了数值预测，其效率的最大误差为 0.78%，扬程的最大误差为 0.18 m，最终确定模型网格数为 1 141 万。

4.2.3 导叶进口参数的确定

(1) 导叶进口宽度匹配方案

考虑 b_3 对泵性能的影响，选取导叶最佳轴面投影尺寸，在此基础上，保持 b_2 和 b_4 恒定，则 b_3 存在 3 种关系：$b_2=b_3<b_4$，$b_2<b_3<b_4$，$b_2<b_3=b_4$，如图 4-13 所示。b_3 分别取值为 40 mm，52 mm 和 65 mm，在此基础上，得到泵水力性能最优条件下 b_3 的最佳值。

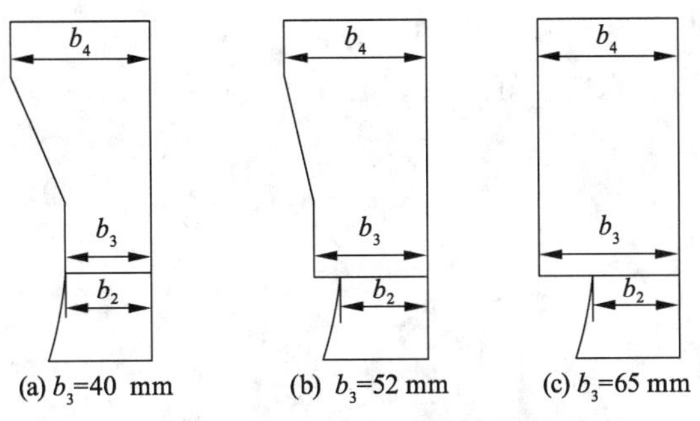

图 4-13　导叶进口方案示意图

(2) 导叶进口宽度对外特性的影响

为了定量描述液体在导叶流道内的损失，定义导叶流道内水头损失为

$$\Delta h_{\mathrm{D}}=\frac{p_{1\mathrm{outlet}}-p_{1\mathrm{inlet}}}{\rho g} \tag{4-12}$$

式中：$p_{1\mathrm{outlet}}$为导叶出口总压，kPa；$p_{1\mathrm{inlet}}$为导叶进口总压，kPa。

图 4-14 为导叶进口宽度与外特性关系曲线的数值计算曲线，结果表明，模型泵 H 和 η 均随 b_3 的增大而减小，η 变化较显著(减小 5%)；H 相对较小，约为 1.5 m，轴功率 P 随 b_3 增大增加 1 kW，叶轮扬程 H_{I} 和导叶损失 Δh_{D} 也随之增加，H_{I} 变化接近 1.5 m；Δh_{D} 增大 1.33 m；模型泵 $b_3=52$ mm 时，压水室损失 Δh_{C} 最小，约为 0.9 m。为了探究引起外特性曲线变化规律的内在机理，需要对核主泵内部流场进行数值分析。

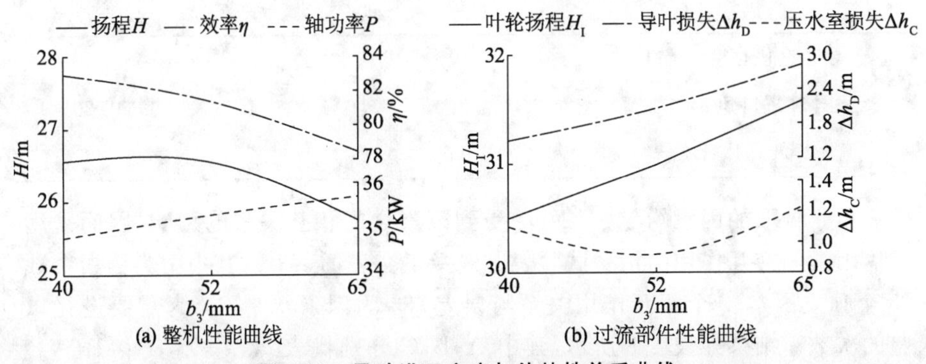

图 4-14　导叶进口宽度与外特性关系曲线

由图 4-15 可以看出，环形压水室内部液流的湍动能分布极不均匀，较大的湍动能会对水力部件的效率产生不利影响。当 b_3 较大且液流扩散严重时，

导叶内产生的湍流脉动向下游发展,环形压水室内低湍动能区进一步缩小。所以,为减小导叶与环形压水室的水力损失,应选用较小的 b_3,即 $b_2=b_3=40$ mm 时,泵的综合性能较好。该结论为叶轮和导叶几何参数优化匹配研究提供了设计依据。

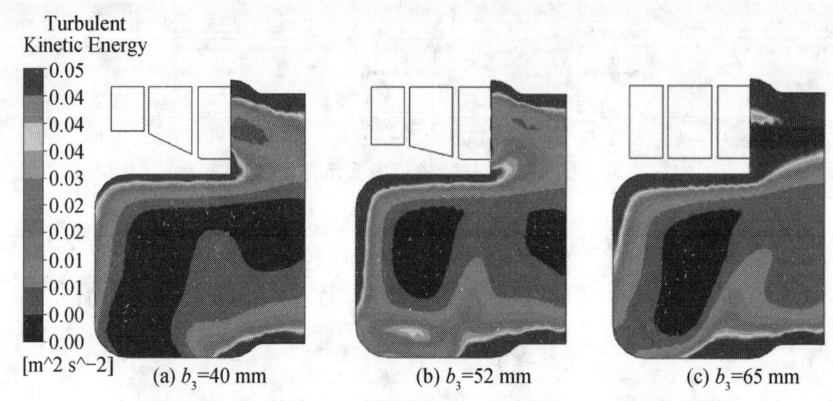

图 4-15　导叶进口宽度对环形压水室湍动能分布的影响

4.2.4　最佳比面积的影响因素分析

针对 b_3,α_3 和 Z_D,选择三水平进行方案对比。根据外特性与内部流场变化规律的分析结果,对因素的水平值进行选取,所选参数值如表 4-2 所示。

表 4-2　变化因素及参数选取

因素	水平 1	水平 2	水平 3
导叶进口宽度 b_3/mm	40	45	50
导叶进口角 α_3/(°)	14	17	20
导叶叶片数 Z_D	6	7	8

由于选取的因素均与 ξ 有关,ξ 受到因素之间相互关系的影响,因而采用考虑因素间交互作用的正交试验表。选择正交表 $L_{18}(3^7)$,其中 7 为因素个数(3 个独立因素、3 个相互作用关系与误差),3 为因素水平,18 为需要进行试验的次数。结果如表 4-3 所示,其中 A,B,C 分别代表 b_3,α_3,Z_D;A×B,A×C,B×C 分别代表 b_3 与 α_3 的交互作用、b_3 与 Z_D 的交互作用、α_3 与 Z_D 的交互作用。

表 4-3 导叶进口参数试验方案

试验号	因素							性能指标	
	A	B	A×B	C	A×C	B×C	误差	H/m	η/%
1	1(40)	1(14°)	1	1(6)	1	1	1	26.41	82.51
2	1(40)	2(17°)	2	2(7)	2	2	2	26.48	82.63
3	1(40)	3(20°)	3	3(8)	3	3	3	26.67	82.96
4	2(45)	1(14°)	1	2(7)	2	3	3	26.41	82.06
5	2(45)	2(17°)	2	3(8)	3	1	1	26.25	81.85
6	2(45)	3(20°)	3	1(6)	1	2	2	26.17	82.37
7	3(50)	1(14°)	2	1(6)	3	2	3	26.41	82.83
8	3(50)	2(17°)	3	2(7)	1	3	1	26.45	82.53
9	3(50)	3(20°)	1	3(8)	2	1	2	26.42	82.01
10	1(40)	1(14°)	3	3(8)	2	2	1	26.46	82.63
11	1(40)	2(17°)	1	1(6)	3	3	2	26.57	83.13
12	1(40)	3(20°)	2	2(7)	1	1	3	27.08	83.83
13	2(45)	1(14°)	2	3(8)	1	3	2	26.32	82.36
14	2(45)	2(17°)	3	1(6)	2	1	3	26.00	82.15
15	2(45)	3(20°)	1	2(7)	3	2	1	26.14	82.25
16	3(50)	1(14°)	3	2(7)	3	1	2	26.44	82.08
17	3(50)	2(17°)	1	3(8)	1	2	3	27.12	82.47
18	3(50)	3(20°)	2	1(6)	2	3	1	26.44	82.29

各因素不同水平对性能指标的影响存在差异，因此对结果进行极差分析，探究所选因素及其水平对性能的影响程度。定义 $\mu_i(i=1,2,3)$为各因素的 i 水平所对应指标的平均值，极差 R 为该因素 μ_i 中最大值与最小值之差，当因素极差大于误差极差时，得到的结果较为可靠，表 4-4 为极差分析表。

表 4-4 极差分析表

	H/m				η/%			
	μ_1	μ_2	μ_3	R	μ_1	μ_2	μ_3	R
A	26.61	26.22	26.58	0.397	82.95	82.17	82.20	0.775

续表

	H/m				η/%			
	μ_1	μ_2	μ_3	R	μ_1	μ_2	μ_3	R
B	26.41	26.48	26.49	0.079	82.41	82.29	82.62	0.325
A×B	26.51	26.50	26.37	0.147	82.24	82.63	82.45	0.394
C	26.29	26.56	26.44	0.267	82.52	82.56	82.21	0.350
A×C	26.59	26.37	26.41	0.224	82.51	82.30	82.52	0.222
B×C	26.44	26.46	26.48	0.044	82.41	82.36	82.56	0.192
误差	26.37	26.40	26.58	0.210	82.34	82.43	82.55	0.207

忽略因素极差小于误差极差的因素，其余因素极差越大则作用越大，将因素按照对核主泵作用大小排列，如图 4-16 所示，表 4-5 为交互作用对 η 影响的分析结果。

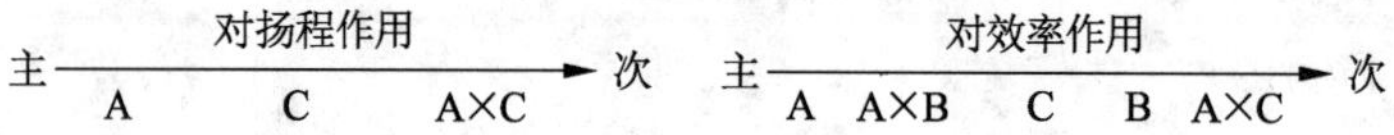

图 4-16　导叶进口诸因素对性能的影响

表 4-5　交互作用对效率影响分析表

效率交互作用	A 水平 1	A 水平 2	A 水平 3
B 水平 1	82.28	82.80	82.13
B 水平 2	82.36	82.25	83.06
B 水平 3	82.59	82.34	82.67

4.2.5　比面积对水力性能的影响

(1) 比面积对外特性的影响

H，η 和 ξ 的关系曲线如图 4-17 所示，ξ 和 H，η 的变化趋势基本一致。当 $\xi \leqslant 0.803$ 时，H 随 ξ 的增大呈逐渐减小的趋势，$\xi = 0.803$ 时 H 达最小值，此时 $H_{min} = 26$ m；当 $\xi \leqslant 0.786$ 时，η 随 ξ 的增大呈先增大后减小的趋势，$\xi = 0.713$ 时达极大值（$\eta = 83.13\%$），$\xi = 0.786$ 时达极小值（$\eta = 81.85\%$）。在 $\xi = 0.786 \sim 0.939$ 区间，η 呈现先增大后减小的趋势，$\xi = 0.835$ 时 η 达最大值（$\eta_{max} = 83.83\%$），随后 ξ-η 特性曲线陡降，在 $\xi = 0.939$ 时 η 达极小值。同样地，在 $\xi = 0.803 \sim 0.939$ 区间，H 也呈现先增大后减小的趋势，$\xi = 0.874$ 时 H

达最大值(H_{max}=27.12 m),随后ξ-H特性曲线陡降,在ξ=0.939时H达极小值,此时H=26.14 m。

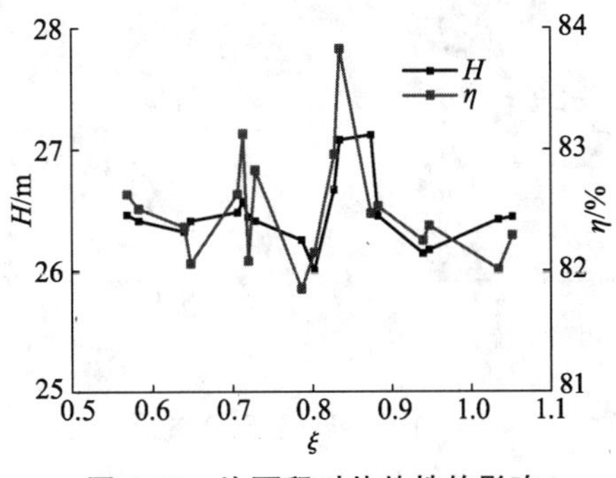

图 4-17 比面积对外特性的影响

虽然数值预测存在难以避免的误差,个别数据点有可能偏离实际情况,但极值点附近的数据点变化趋势一致,所以反映的ξ对H和η特性曲线的影响规律是可信的。上述研究表明,特性曲线的极值中,当ξ=0.835时,ξ-η特性曲线和ξ-H特性曲线几乎同时上升至最大值,此时泵的效率最高,为83.83%,泵的扬程接近最大值,为26.67 m;此时,叶轮和导叶的匹配度最优。

在特性曲线上选取具有代表性的样本,观察ξ对外特性及内部流场的影响,选取3个典型ξ值作为特征点,取ξ分别为0.706,0.827,0.874的模型泵作为对象,揭示ξ对模型泵内部流动特征及其参数分布规律的影响,所选特征点导叶参数如表4-6所示。

表 4-6 比面积和导叶几何参数的关系

ξ	b_3/mm	α_3/(°)	Z_D
0.706	40	17	7
0.827	40	20	8
0.874	50	17	8

(2) 比面积对内部流场的影响

如图4-18所示,导叶进口处静压分布较差,一方面,液流进入导叶与导叶叶片前缘发生撞击,使动静叶交界面产生流动干涉效应;另一方面,由于叶轮叶片压力面与吸力面存在一定压差,液流在叶轮出口侧易产生二次流动。当ξ=0.874时,叶轮出口侧和导叶的静压值较高,即ξ和H有关,当ξ较大时,液体从叶轮出口流向导叶进口的过程中受到过流部件的约束和控制作用较小，动静叶栅交界面处液流的做功能力和水力稳定性显著增强。

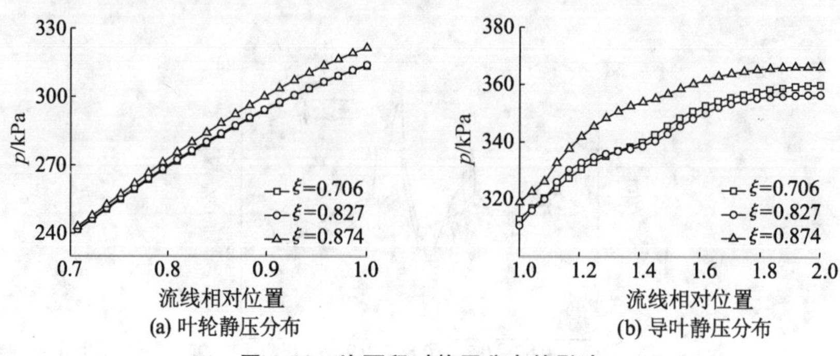

图 4-18　比面积对静压分布的影响

如图 4-19 所示，由于泵叶轮流道过流面积呈现先增大后减小的趋势，所以速度值先减小后增大，最低速度位于流线相对位置 0.6 处，此位置过流面积达最大值；ξ 对上游叶轮流道速度分布的影响仅局限在叶轮出口区域，考虑到叶轮出口吸力面侧易产生流动分离，所以流道后段产生加速，可使流动分离点向出口偏移，有利于改善叶轮内部流态。导叶内部液流速度呈减小的趋势，导叶叶片前缘区域，ξ 对液流速度的影响较显著：研究表明，考虑到导叶的扩压作用，理想条件下，当导叶内部速度值呈线性下降趋势时，导叶叶片对液流的控制力较强。基于上述结论，在 $\xi=0.786\sim0.874$ 范围选择最优 ξ，CFD 对比结果表明，当 $\xi=0.835$ 时，Δh_D 达最小值。

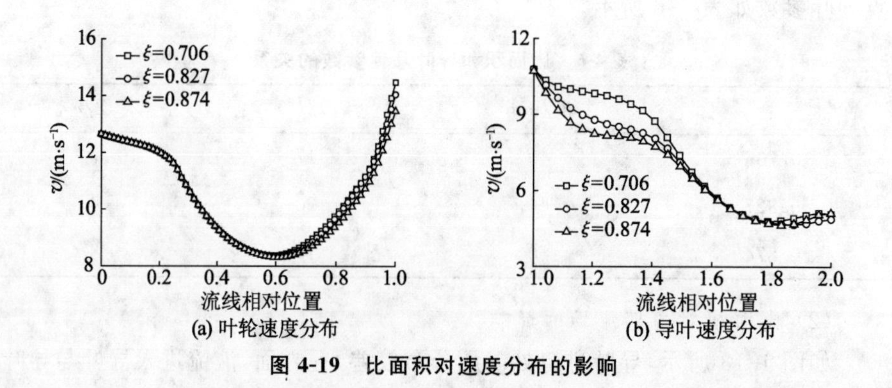

图 4-19　比面积对速度分布的影响

图 4-20 为湍动能云图，对比 $\xi=0.706$，0.827 和 0.874 时，叶轮和导叶流道内部湍动能分布规律，发现 $\xi=0.827$ 时，叶轮、导叶和环形压水室内部湍动能分布较为均匀，各过流部件内部液流的湍流耗散较小，且 $\xi=0.835$ 时，$\xi-\eta$

特性曲线和 $\xi-H$ 特性曲线均上升至最大值附近，表明最优 $\xi_{opt}=0.835$。

当 $\xi=0.706$ 和 0.874 时，导叶和环形压水室内部湍流耗散较为明显，高湍动能区集中在导叶流道内部。特别是当 $\xi=0.874$ 时，泵内湍流脉动加剧，导叶内部高湍动能区最为明显，主要集中在导叶叶片进口位置的吸力面侧，此时液体从叶轮出口向导叶进口运行过程中，流道面积突扩，导致导叶局部区域产生明显的漩涡和二次流，使泵内部流动损失增大，所以选择合理的 ξ 值可抑制动静叶栅内部结构产生漩涡和二次流。外特性试验和内部流动分析均表明，$\xi_{opt}=0.835$ 时，核主泵动静叶栅的几何参数匹配度达到最优。

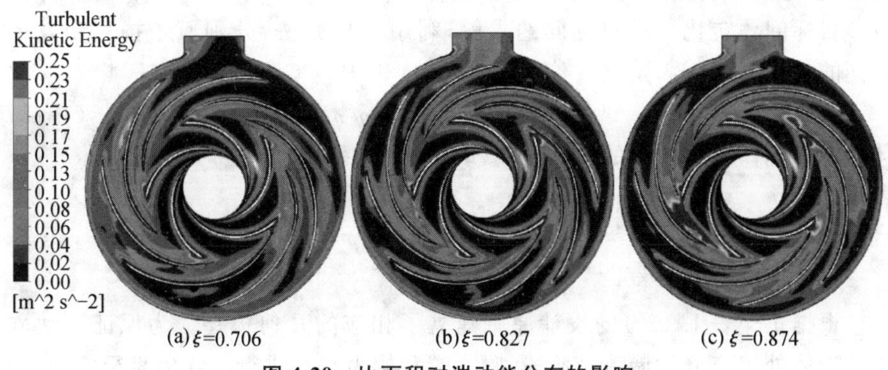

图 4-20　比面积对湍动能分布的影响

4.3　基于正交试验的核主泵导叶水力性能优化

导叶作为核主泵的中间枢纽，一是用于引流，二是用于将液体的动能转化为压力能。其设计的好坏会直接影响到泵的效率等性能参数。目前，针对导叶各参数之间相互作用对核主泵水力性能的影响方面的研究较少。本节以核主泵 AP1000 模型泵为研究对象，结合正交试验方法和数值方法建立导叶各几何参数之间的联系，并阐明外特性及内流特性的相互关系，为核主泵导叶的设计提供理论指导。

4.3.1　正交试验设计

综合分析导叶的主要几何参数，选取导叶前盖板进口冲角 $\Delta\beta_3$、导叶前盖板包角 φ 和导叶前盖板出口角 β_4 为正交试验的 3 个因素，选取参数的范围如表 4-7 所示。

表 4-7 因素及其水平选取范围

因素	取值范围
$\Delta\beta_3$	0°～7°
φ	32.5°～42.2°
β_4	29.3°～36°

考虑各因素之间的相互作用，采用正交表 $L_8(2^7)$ 设计了 8 组试验方案。由于该泵要求在设计工况下的额定流量和额定扬程严格保证设计要求的取值范围，并具有较宽的高效区，因此将扬程 H 与效率 η 作为考察目标。为了将多目标问题转化为单目标问题求解，利用加权方法，分别赋予扬程和效率不同的权重 k_1 和 k_2，定义评价函数为

$$K=k_1 H/H_d+k_2\ \eta/\eta_d \tag{4-13}$$

考虑到扬程与效率的权重比例，取 $k_1=k_2=0.5$。

4.3.2 模型及网格

(1) 几何模型方案

根据正交表 $L_8(2^7)$ 的设计原则建立了相应的几何模型。为保证流动域内的液体处于充分发展流动阶段，吸入端和排出端均进行了 5 倍直径的延长。

(2) 边界条件及网格处理

在对模型泵进行数值计算之前，需要对其进行网格划分，将过流部件的连续区域转化为离散点。由于模型泵边界较为复杂，全流道计算时，流场计算域选用结构网格和非结构网格组合的混合网格型式。叶轮和导叶的网格划分如图 4-21 所示。

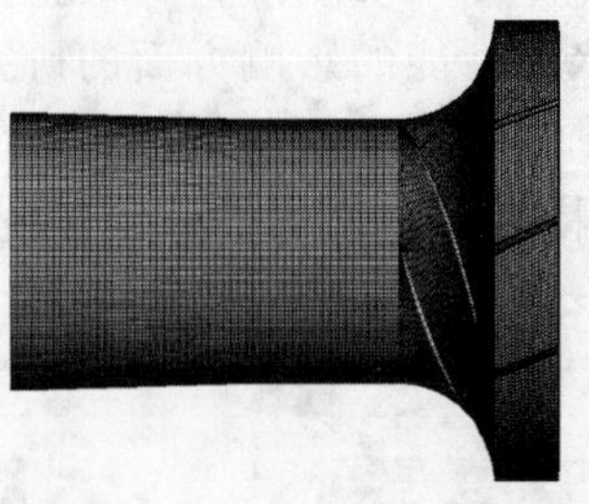

图 4-21 叶轮和导叶网格

4.3.3 数值计算结果与分析

(1) 正交试验分析

将正交表 $L_8(2^7)$ 设计的 8 组试验方案的数值计算结果列于表 4-8 中。在导叶各几何参数中，通过比较极差 S 并忽略比误差项小的因素后，各因素对核主泵水力性能的影响程度由主到次依次为：包角 B、出口角 C、冲角 A。

表 4-8 正交试验分析结果

试验号	因素							性能指标		
	A	B	A×B	C	A×C	B×C	A×B×C	H/m	η/%	K
1	1(0°)	1(42.2°)	1	1(29.3°)	1	1	1	31.78	82.43	10.74
2	1(0°)	1(42.2°)	1	2(36°)	2	2	2	31.63	81.77	10.68
3	1(0°)	2(32.5°)	2	1(29.3°)	1	2	2	32.70	85.28	11.08
4	1(0°)	2(32.5°)	2	2(36°)	2	1	1	31.99	83.41	10.84
5	2(7°)	1(42.2°)	2	1(29.3°)	2	1	2	31.64	83.01	10.75
6	2(7°)	1(42.2°)	2	2(36°)	1	2	1	31.27	81.48	10.59
7	2(7°)	2(32.5°)	1	1(29.3°)	2	2	1	32.73	85.27	11.09
8	2(7°)	2(32.5°)	1	2(36°)	1	1	2	32.18	84.61	10.95
Ⅰ	10.84	10.69	10.86	10.92	10.84	10.82	10.82			
Ⅱ	10.85	10.99	10.82	10.76	10.84	10.86	10.87			
S	0.01	0.30	0.05	0.15	0.00	0.04	0.05			

注：Ⅰ和Ⅱ分别表示对应列的各水平效应的估计值，S 表示极差。

(2) 数值分析与优化

① 外特性分析

表 4-8 所列的 8 组方案中，导叶的最优参数匹配方案为：导叶冲角为 7°，导叶包角为 32.5°，导叶出口角为 29.3°，即 7 号方案。将数值优化后的模型泵(7 号方案)与原模型泵(8 号方案)进行性能分析和对比，结果表明，额定工况下，优化后的模型泵比原模型泵扬程提高 0.55 m，效率提高 0.66%。

为了简化分析，引入相对流量 $\bar{q}$：

$$\bar{q}=Q/Q_d \tag{4-14}$$

考虑到核主泵的工况范围在 $0.8Q_d$～$1.2Q_d$ 之间，本章仅分析了 $0.8Q_d$～$1.2Q_d$ 下的外特性曲线。如图 4-22 所示，小流量工况下，优化后的扬程和效率提升较为明显。当相对流量 $\bar{q}<1.07$ 时，优化后的模型泵效率和扬程均高于原模型泵。

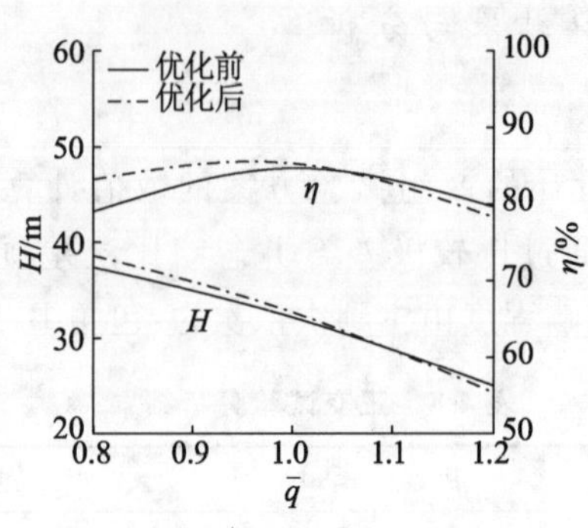

图 4-22　模型泵外特性曲线对比

图 4-23 为数值优化前后的导叶水力损失。结果表明,导叶的水力损失随流量的增大呈减小的趋势。在 $0.8Q_d \sim 1.2Q_d$ 流量工况范围,优化后的模型泵导叶的水力损失与原模型泵中的水力损失之差,由正值逐渐变为负值。

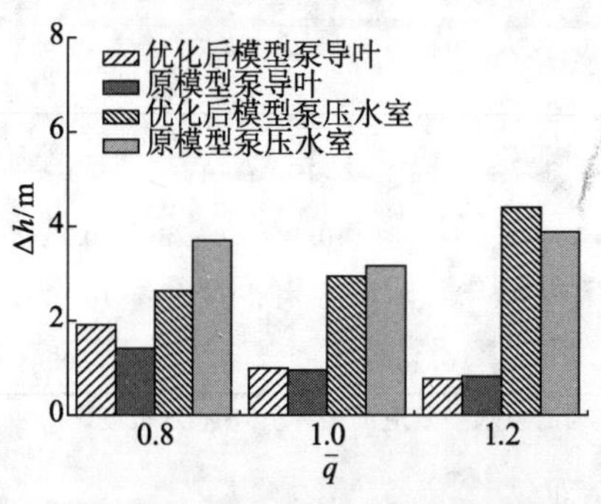

图 4-23　模型泵水力损失对比

分析图 4-24 可知,压水室水力损失在总水力损失中所占的比重较大。额定工况下,原模型泵中压水室的水力损失最小,优化后模型泵中压水室的水力损失随着流量的增加而增大。在模型泵流量增大的过程中,优化后模型泵中压水室的水力损失与原模型泵中压水室的水力损失之差,由负值逐渐变为正值,说明随着流量的减小,优化后模型泵的优势逐渐凸显。这是因为优化后模型泵导叶出口液流角 α_3 减小(见图 4-24b),使导叶出口液体的圆周速度分量增大,从导叶流出的液体与压水室的液体汇聚时发生改变,从而影响了液体从导叶到压水室的过渡流态。结合优化前后模型泵的外特性曲线可知,模型泵压水室液体的流态对优化前后水力性能的改善有重要影响。小流量工况时,优化后模型泵的水力性能提升比较显著。

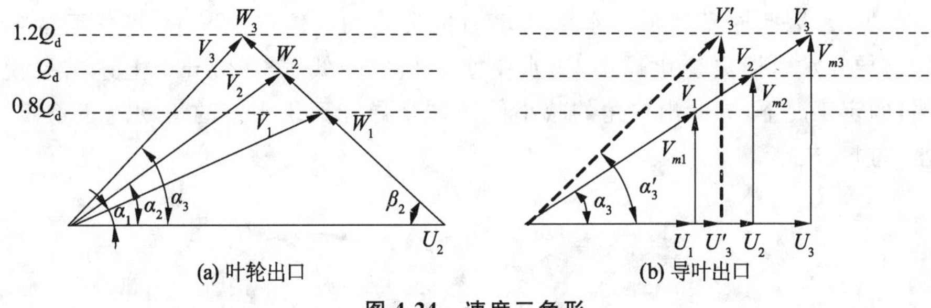

图 4-24　速度三角形

②内部流场数值分析

定义叶轮出口面到导叶出口面的相对长度系数为

$$n'=n/N \tag{4-15}$$

式中：N 为叶轮出口面到导叶出口面的平均流道长度，m；n 为垂直于此流道的面与线流道的交点到叶轮出口的距离，m。

图 4-25 为模型泵面平均静压和面平均速度的变化规律，图中静压为相对于进口参考压力的静压值。优化后的模型泵，当 n' 的值介于 0～0.8 范围内时，面平均静压有明显的增加；当 n' 的值大于 0.8 时，面平均静压小幅下降。当 n' 的值介于 0～0.5 范围内时，优化前后的模型泵面平均速度基本保持不变；当 n' 的值大于 0.5 时，优化后的模型泵面平均速度有明显的增加。

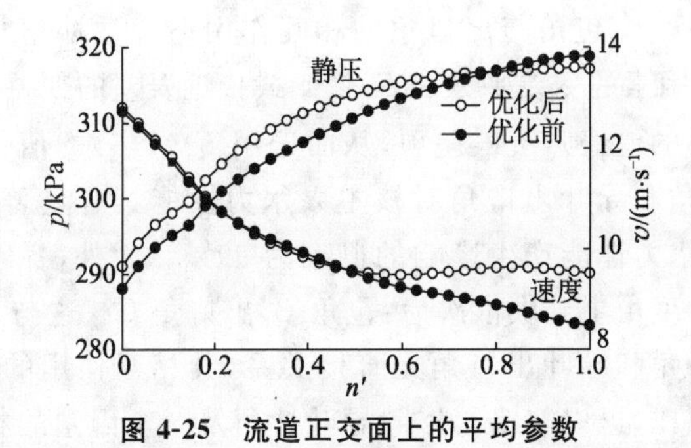

图 4-25　流道正交面上的平均参数

图 4-26 为导叶中间断面的流线分布规律。液体进入压水室后，原模型泵压水室局部液流的流态较为紊乱，即区域 1 和区域 2 位置；经过设计改进和 CFD 数值优化后，压水室液流的流态有了明显的改善。在区域 1 位置，部分液体沿着逆时针方向流入压水室，同时另一部分液体流入排出端，因此该区域的液流呈现流动不稳定性。在区域 2 位置，液体流动得较为紊乱，流态较

差，这是由于导叶出口角改变后，导叶内部液体的流态在压水室内得到了充分的发展，因此原模型泵压水室的水力损失较大。额定工况下，优化后的叶轮与导叶水力损失变化较小，压水室水力损失降低了 0.22 m。上述结果说明，额定工况下，导叶出口角的减小使液体从导叶到压水室的流动趋于稳定，水力损失较小。

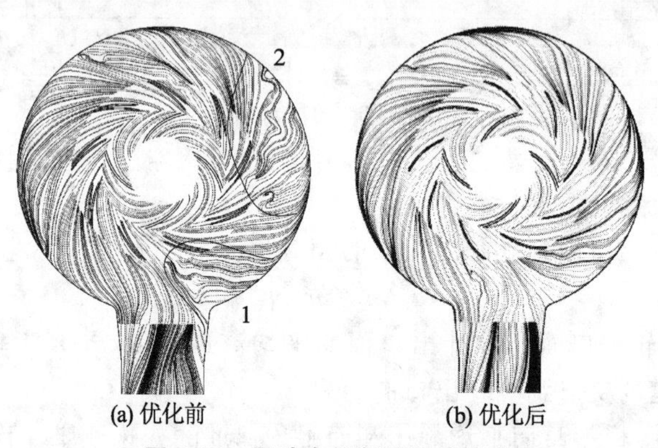

(a) 优化前　(b) 优化后

图 4-26　导叶中间断面流线分布

③ 水力影响因素的显著性分析

为了定量分析各因素对水力性能的影响程度，基于方差分析法，研究导叶几何参数对综合指标 K 影响的显著性(见表 4-9)。由于冲角 A、冲角与包角的相互作用 A×B、包角与出口角的相互作用 B×C、冲角与出口角的相互作用 A×C 4 个因素的变差平方和 S_i 低于或接近误差的变差平方和 S_e，因此将 4 个因素水平的差值归于误差项，从而选用 $F_\alpha(1,5)$ 的值作为临界值。比较发现，导叶包角和导叶出口角对核主泵水力性能具有显著影响，即二者变化时，对核主泵水力性能产生影响的概率为 99%。此外，各因素对核主泵水力性能的影响程度由主到次依次为：包角 B、出口角 C。这与表 4-9 的结论一致。因为导叶冲角和导叶出口角无直接关系，其相互作用的影响程度最低，与试验误差 e 相比，可以忽略；另外，导叶冲角及 3 个因素的相互作用对指标 K 的影响微乎其微，可以忽略。

由方差分析可知，具有显著影响的因素为导叶包角和导叶出口角，其中导叶包角对泵水力性能的影响最大。因此，以 7 号正交试验的模型泵为基准，在保证泵其他几何参数不变的条件下，仅改变导叶包角，且以导叶包角 32.5°为中心，选取 37.5°和 27.5°为导叶包角的变化值，研究导叶包角对泵水力性能的影响。

表 4-9　方差分析结果

方差来源	平方和	自由度	均方差	F	临界值	显著性
A	0	1	0			
B	0.177	1	0.177	72.7		有高度显著性
A×B	0.004	1	0.004		$F_{0.05}(1,5)=6.61$	
C	0.046	1	0.046	18.93		有高度显著性
A×C	0	1	0		$F_{0.01}(1,5)=16.26$	
B×C	0.003	1	0.003			
e	0.005	1	0.005			
T	0.235	7				

注：e 表示误差，T 表示因素试验结果之和。

图 4-27 为导叶包角对外特性曲线的影响。由图可见：小流量工况下，导叶包角与核主泵的效率和扬程呈正比；额定工况下，导叶存在最优包角，为 32.5°；大流量工况下，导叶包角越大，核主泵的效率和扬程越低。

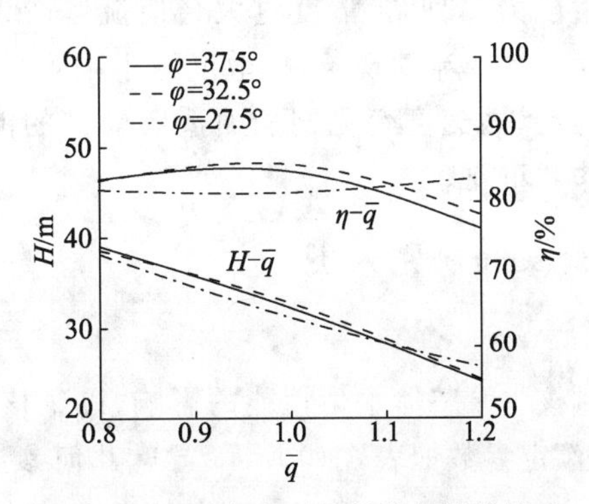

图 4-27　导叶包角对外特性曲线的影响

导叶包角对导叶内部流场结构有显著影响。当导叶进出口安放角一定时，导叶包角增大，导叶进出口面积不变，但导叶内部流道的扩散程度减弱，使水力损失降低(见图 4-28)。小流量工况下，包角为 37.5°时，导叶内部流态较好；包角为 27.5°时，由于导叶内部流道的扩散程度增强，造成导叶叶片对液流的约束能力减弱，使导叶内部流道产生较大尺度的漩涡结构(见图 4-28a)。大流量工况下，包角为 27.5°时，导叶内部流态极好；包角为 37.5°时，由于导叶内部流道较长，导叶扩散度偏小，使导叶叶片工作面尾缘区域产生明显的流动分离，水力损失增大(见图 4-28b)。

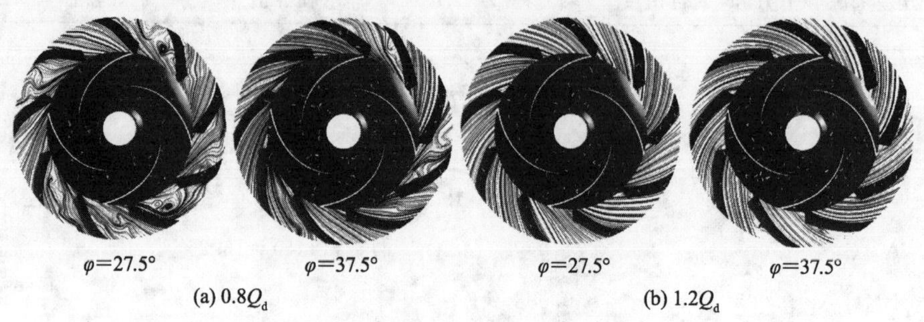

(a) $0.8Q_d$　　(b) $1.2Q_d$

图 4-28　不同工况下导叶流线分布

4.4　导叶扩散度对核主泵水力性能影响的数值分析

核主泵导叶设计决定了核主泵整机性能和运行的稳定性。导叶扩散段在改变流动方向和回收流体压力能方面起主要作用，扩散度的大小体现出导叶对流体运动的约束能力，导叶扩散度过大会使流体严重脱离叶片表面，产生回流、二次流、漩涡等复杂流动现象，扩散度过小则容易导致流体在导叶叶片间以较高的动能运动，因速度变化剧烈而造成较大的能量损失，因此选择恰当的导叶扩散度非常重要。

4.4.1　研究对象和研究方法

(1) 额定参数

为了研究导叶对核主泵整体水力性能的影响，以某核主泵缩比模型为研究对象，其中模型泵额定参数如表 4-10 所示，导叶几何参数如表 4-11 所示。

表 4-10　模型泵的额定参数

流量 $Q/(m^3 \cdot h^{-1})$	扬程 H/m	转速 $n/(r \cdot min^{-1})$	效率 $\eta/\%$	比转速 n_s
400	26	1450	78	153

表 4-11 模型泵导叶的几何参数

基圆直径 D_3/mm	出口直径 D_4/mm	进口宽度 b_3/mm	出口宽度 b_4/mm	喉部直径 a_3/mm
345	552	46	65	40
进口安放角 α_3/(°)	出口安放角 β_3/(°)	出口厚度 δ_4/mm	叶片数 Z_D	扩散段长度/mm
17	15	6	7	225

(2) 数值计算方法

基于 RNG $k-\varepsilon$ 湍流模型和 SIMPLEC 算法，建立相对坐标系下的雷诺时均 N－S 方程，采用二阶迎风格式离散基本方程组进行迭代求解。计算的收敛精度和结果的准确性受边界条件选取的影响较大，设吸入端为速度进口条件，进口参考压力设为 17.5 MPa；排出端设置为自由出流。固壁面为无滑移壁面，近壁面按标准壁面函数法处理，叶轮与吸入端及导叶间的交互面采用多重参考系(MRF)模型。

4.4.2 控制因素水平选取

(1) 导叶当量扩散度定义

图 4-29 为导叶流道的轴面投影和平面投影。为了定量研究导叶流道的扩散程度，引入无量纲参数，将单一导叶流道的当量扩散度定义为

$$K_D=\frac{\sqrt{S_{D2}}-\sqrt{S_{D1}}}{L_D\sqrt{\pi}}=\frac{\sqrt{F_{D2}/Z_D}-\sqrt{F_{D1}/Z_D}}{L_D\sqrt{\pi}} \tag{4-16}$$

式中：S_{D1}，S_{D2} 分别为导叶单流道的进、出口面积，m^2；F_{D1}，F_{D2} 分别为导叶进、出口的有效过流面积，m^2；L_D 为导叶流道的扩散段长度，m。

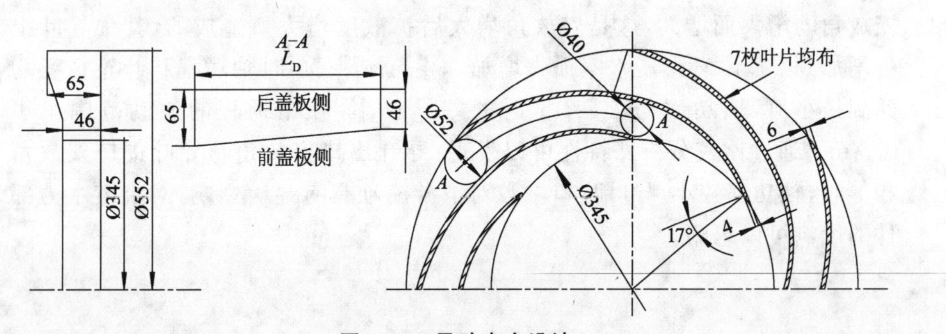

图 4-29 导叶水力设计

理论分析表明，K_D 的值取决于 F_{D1}，F_{D2}，Z_D 和 L_D，导叶与叶轮耦合参数的协同效应对泵的水力性能至关重要。首先，基于 CFD 分析获得泵动静叶栅的最优匹配关系，然后在此基础上，分析 K_D 对泵水力性能和内流的影响规律。为简化分析，假定 L_D 不变，通过调控 F_{D1}，F_{D2}，K_D 的值，并保持导叶进口至出口流道光滑过渡，使叶轮和导叶达到最优参数匹配，从而确定最佳 F_{D1}。

(2) 导叶出口角水平选取

首先，基于 β_3 设计方案 $\beta_3<\alpha_3$，$\beta_3=\alpha_3$ 和 $\beta_3>\alpha_3$，确定各参数和水平选取范围。然后，根据已确定的导叶进口安放角 $\alpha_3=17°$，选择 β_3 分别为 15°，17° 和 19°。图 4-30 所示为模型泵外特性试验(试验台及试验曲线)。

(a) 样机试验台

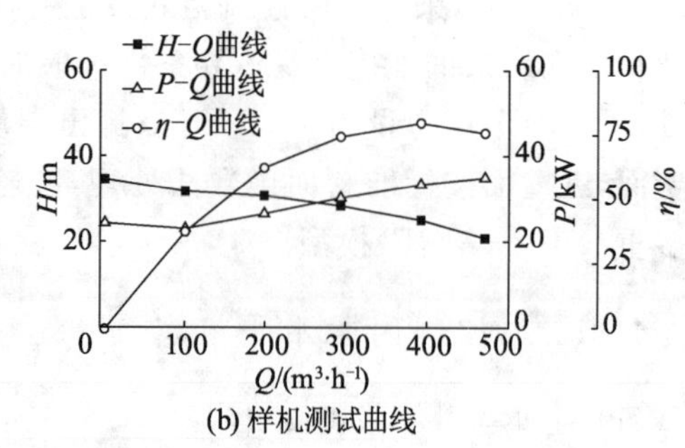

(b) 样机测试曲线

图 4-30 模型泵外特性试验

4.4.3 数值计算结果与分析

(1) 导叶出口安放角对外特性的影响

获得的 3 组方案的外特性曲线如图 4-31 所示。由图可以看出，H 和 η 都随 β_3 的增大而减小，效率值差异大于 1.5%；导叶和环形压水室损失均随出口安放角的增大而增大，这是安放角增大后扩散度增大所造成的，其中导叶损失增加 0.25 m，环形压水室损失增加 0.4 m；$\beta_3=20°$时轴功率和叶轮扬程均达到最小值，轴功率与 $\beta_3=15°$时的差异较小，叶轮扬程的波动范围小于 0.3 m。通过比较分析外特性可以发现：导叶出口安放角与导叶进口安放角相等时，轴功率较小；导叶出口参数对下游流动具有显著影响，对上游水力部件的影响可以忽略。

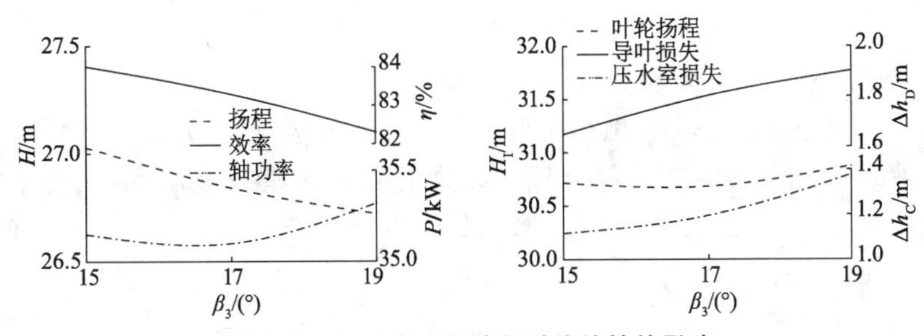

图 4-31 导叶出口安放角对外特性的影响

图 4-32a 静压分布表明，随导叶出口安放角的增大，导叶出口区域和环形压水室内静压值减小，$\beta_3=15°$时泵压力梯度变化较为均匀，$\beta_3=25°$时导叶和压水室出口处有逆压梯度。图 4-32b 速度分布表明，导叶出口安放角增大后，导叶内低速区随之增大，$\beta_3=20°$和$\beta_3=25°$时速度分布极不均匀，出口安放角的增大会对导叶型线产生影响，使导叶流道过流面积减小，导叶进口段出现明显的高速区。因此，导叶出口安放角小于进口安放角时，导叶型线更符合流动规律，且有可能小于 15°时泵的性能更好，故选择导叶出口安放角的因素水平为 10°和 15°。

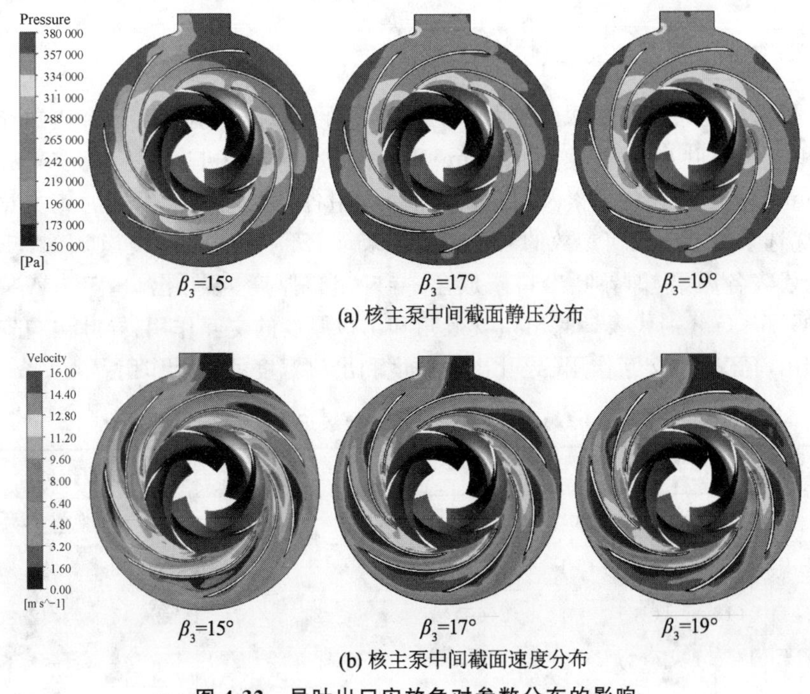

(a) 核主泵中间截面静压分布

(b) 核主泵中间截面速度分布

图 4-32 导叶出口安放角对参数分布的影响

(2) 导叶出口宽度水平

根据原模型泵导叶参数值 $b_4=65$ mm，导叶轴面的出口宽度选取 60 mm 与 70 mm 作为初选范围，建立 3 组水平的设计方案，单独分析三水平参数对导叶轴面流场的影响，以选择合理的参数范围。如图 4-33 所示，在满足水力性能的条件下，选择效率最高和损失最小的导叶出口宽度 b_4 为 60 mm 和 65 mm 两组水平。

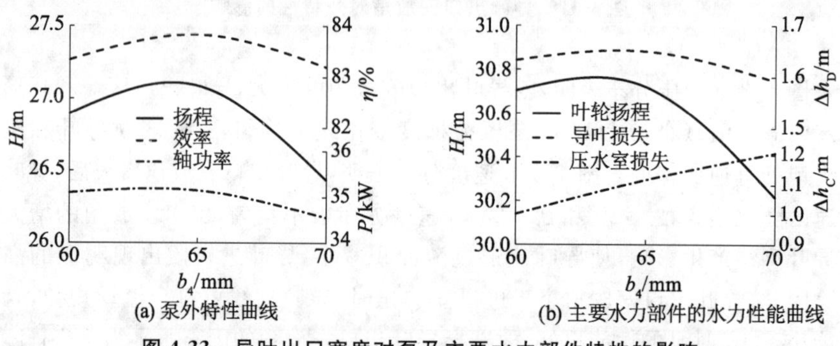

(a) 泵外特性曲线　　(b) 主要水力部件的水力性能曲线

图 4-33　导叶出口宽度对泵及主要水力部件特性的影响

4.4.4　正交数值试验结果分析

针对核主泵数值结果选择相关几何参数的范围，分别选取导叶出口角为 10°和 15°，导叶出口厚度为 12 mm 和 18 mm，导叶出口宽度为 60 mm 和 65 mm。基于上述各因素及对应的水平，应用各因素间交互作用的正交试验法，优选泵的最佳几何参数的匹配方案。表 4-12 为正交试验表，其中 A，B，C 分别代表各因素，即导叶出口安放角、导叶出口厚度、导叶出口宽度，A×B，A×C，B×C 分别代表导叶出口安放角和出口厚度的交互作用、导叶出口安放角和出口宽度的交互作用、导叶出口厚度和出口宽度的交互作用。

表 4-12　核主泵导叶出口参数正交试验表

试验号	因素							性能指标	
	A	B	A×B	C	A×C	B×C	误差	H/m	η/%
1	1(10°)	1(12)	1	1(65)	1	1	1	26.93	82.87
2	1(10°)	1(12)	1	2(60)	2	2	2	26.44	82.80
3	1(10°)	2(18)	2	1(65)	1	2	2	26.72	82.43
4	1(10°)	2(18)	2	2(60)	2	1	1	26.67	82.46

续表

试验号	因素							性能指标	
	A	B	A×B	C	A×C	B×C	误差	H/m	η/%
5	2(15°)	1(12)	2	1(65)	2	1	2	27.31	84.11
6	2(15°)	1(12)	2	2(60)	1	2	1	26.88	83.10
7	2(15°)	2(18)	1	1(65)	2	2	1	27.24	84.05
8	2(15°)	2(18)	1	2(60)	1	1	2	26.83	83.26

通过分析表 4-13 的极差表，去掉极差小于误差极差的因素，将导叶出口参数对泵性能影响大小排序：导叶出口安放角对泵扬程和效率影响最显著，导叶出口厚度对效率影响较显著，如图 4-34 所示。得到最佳出口参数匹配方案为：$b_4=65$ mm，$\beta_3=15°$，$\delta_4=18$ mm。

表 4-13　核主泵导叶出口参数正交试验极差表

	H/m			η/%		
	μ_1	μ_2	R	μ_1	μ_2	R
A	26.69	27.09	0.400	82.64	83.81	1.168
B	26.92	26.87	0.053	83.40	83.05	0.348
A×B	26.86	26.92	0.062	83.25	83.20	0.042
C	27.05	26.73	0.318	83.37	83.08	0.283
A×C	26.87	26.92	0.048	83.09	83.36	0.262
B×C	26.94	26.85	0.088	83.18	83.27	0.098
误差	26.96	26.83	0.132	83.30	83.15	0.147

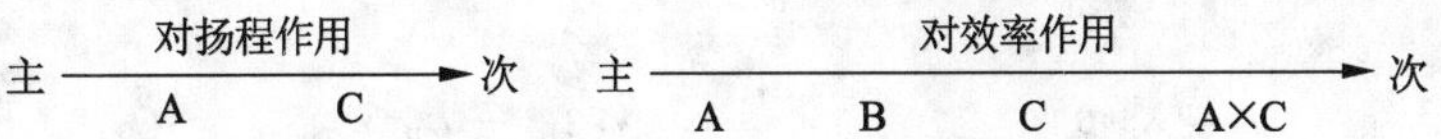

图 4-34　导叶出口各因素对性能的影响排序

(1) 导叶扩散度对外特性的影响

图 4-35 的结果表明，随导叶扩散度 K_D 的增大，扬程和效率均呈先增大后减小的趋势，这主要是因为导叶扩散度 K_D 在一定范围内的增大会使得导叶过水断面的渐扩程度增大，提高了导叶的降速扩压能力，进一步将流体的速度能转化为压力能，从而使得泵的扬程增大，同时 K_D 的增大也在一定程度上改善了液体在导叶流道内的流动状态，开扩的导叶流道降低了流体间的黏

性阻力，使得流动更加顺畅，并且较大的导叶扩散度也有助于减弱导叶出口流体冲击效果，对抑制导叶出口的射流-尾迹等不稳定现象起到促进作用，因此效率也会得到一定的提升；随着扩散度的进一步增大，导叶内出现流动分离及二次流等现象，进而引起流动失稳，能量耗散加剧，扬程和效率因此下降。从图中可以明显看出，K_D 在 0.025～0.035 范围时，扬程和效率达到峰值。为了研究导叶扩散度对核主泵水力性能的影响，分别选取 $K_D=0$，0.025，0.045 作为特征点，分析 K_D 和内流特性的内在关系。结果表明，$K_D=0.025$ 时，核主泵整体水力性能最优，如表 4-14 所示。

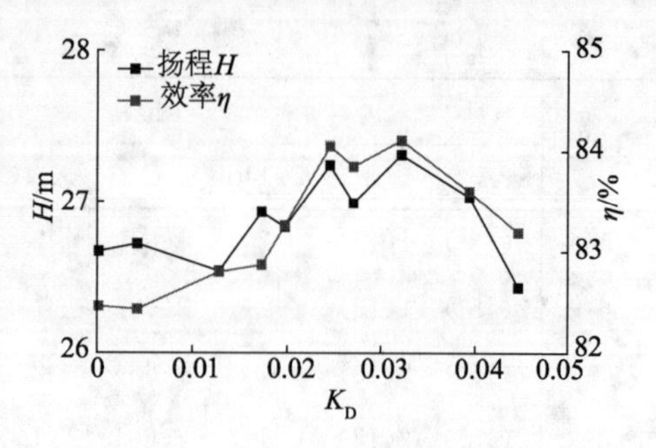

图 4-35 导叶扩散度对外特性的影响

表 4-14 扩散度特征点导叶相关结构参数

扩散度 K_D	出口宽度 b_4/mm	出口安放角 β_3/(°)	出口厚度 δ_4/mm
0	60	10	18
0.025	65	15	18
0.045	70	15	6

图 4-36 为 K_D 对外特性的影响，小流量工况下，导叶损失差异较大，并随流量的增大而减小；大流量工况下，K_D 和导叶损失相关关系不显著，导叶性能较好。$K_D=0.025$ 时压水室损失曲线平稳，此时导叶与压水室达最佳参数匹配关系，两者均表现出良好的水力性能。因此，取 $K_D=0.025$ 时，核主泵导叶和压水室的水力性能及其匹配最佳。

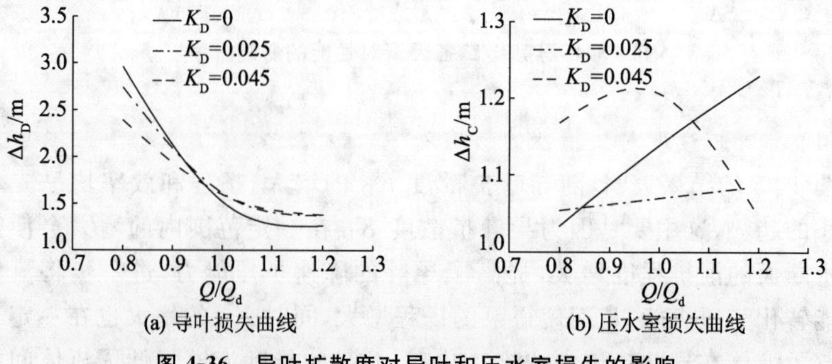

图 4-36 导叶扩散度对导叶和压水室损失的影响

(2) 扩散度 K_D 对内部流场的影响

图 4-37 的结果表明，从导叶进口到出口，静压分布呈逐渐增大趋势。$K_D=0$ 时，导叶出口压力有减小趋势，这是因为导叶出口扩散度较小，使导叶出口对流动的节流效应明显，静压恢复能力较差；$K_D=0.025$ 和 0.045 时，导叶的静压恢复能力较好，导叶静压分布曲线合理。图 4-38 的结果表明，$K_D=0$ 时，导叶出口速度明显大于其他 2 种方案，这是导叶出口扩散度较小，导叶出口流速较大所致；随着 K_D 增大，导叶后缘 50%区域流道的减速增压能力逐渐增强，$K_D=0.045$ 时，导叶出口流速较小，使导叶的过流能力变差，流道内液流的流态较差，从而导致导叶下游压水室的水力损失增大，所以 $K_D=0.025$ 时扩散度最优。

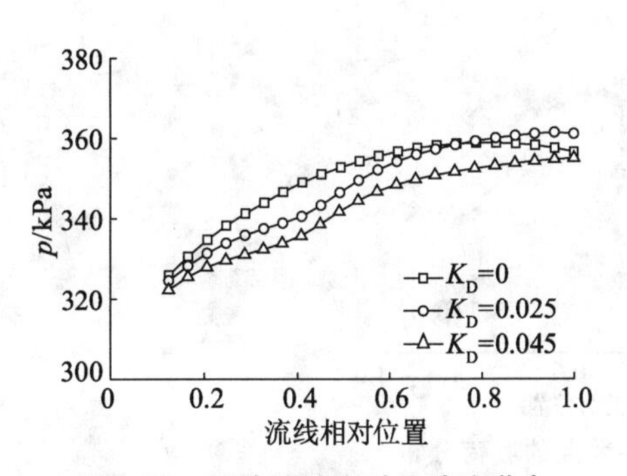

图 4-37 导叶扩散度对导叶流道内静压分布的影响

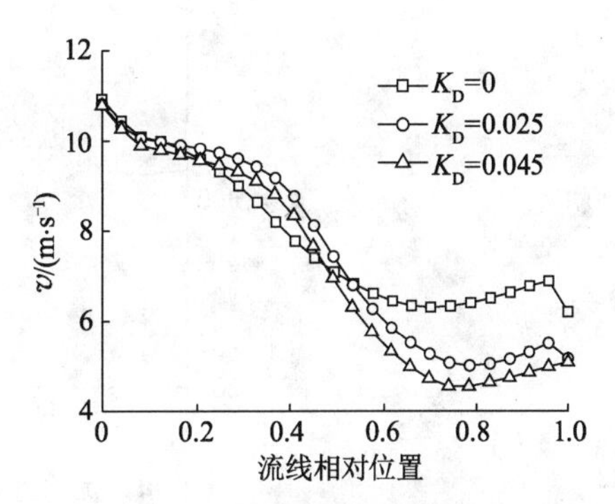

图 4-38 导叶扩散度对导叶流道内速度分布的影响

通过图 4-39 的对比表明，$K_D=0.025$ 时，导叶进口湍流脉动程度较严重，导叶损失略大，但此时压水室损失最小，导叶静压恢复能力较好，因此核主泵整体性能最佳。上述结果表明，泵的水力性能与各过流部件几何参数之间的协同匹配关系密切相关。因此，对导叶和叶轮、压水室几何参数的匹配关系进行协同设计和分析，可以显著提高泵的整机水力性能。图 4-40 为 $K_D=0.025$ 时导叶扩散度的载荷分布，导叶的静压恢复主要发生在导叶叶片前缘 60%区域，所以占导叶损失的比重较大；导叶尾缘 40%为液流从导叶到压水室的过渡流道区域，其主要作用是将液流引入环形压水室。

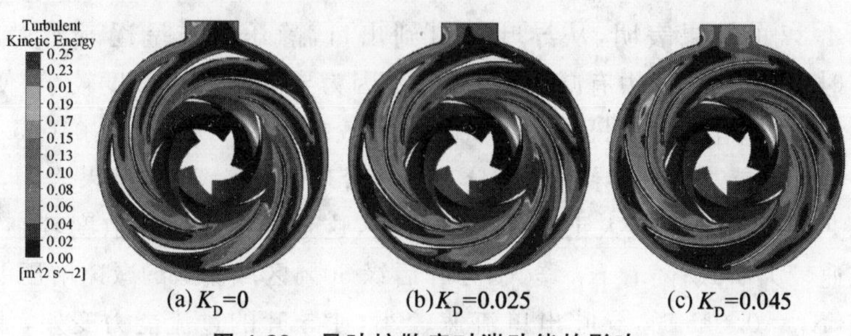

(a) K_D=0　(b) K_D=0.025　(c) K_D=0.045

图 4-39　导叶扩散度对湍动能的影响

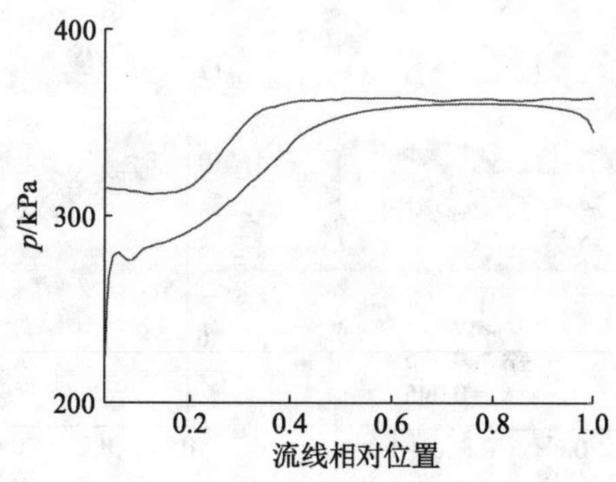

图 4-40　优化导叶扩散度的载荷分布

4.5　导叶轴向安放位置对核主泵性能的影响

AP1000 核主泵的主要过流部件由混流式叶轮、径向导叶和环形压水室构成。导叶作为连通叶轮与环形压水室的桥梁，其水力设计直接影响上下游过流部件的流动特性，过流部件间相对位置对流体机械的性能和安全性影响较大，合适的过流部件间相对位置对提高流体机械水力性能、减小压力脉动及改善内部流动具有重要意义。

目前关于核主泵过流部件间相对位置对其水力性能影响的报道并不多见，尤其是针对百万千瓦级核主泵导叶与环形压水室间相对位置的研究，本节基于计算流体动力学，以核主泵缩比模型为研究对象，研究不同工况下导叶与环形压水室的 3 种不同轴向相对位置对 AP1000 核主泵外特性、内部流场及过流部件能量转换特性的影响，为核主泵导叶的设计优化和结构安装提供参考。

4.5.1 模型描述与数值计算

(1) 模型建立

所选模型是缩比系数为 0.4 的 AP1000 核主泵模型泵。保持模型泵和原型泵的转速相等,模型泵的设计参数根据相似换算准则换算,其主要技术参数为:设计流量 Q_d=1 145 m^3/h,设计扬程 H=17.8 m,转速 n=1 750 r/min,输送介质为清水,过流部件主要参数如表 4-15 所示。

表 4-15 过流部件主要参数

主要几何参数	数值
叶轮进口直径 D_j/mm	235
叶轮出口直径 D_2/mm	340
叶轮出口宽度 b_2/mm	75
叶轮叶片数 Z_1	7
导叶进口直径 D_3/mm	346
导叶出口直径 D_4/mm	435
导叶出口宽度 b_4/mm	58
导叶叶片数 Z_2	18
环形压水室直径 D_5/mm	684
环形压水室宽度 b_5/mm	378

在核主泵模型泵结构允许的基础上,本章设定了 3 种导叶轴向安放位置,如图 4-41 所示。方案 A 为原设计方案,其导叶与泵出水管轴线在叶轮旋转轴线方向相距 89.0 mm;方案 B 导叶与泵出水管轴线在叶轮旋转轴线方向相距 44.5 mm;方案 C 导叶与泵出水管轴线在叶轮旋转轴线方向重合。

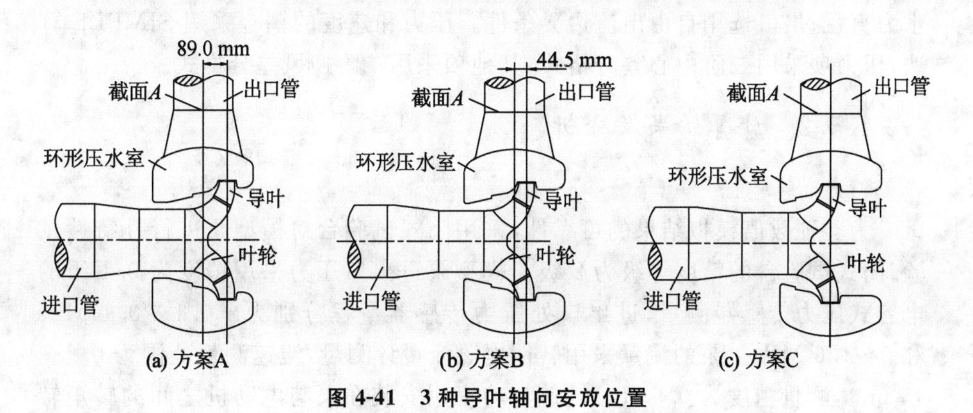

图 4-41 3 种导叶轴向安放位置

(2) 网格划分

采用 Pro/E 5.0 生成核主泵三维模型，为了保证模拟结果的准确性，将泵的进出口管道进行适当延伸。计算域由泵进口管、叶轮、导叶、环形压水室和泵出口管组成，由于模型泵几何结构比较复杂，尺寸较大，所以采用三维非结构四面体网格划分整个计算域，对于主要过流部件叶轮和导叶给定较小的网格尺寸，通过数值模拟结果对比分析和网格无关性检查，最终确定网格总数为 720 多万，其中叶轮、导叶和环形压水室的网格数分别约为 260 万、151 万和 252 万。图 4-42 所示为叶轮、导叶和环形压水室的网格划分。

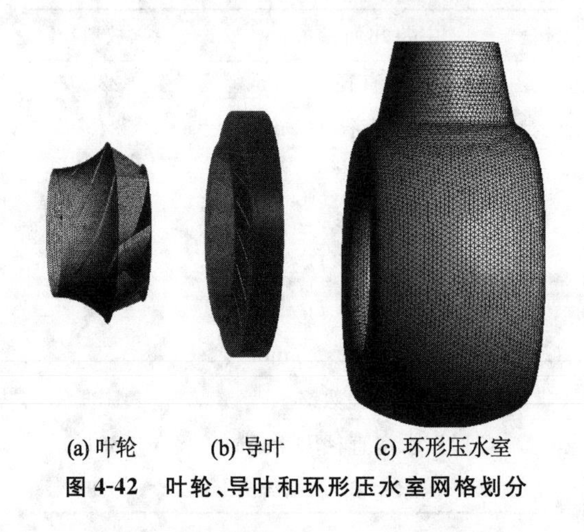

(a) 叶轮　　(b) 导叶　　(c) 环形压水室

图 4-42　叶轮、导叶和环形压水室网格划分

(3) 数值计算方法

计算采用三维定常 N－S 方程和 RNG $k-\varepsilon$ 湍流模型，壁面采用无滑移壁面边界条件，在临近固壁的区域采用标准壁面函数法。进口边界条件指定为速度进口，假定来流方向垂直于入口截面，并给定来流速度大小、湍流强度和水力直径；出口选用自由出流边界条件。压力和速度的耦合采用 SIMPLE 算法，压力项采用二阶中心差分格式，其他项采用二阶迎风差分格式。

4.5.2　计算结果及分析

(1) 试验验证

为验证数值模拟结果的可靠性，采用闭式试验台对模型泵进行外特性试验，闭式试验台的精度等级为 2 级。模型泵进出口压力采用精度为 0.1 级的电容式压力传感器测量，进出口处压力传感器量程分别为－0.1～0.1 MPa 和 0～1.6 MPa。泵的流量采用智能电磁流量计测量，流速测量范围为 0.1～15 m/s，测量精度为 0.5 级。转速与功率用安装在泵与电动机之间的转矩转速传感器测量，并配有转矩转速功率测量仪显示转速及输入功率，转矩量程为 0～1 000 N·m，测量精度为：转速 0.1%，转矩 0.3%，功率±0.5%。将方案 A 数值模拟的扬程和效率与试验数据进行对比，结果如图 4-43 所示。其中，泵的扬程和效率的计算方法见式(4-17)和式(4-18)：

$$H=\frac{p_2-p_1}{\rho g}+\frac{v_2{}^2-v_1{}^2}{2g}+\Delta Z \tag{4-17}$$

$$\eta=\frac{\rho gQH}{1\ 000P}\times 100\% \tag{4-18}$$

式中：H 为泵的扬程；η 为泵的效率；p_1 和 p_2 分别为泵进出口的压力；v_1 和 v_2 分别为泵进出口的速度，$v_i=Q/A_i$，其中 A_i 为测量管的截面积，Q 为泵的流量；ΔZ 为泵出口与进口的高度差；ρ 为液体密度；g 为重力加速度；P 为泵的轴功率。

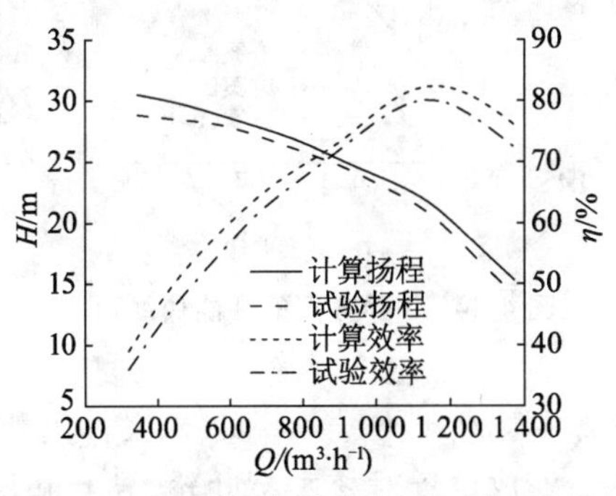

图 4-43　泵性能的数值预测与试验曲线

由图 4-43 可以看出，在各个工况下数值计算扬程和效率值均高于试验值。在设计工况下，数值计算的扬程和效率值与试验值的吻合程度较高，扬程误差不超过 2.95%，效率误差不超过 2.4%；在小流量和大流量工况下，扬程和效率的计算误差相对较大，但数值计算的扬程和效率值与试验值的变化趋势始终一致，由此说明本研究所采用的数值计算方法具有较高的适用性和准确性。

(2) 导叶轴向安放位置对核主泵性能的影响

图 4-44 为核主泵在 3 种导叶轴向安放位置时的扬程、效率和轴功率曲线，可以看出，在设计工况及 1.2Q_d 工况下，随着导叶与泵出水管轴线在叶轮旋转轴线方向距离的减小，核主泵的扬程和效率值逐渐减小，设计工况时，方案 B 和方案 C 与方案 A 相比，扬程分别减小 2.28%和 3.38%，效率分别减小 1.68%和 2.63%。当流量为 0.8Q_d 时，扬程和效率与设计工况呈现相反趋

势，即随着导叶与泵出水管轴线在叶轮旋转轴线方向距离的减小，扬程和效率逐渐增大，方案 B 和方案 C 与方案 A 相比，扬程分别增大 0.16% 和 2.39%，效率分别增大 1.92% 和 3.35%。当流量小于 $0.8Q_d$ 时，泵的扬程和效率变化很小。由核主泵在 3 种导叶轴向安放位置时的轴功率曲线可知，在 $0.8Q_d$ 工况及设计工况时，导叶轴向安放位置对核主泵轴功率的影响较大，其中在 $0.8Q_d$ 工况时影响最大，此时方案 B 和方案 C 与方案 A 相比，轴功率分别减小 1.71% 和 0.91%，这也是方案 B 和方案 C 在 $0.8Q_d$ 工况效率高的原因之一。在大流量工况时，3 种方案所对应的轴功率曲线吻合度较高，说明在大流量工况下，导叶轴向安放位置对核主泵轴功率的影响较小。

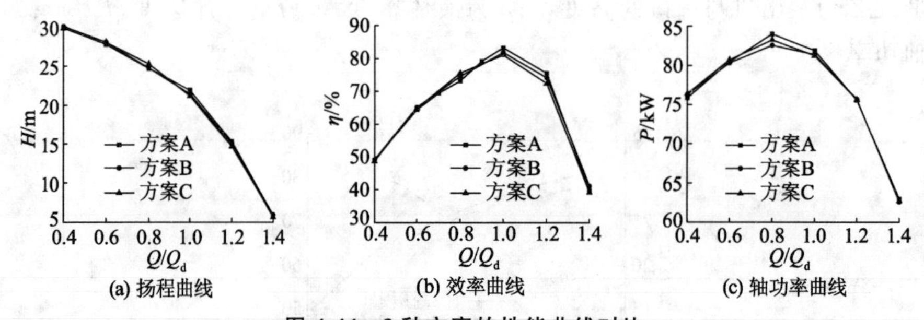

(a) 扬程曲线　(b) 效率曲线　(c) 轴功率曲线

图 4-44　3 种方案的性能曲线对比

(3) 导叶轴向安放位置对叶轮、导叶和压水室内能量转换特性的影响

为了研究导叶轴向安放位置对核主泵叶轮、导叶和压水室内能量转换特性的影响，分别用叶轮效率、导叶和压水室的相对损失来进行对比分析，导叶和压水室的相对损失分别用 $\Delta\bar{h}_D$ 和 $\Delta\bar{h}_C$ 表示，其计算公式如下：

导叶相对损失 $\Delta\bar{h}_D$：

$$\Delta\bar{h}_D=\frac{p_{1inlet}-p_{1outlet}}{\rho g H} \tag{4-19}$$

压水室相对损失 $\Delta\bar{h}_C$：

$$\Delta\bar{h}_C=\frac{p_{2inlet}-p_{2outlet}}{\rho g H} \tag{4-20}$$

式中：p_{1inlet} 和 $p_{1outlet}$ 分别为导叶进、出口面积加权总压；p_{2inlet} 和 $p_{2outlet}$ 分别为压水室进、出口面积加权总压；H 为该工况下泵的计算扬程。

图 4-45 为不同工况下 3 种不同导叶轴向安放位置时叶轮效率、导叶及压水室相对损失图。

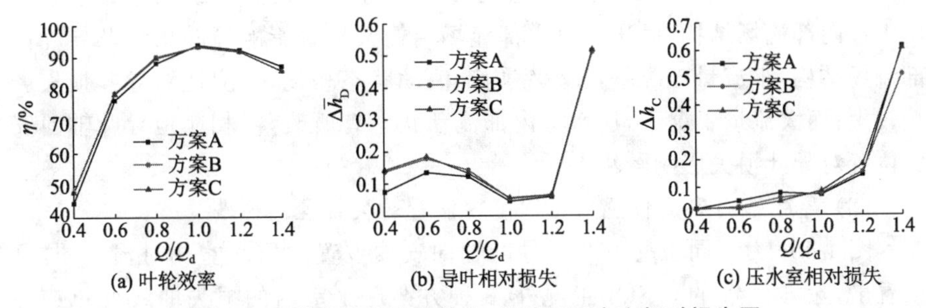

图 4-45　3 种方案的叶轮效率、导叶及压水室相对损失图

(4) 导叶轴向安放位置对叶轮内能量转换特性的影响

图 4-45a 为不同工况下 3 种导叶轴向安放位置叶轮效率对比图，由图可知，方案 B 和方案 C 的叶轮效率曲线吻合度很高，受导叶轴向安放位置影响很小。在小流量工况下，方案 B 和方案 C 的效率明显高于方案 A 的效率；而在设计工况及大流量工况下，方案 B 和方案 C 的效率均低于方案 A 的效率。这是因为导叶轴向安放位置直接影响压水室及导叶的内流特性，由于过流部件间的动静干涉作用，导叶内流动状态影响叶轮出口压力分布，进而波及叶轮内流场结构，再加上不同工况流量的变化，从而导致叶轮能量转换效率的变化。

(5) 导叶轴向安放位置对导叶内能量转换特性的影响

图 4-45b 为不同工况下 3 种导叶轴向安放位置的导叶相对损失图，可以看出，3 种方案导叶损失变化趋势一致。在设计工况时，导叶内损失最小。当流量减小时，损失先增大后减小；当流量增大时，损失也相应增大，在 $1.4Q_d$ 时相对损失已超过泵扬程值的 1/2。这主要是因为，一方面，流量增大后，导叶内的速度相应增大，从而增加了流道内的摩擦损失；另一方面，叶轮出口的液流角因流量增加而增大，导致导叶进口形成负冲角，增加了导叶进口的冲击损失。

对比分析 3 种不同导叶轴向安放位置对导叶相对损失的影响，在大流量工况下，3 种方案的损失曲线吻合度较高，$1.2Q_d$ 和 $1.4Q_d$ 工况下最大相对损失差值分别为 0.6%和 0.8%。在小流量工况下，方案 B 和方案 C 的导叶损失曲线吻合度较高，其中方案 C 损失总体最大，明显高于方案 A 的损失。随着流量的减小，3 种方案导叶内的最大相对损失差值越来越大，其中 $1.0Q_d$，$0.8Q_d$，$0.6Q_d$，$0.4Q_d$ 工况下的最大相对损失差值分别为 1.1%，2%，4.9%，6.8%。由此可见，在小流量工况下，导叶轴向安放位置对导叶内的损失影响较大，且流量越小，对导叶内损失影响越大。而在大流量工况下，导叶轴向安放位置对导叶内损失影响较小。这主要是因为导叶轴向安放位置直接影响压水室内部流场结构，而压水室内部流场结构又耦合影响导叶出口及导叶内部流场结构，小流量工况下，压水室内部流动状态恶化，相应地对导叶损失影响较大；而大流量工况下，压水室内部流动状态有所改善，相应地导叶轴向安放位置对导叶损失影响较小。

(6) 导叶轴向安放位置对压水室内能量转换特性的影响

图 4-45c 为不同工况下 3 种导叶轴向安放位置的压水室相对损失图，可以看出，除方案 A 的 $0.8Q_d$ 工况外，3 种方案压水室内的损失曲线变化趋势一致，即随着流量的增大，损失增加。在小流量工况下，方案 A 的损失最大，方案 C 的损失最小，且方案 B 和方案 C 的损失很接近，均明显低于方案 A；在设计工况及大流量工况下，方案 C 的损失最大，方案 B 的损失相对较小。由此说明，导叶轴向安放位置对压水室损失的影响较大，且其影响规律与流量大小相关。这主要是因为导叶轴向安放位置决定压水室进流位置，进而影响压水室内流场结构。小流量工况下，压水室内的脱流和漩涡现象明显，减小导叶与泵出水管轴线在叶轮旋转轴线方向的距离，可以有效改善压水室内的流动状态。大流量工况下，导叶轴向安放位置对压水室类似隔舌处的压力和速度分布影响较大，从而导致压水室损失的不同。

(7) 导叶轴向安放位置对叶轮出口总压分布的影响

图 4-46 为设计工况时 3 种方案叶轮出口环形展开面的总压云图，其中上侧边界线为前盖板与叶轮出口的交线，下侧边界线为后盖板与叶轮出口的交线。由图可以看出，3 种方案叶轮出口处的总压分布呈现出明显的非轴对称性，且靠近前盖板侧的压力分布梯度较大，其压力明显低于靠近后盖板侧的压力，这主要是由叶轮出口处的“射流-尾迹”现象引起的。对比 3 种方案的压力分布图可知，导叶轴向安放位置改变后，叶轮出口处的总压分布也发生了相应变化，局部压力分布相对不均匀，从而增加了叶轮内的损失，导致方案 B 和方案 C 的叶轮效率稍低于方案 A 的叶轮效率。由此说明，导叶轴向安放位置对流场的影响已从导叶波及至叶轮出口处，引起叶轮出口压力分布变化。

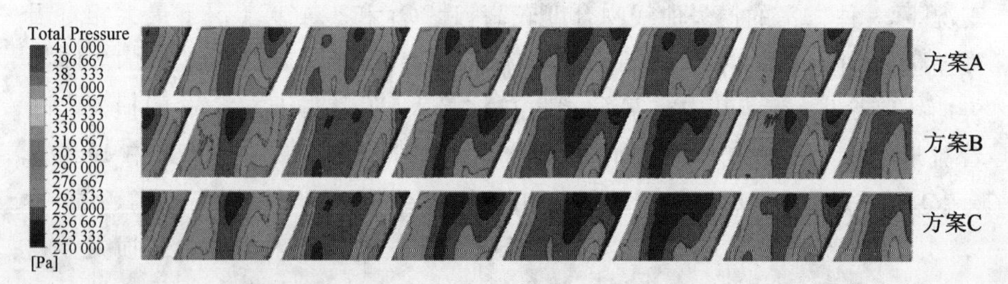

图 4-46　3 种方案叶轮出口环形展开面总压云图

(8) 导叶轴向安放位置对导叶内部流动的影响

图 4-47 为 3 种方案导叶中截面的压力云图，可以看出，导叶流道内的压力从进口到出口沿导叶半径方向逐渐增大，导叶进口处及叶片头部压力分布不均匀，压力梯度大，除此之外，其他区域的压力分布比较均匀，压力梯度过渡比较平缓。对比 3 种不同工况下导叶静压分布图可知，在 $0.8Q_d$ 工况时，导叶流道内的压力分布很不均匀。在 $1.2Q_d$ 工况时，压力分布较设计工况有所改善，尤其是导叶进口及叶片头部的压力分布相对均匀，压力梯度过渡相对平缓。

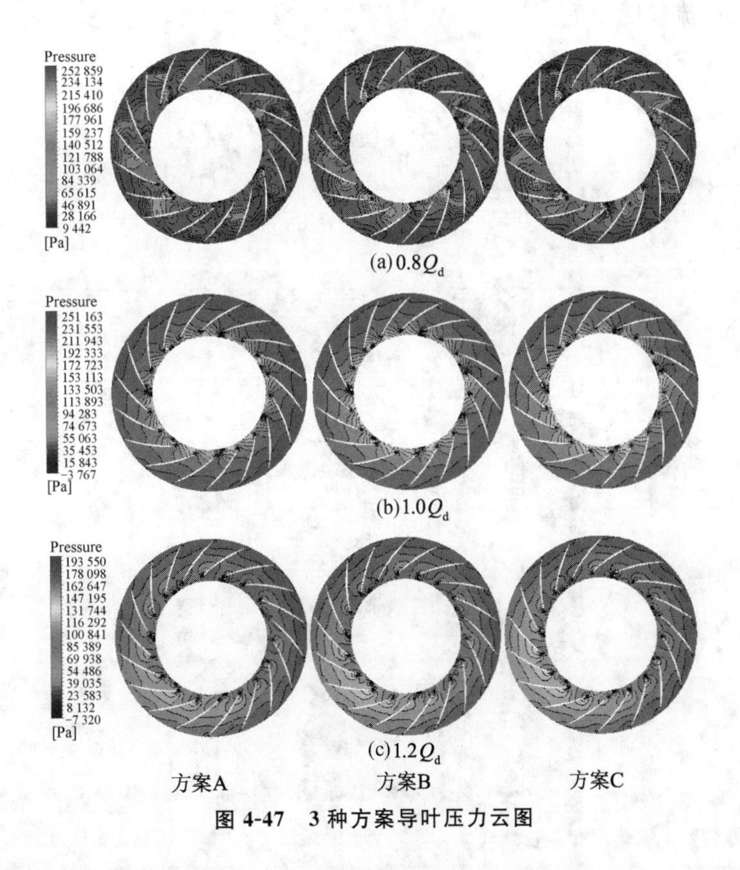

图 4-47　3 种方案导叶压力云图

由图 4-47 可以看出，3 种方案的压力分布呈现非轴对称性，这是因为单个流道中的液流流态与其在环形压水室中的相对周向位置及导叶和压水室的相对轴向位置有关。

(9) 导叶轴向安放位置对压水室内部流动的影响

为了更好地分析导叶轴向安放位置对压水室内部流动状态的影响，建立一个通过泵出水管轴线的轴面 $A-A$。图 4-48 为 $0.8Q_d$，$1.0Q_d$ 和 $1.2Q_d$ 工况下，核主泵在 3 种不同导叶轴向安放位置时轴面 $A-A$ 的流线图。由图可以看出，轴面 $A-A$ 流动复杂，回流现象十分明显，这主要是因为核主泵采用了不利于液体流动的环形压水室，无法保证压水室内液体流动符合速度矩为常数的原则，导致压水室内流动状态恶化。当液流从导叶出口流入压水室时，一部分流体直接从上侧区域的压水室出水管流出，另一部分流体从上侧流向下侧绕压水室流道做环状流动，最后从压水室出水管流出。因此，压水室上侧区域的速度要明显高于下侧区域，在下侧区域形成明显的低速回流区，使其回流程度加重。

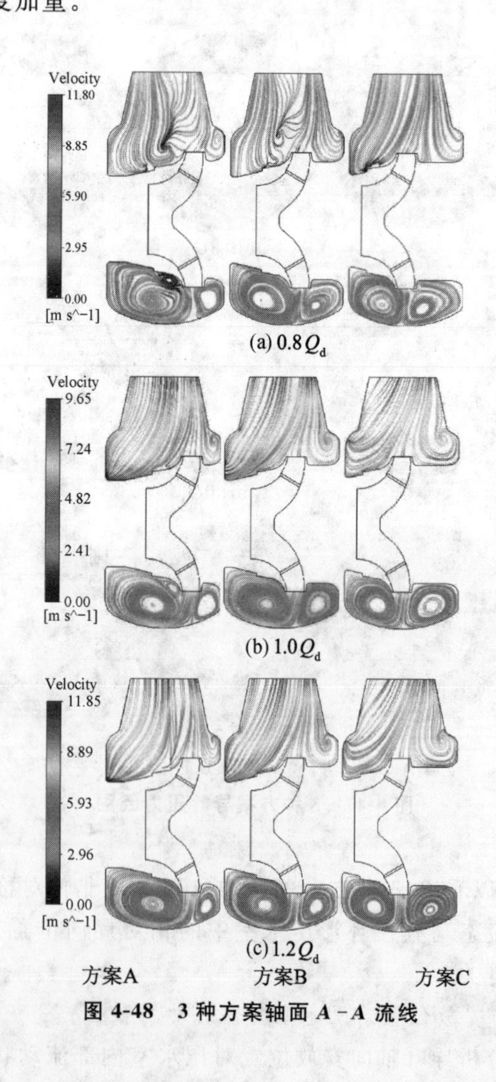

图 4-48　3 种方案轴面 A-A 流线

对比不同工况下3种不同导叶轴向安放位置的流线图，可以看出，随着导叶与泵出水管轴线在叶轮旋转轴线方向距离的减小，导叶右侧流道的过流面积逐渐增大，左侧流道的过流面积逐渐减小，从而缩小了两侧过流面积差值，使导叶两侧的流态逐渐趋于均匀，最终导叶出口左侧的小漩涡消失、大漩涡变小，右侧的小漩涡变大，发展成两个形状相近的漩涡。0.8Q_d工况时，压水室内的流动紊乱，方案A导叶左下侧的小漩涡向周围发展，且导叶左上侧靠近压水室出水管处的流态失稳，速度大小和方向发生明显变化，形成了低速区。方案B在靠近压水室出水管处也出现了低速区。与前2种方案不同的是，方案C流态相对稳定，压水室出水管附近速度分布均匀，速度梯度相对较小，没有出现类似方案A和方案B中的明显低速区。1.2Q_d工况时，方案A在靠近压水室出水管处初步形成低速区，其他区域流态较设计工况均有所改善。方案B和方案C的流态较好。由此可知，减小导叶与泵出水管轴线在叶轮旋转轴线方向的距离可以改善压水室内的流动状态，对压水室内的回流现象起到很好的抑制作用，尤其在小流量工况下，对回流的抑制效果最为明显。因此，在确定核主泵导叶轴向安放位置时，应该根据实际应用场合与压水室精确匹配，从而使压水室内的流动状态尽可能达到最优。

(10) 导叶轴向安放位置对压水室出口管内流动的影响

为了进一步分析导叶轴向安放位置对压水室出口管内流动状态的影响，选取压水室出口管截面A进行总压对比分析，截面位置如图4-41所示。图4-49为导叶在不同轴向安放位置时压水室截面A的总压分布。

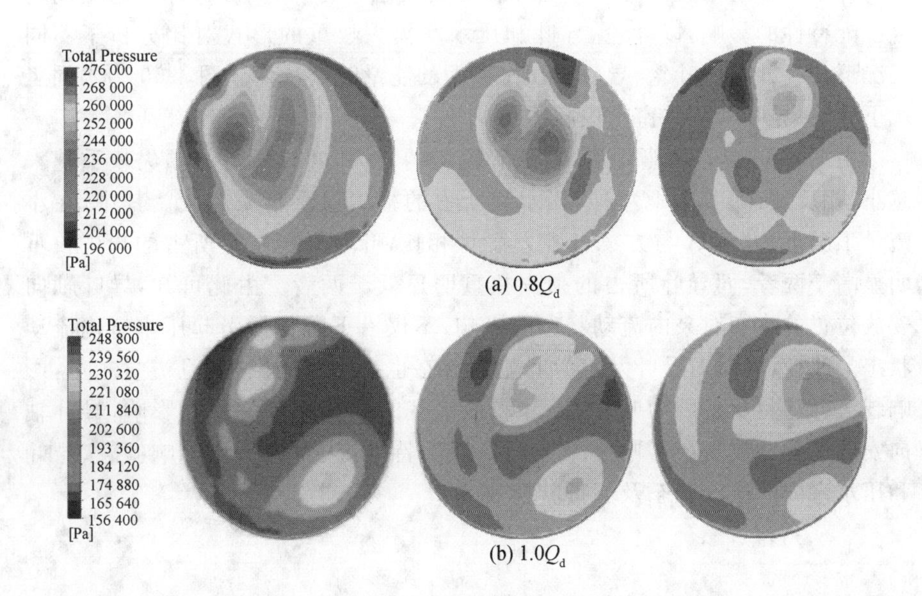

(a) 0.8Q_d

(b) 1.0Q_d

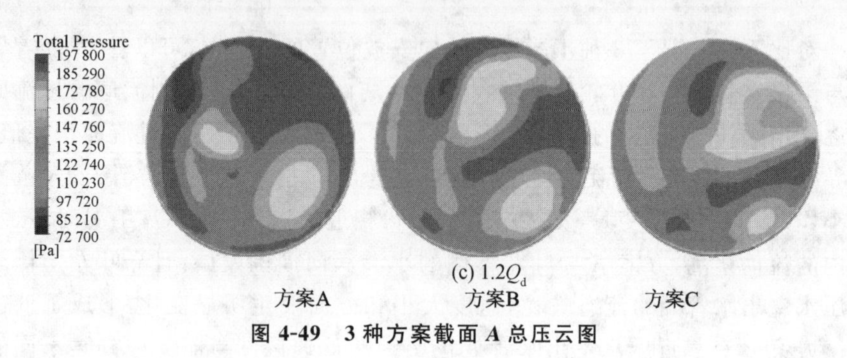

图 4-49　3 种方案截面 A 总压云图

由图 4-49 可以看出，压水室截面 A 内压力分布紊乱，没有规律。这是因为截面 A 位于压水室类似隔舌处附近，环形压水室内的液流经过隔舌流出压水室时，会剧烈冲击类似隔舌的位置，引起液流速度的大小和方向急剧变化，从而使截面 A 的压力分布随速度相应变化。

在设计工况下，方案 A 截面 A 内的总压值最高，且压力分布均匀，向小流量过渡时，方案 A 和方案 B 截面 A 均出现 2 个局部低压区，压力分布相对不均匀，压力梯度大，而方案 C 压力分布均匀，压力梯度相对较小。向大流量过渡时，3 种方案的压力分布均有所改善，其中方案 A 压力分布最均匀，压力梯度最小，而方案 C 压力分布最不均匀，压力梯度相对较大，由此可以判断，方案 C 压水室内产生的水力损失较大。

(11) 导叶轴向安放位置对叶轮、导叶和压水室损失权重的影响

为了更加清晰直观地研究导叶轴向安放位置对叶轮、导叶和压水室间耦合匹配特性的影响，以叶轮、导叶和压水室损失权重的形式对比分析了不同工况下 3 种方案的叶轮、导叶和压水室间的能量转换特性。图 4-50 为不同工况下叶轮、导叶和压水室损失权重图。

由图 4-50 可以清晰地看出，随着流量的增大，叶轮所占的损失权重越来越小，相反地，除了 1.4Q_d 外，压水室所占的损失权重越来越大。其中，在小流量工况下，方案 A 与方案 B 和方案 C 相比，叶轮和压水室所占的损失权重明显高于两者，而导叶所占的损失权重明显低于两者。由此可知，导叶轴向安放位置的改变对泵内流动状态的影响，不仅沿下游传播引起压水室内流动状态的改变，同时对导叶及上游叶轮的流态也有一定的影响，且流量越小，影响越大。这主要是因为叶轮、导叶和压水室的参数相互关联和影响，导叶轴向安放位置的改变会影响各单元间的匹配特性，从而进一步影响叶轮、导叶和压水室内的流动状态及能量转换效率。

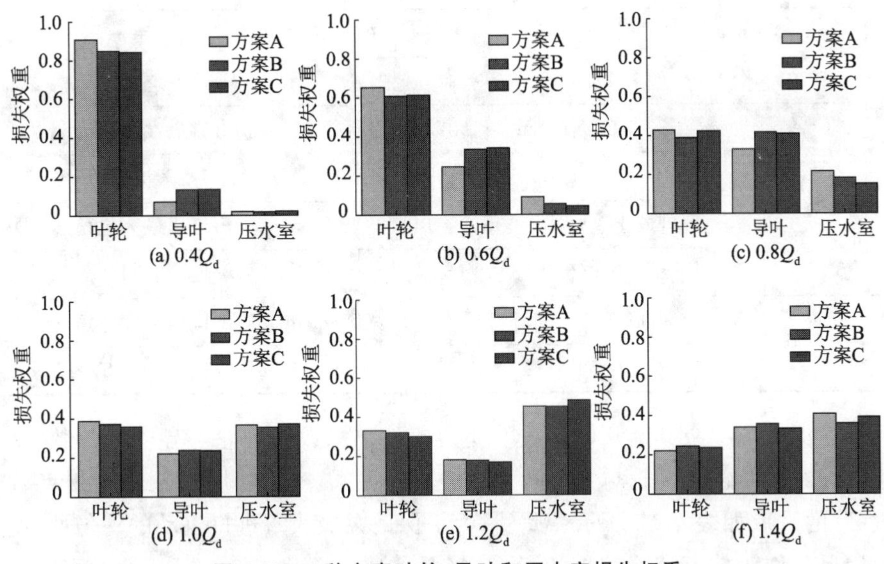

图 4-50 3 种方案叶轮、导叶和压水室损失权重

4.6 核主泵叶轮与导叶叶片数匹配的数值优化

导叶是连通叶轮与环形压水室的桥梁，叶轮与导叶叶片数匹配的好坏会影响核主泵的水力性能。目前，对于核主泵叶轮或导叶叶片数的研究较少，所以本节以核主泵的模型泵为研究对象，基于数值模拟探讨叶轮和导叶叶片数匹配对模型泵性能的影响，寻找叶轮与导叶最佳的叶片数匹配规律。

4.6.1 计算模型的建立

核主泵属于导叶式混流泵的一种特殊结构型式。由于原型泵尺寸较大，试验测试的周期较长、成本较高，所以采用缩比系数为 λ[如公式(4-21)]的模型泵作为研究对象，并按相似换算准则将原型泵设计参数进行换算，换算后如表 4-16 所示。

$$\lambda = D_{2M}/D_2 = 0.5 \tag{4-21}$$

式中：D_{2M}为模型泵叶轮出口直径，m；D_2为原型泵叶轮出口直径，m。

表 4-16　模型泵的几何参数和设计工况下的性能参数

<table>
<tr><td>流量 $Q_d/(m^3 \cdot h^{-1})$</td><td>扬程 H_d/m</td><td>转速 $n/(r \cdot min^{-1})$</td><td>效率 $\eta_d/\%$</td></tr>
<tr><td>2 705</td><td>27.5</td><td>1 480</td><td>83</td></tr>
<tr><td rowspan="4">叶轮</td><td>进口直径 D_j/m</td><td>出口平均直径 D_2/m</td><td>出口最大直径 D_{2max}/m</td></tr>
<tr><td>0.34</td><td>0.408</td><td>0.450</td></tr>
<tr><td>出口最小直径 D_{2min}/m</td><td>出口宽度 b_2/m</td><td>出口边最大包角 $\varphi/(°)$</td></tr>
<tr><td>0.366</td><td>0.107</td><td>110</td></tr>
<tr><td rowspan="2">导叶</td><td>出口直径 D_4/m</td><td>出口宽度 b_4/m</td><td>出口边最大包角 $\varphi/(°)$</td></tr>
<tr><td>0.592</td><td>0.085</td><td>32.5</td></tr>
</table>

在保证模型泵其余几何参数不变的条件下只改变叶轮与导叶叶片数，基于设计经验及常规叶轮与导叶叶片数的匹配关系，叶轮叶片数 Z_1 和导叶叶片数 Z_2 的选取如表 4-17 所示。此外，为了保证泵吸入端进口流动的均匀性、避免边界条件对数值计算结果的影响，将泵的吸入端和排出端分别适度延长。最后根据表 4-16 和表 4-17 的数据，应用 Pro/E 软件对不同叶片数匹配关系下的模型泵进行三维建模。

表 4-17　叶轮与导叶叶片数匹配关系

叶轮叶片数 Z_1	导叶叶片数 Z_2
4	7,8,9,10,11,12,13
5	9,10,11,12,13
6	9,10,11,12,13

4.6.2　数值计算结果与分析

(1) 导叶叶片数对核主泵性能的影响

分别选取 4 叶片数叶轮、5 叶片数叶轮与 6 叶片数叶轮为过流部件，再选取不同导叶叶片数的模型泵进行分析，探讨导叶叶片数对核主泵性能的影响。

泵扬程：
$$H=\frac{p_{out}-p_{in}}{\rho g} \tag{4-22}$$

泵效率：
$$\eta=\frac{(p_{out}-p_{in})Q}{M\omega} \tag{4-23}$$

叶轮扬程：
$$H_I=\frac{p'_{out}-p'_{in}}{\rho g} \tag{4-24}$$

叶轮效率：
$$\eta_I=\frac{(p'_{out}-p'_{in})Q}{M\omega} \tag{4-25}$$

式中：p_{out}为泵出口总压，Pa；p_{in}为泵进口总压，Pa；ρ 为清水的密度，kg/m^3；M 为泵轴提供的有效转矩，N·m；ω 为泵轴旋转的角速度，rad/s；p'_{out}为叶轮出口总压，Pa；p'_{in}为叶轮进口总压，Pa。

如图 4-51 所示，当叶轮叶片数 $Z_1=4$，$Z_1=5$ 和 $Z_1=6$ 时，随着导叶叶片数的增加，叶轮扬程变化的最大值分别为 0.86 m，0.84 m，0.63 m。如图 4-52 所示，当叶轮叶片数 $Z_1=4$ 和 $Z_1=6$ 时，随着导叶叶片数的增加，泵的扬程和效率变化较为明显。当 $Z_1=4$，$Z_2=9$ 和 $Z_1=6$，$Z_2=11$ 时，泵的扬程和效率均为最优值；当叶轮叶片数 $Z_1=5$ 时，随着导叶叶片数的增加，泵的扬程和效率变化不明显。其中 $Z_1=5$，$Z_2=12$ 时，泵的扬程和效率最高。当叶轮叶片数不变时，因导叶叶片数不同而引起的模型泵性能参数的最大相对差值如表 4-18 所示。上述现象主要是叶轮与导叶间的动静干涉和导叶与压水室间的静静干涉引起的。

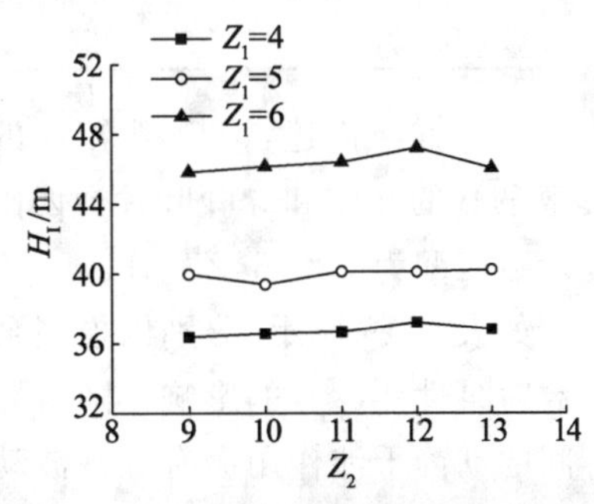

图 4-51　导叶叶片数对叶轮扬程的影响

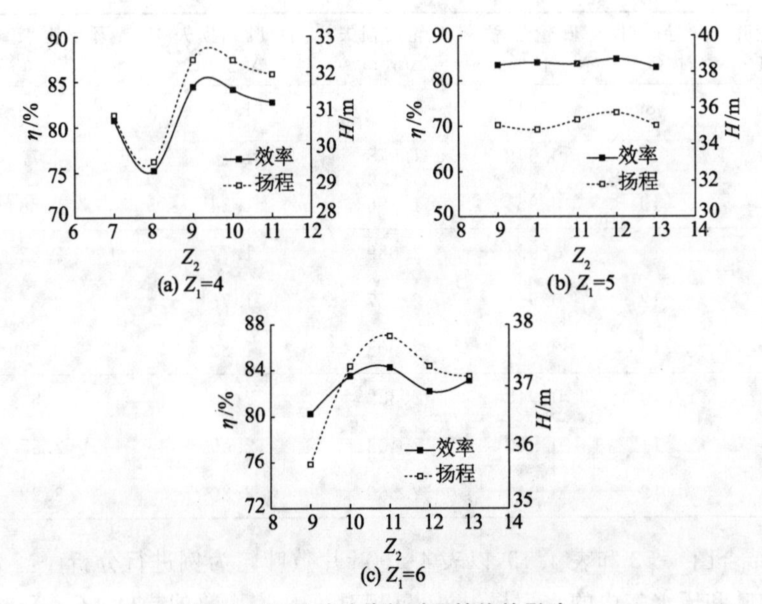

图 4-52　导叶叶片数对泵性能的影响

表 4-18 不同导叶叶片数下泵性能参数的最大相对误差

叶轮叶片数 Z_1	$\|\eta_{max}-\eta_{min}\|/\%$	$\|H_{max}-H_{min}\|/H_d/\%$
4	8.48	8.80
5	1.80	4.07
6	4.03	7.56

为了方便描述，记模型泵 A 的叶轮和导叶叶片数匹配为 $Z_1=4$，$Z_2=9$；模型泵 B 的叶轮和导叶叶片数匹配为 $Z_1=5$，$Z_2=12$；模型泵 C 的叶轮和导叶叶片数匹配为 $Z_1=6$，$Z_2=11$。

如表 4-19 所示，分别以模型泵 A，B，C 的叶片数匹配为中心，研究导叶叶片数对泵性能参数的影响。随着导叶叶片数的变化，叶轮效率受到叶轮与导叶间的动静干涉作用会有轻微波动；导叶和压水室间的静静干涉作用会影响过流部件内流场的分布，所以压水室内的水力损失也会发生变化；导叶内的水力损失发生变化，是因为导叶除了内流场分布受到过流部件间的干涉作用影响外，导叶叶片数的变化也会改变沿程水力损失。但是当模型泵叶轮与导叶叶片数为最佳匹配时，导叶和环形压水室内的水力损失最小，泵的效率最高。

表 4-19　不同方案下模型泵性能参数

叶轮叶片数 Z_1	导叶叶片数 Z_2	叶轮效率 $\eta_I/\%$	叶轮内损失 Δh_I/m	导叶内损失 Δh_D/m	环形压水室内损失 Δh_C/m
4	8	0.911	3.523	1.69	4.28
	9	0.948	1.978	1.24	2.77
	10	0.951	1.896	1.34	2.88
5	11	0.951	2.059	1.77	2.82
	12	0.951	2.057	1.76	2.61
	13	0.952	2.008	1.82	3.38
6	10	0.948	2.322	2.10	2.94
	11	0.946	2.403	2.09	2.57
	12	0.943	2.566	2.30	3.22

结合图 4-53 和表 4-19，以表 4-19 叶片数叶轮为例进行分析。当 $Z_2=9$ 时，导叶和压水室内的水力损失最小；相对于 8 叶片数的导叶，$Z_2=9$ 时导叶内流线分布相对顺滑，可以弥补因导叶叶片数增加而增大的沿程水力损失；

而相对于9叶片数的导叶，$Z_2=10$ 时导叶内流线分布变化不大，但因叶片数增加，增大了沿程水力损失。所以，在沿程水力损失和过流部件间的干涉作用下，使核主泵性能最佳的是9叶片数的导叶。

对于5叶片数叶轮与6叶片数叶轮，当导叶叶片数偏离最佳匹配时，由于各种干涉作用，导叶出口中心平面上流线分布的紊乱程度会增加。综上，由图4-53可以清晰地观察到不同模型泵中导叶叶片出口中心平面的流线分布，最优模型泵的流线相对顺畅，其余模型泵中流动紊乱区域主要集中在出口附近偏向叶轮旋转方向的一侧，即能量损失区域。

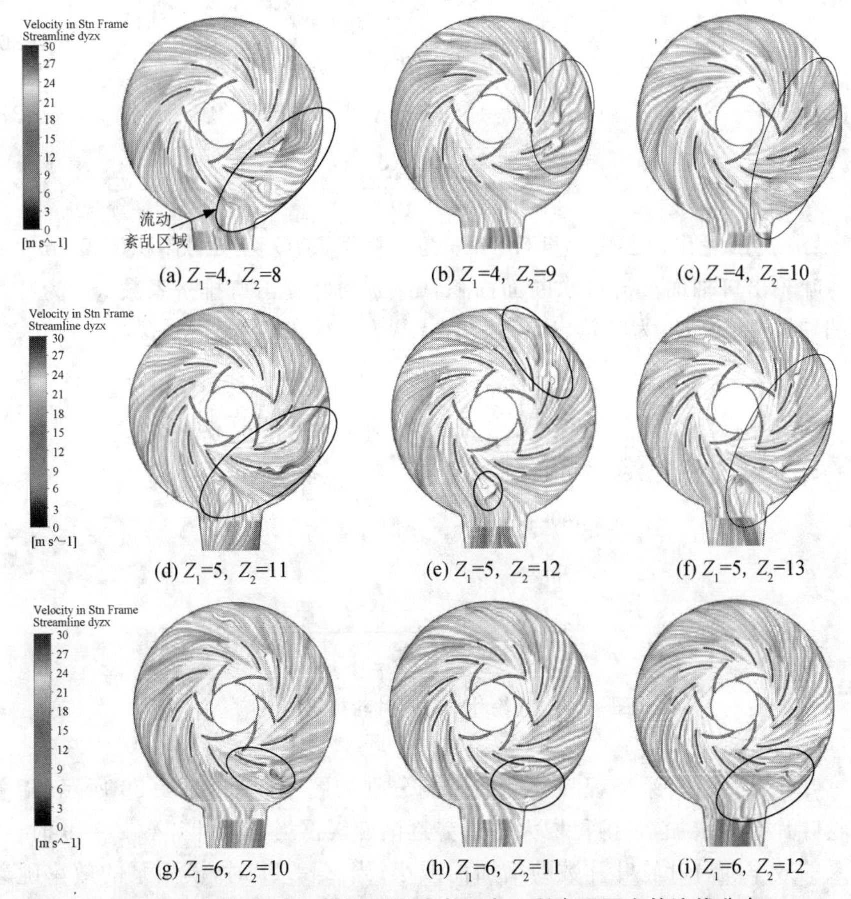

图 4-53 不同方案下模型泵导叶出口中心所在平面上的流线分布

(2) 叶轮叶片数对核主泵性能的影响

为了分析叶轮叶片数对泵性能的影响，分别选取导叶叶片数 $Z_2=9$，$Z_2=$

11 和 $Z_2=12$ 的导叶作为固定导叶 Z_1，在每种导叶下比较叶轮叶片数 $Z_1=4$，5，6 时核主泵性能的变化规律。

如图 4-54 所示，当导叶叶片数 $Z_2=9$，11 和 12 时，随叶轮叶片数的增加，叶轮扬程增大的趋势逐渐变缓；以 $Z_2=11$ 为例，当叶轮叶片数从 4 增加到 6 时，叶轮扬程增大的幅值分别为 3.45 m 和 2.35 m。由于当叶轮叶片数增加时，排挤系数 ψ 减小，滑移系数 σ 增大，所以滑移系数 σ 对叶轮扬程的影响更为显著。因此，当忽略掉 ψ 的影响时，随着叶轮叶片数的增加，叶轮扬程存在最大值，与图 4-54 变化趋势吻合。

叶轮的理论扬程为

$$H_t=u_2\left(u_2\sigma-\frac{Q}{F\psi\tan\beta_2}\right) \tag{4-26}$$

$$\sigma=1-\frac{\pi}{Z_1}\sin\beta_2 \tag{4-27}$$

$$\psi=1-\frac{Z_1S_{u2}}{\pi D_2} \tag{4-28}$$

式中：u_2 为叶轮出口圆周速度，m/s；σ 为滑移系数；Q 为泵的体积流量，m^3/h；F 为叶轮出口轴面液流过水断面面积，m^2；ψ 为叶片出口排挤系数；S_{u2} 为叶片的圆周厚度，m；D_2 为叶轮出口直径，m；β_2 为叶轮出口安放角，(°)。

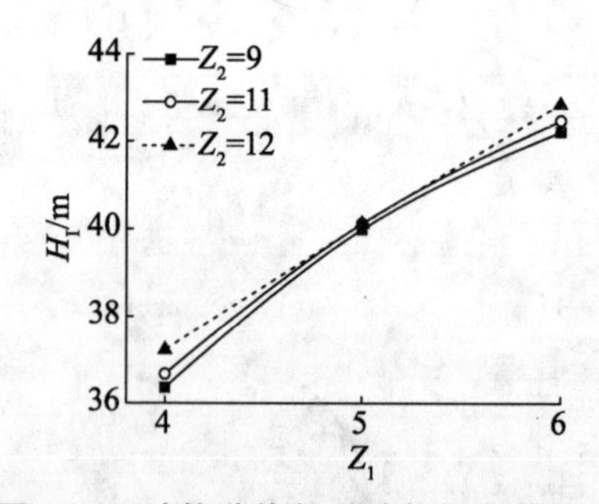

图 4-54　叶轮叶片数对叶轮扬程的影响

叶轮叶片数对泵扬程和效率的影响分别如图 4-55 和图 4-56 所示，随着叶轮叶片数的增加，泵扬程增大的趋势逐渐变缓。当导叶叶片数 $Z_2=9$ 时，模型泵的效率随着叶轮叶片数的增加而减小；当 $Z_2=11$ 时，模型泵的效率随着叶轮叶片数的增加而增大；当 $Z_2=12$ 时，模型泵 B 的效率最高，模型泵 C 的效率最低。

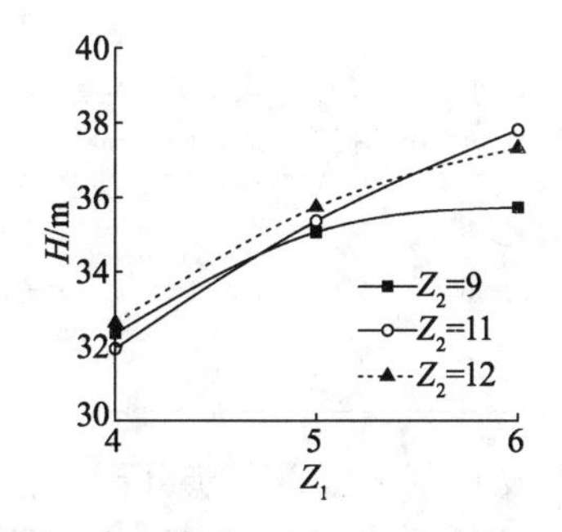

图 4-55 叶轮叶片数对泵扬程的影响

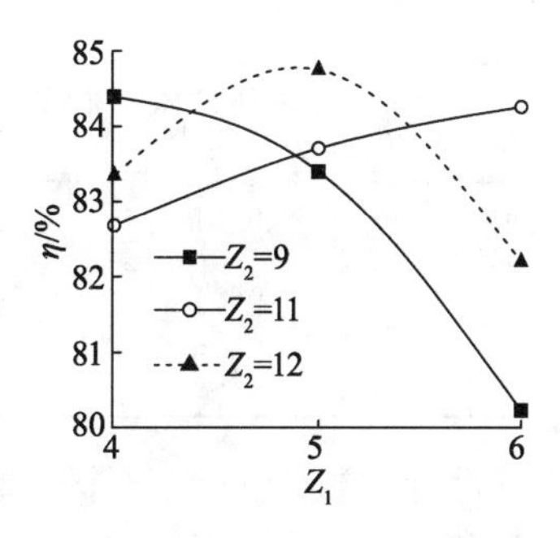

图 4-56 叶轮叶片数对泵效率的影响

取动压系数为

$$\varepsilon=\frac{\rho v^2}{2p_a} \tag{4-29}$$

式中：ρ 为清水的密度，kg/m^3；v 为液体流速，m/s；p_a 为标准大气压，Pa。

如表 4-20 所示，随着叶轮叶片数的增加，叶轮的效率变化很小，但是由于叶轮叶片数的增加，叶轮的功率会逐渐增大，导致流体动能增加，即叶轮出口面动压系数 ε 会逐渐增大；而水力损失与平均流速的 n 次方成正比，所以叶轮与导叶内的水力损失会逐渐上升。环形压水室内的水力损失在总损失中所占比重较大，基本反映了泵效率的高低。其来流由叶轮与导叶共同决定，但由于导叶流道短，因叶轮叶片数增加而使流体流态的变化不明显；当液体进入环形压水室后，流动得到充分发展，所以叶轮与导叶叶片数为最佳匹配(即模型泵 A，B，C 的叶片数匹配)时，零部件间导流效果最佳，使得进入环形压水室的流体有更好的流动状态，从而降低水力损失，提高泵的效率。

表 4-20 不同叶片数匹配下模型泵的性能参数

导叶叶片数 Z_2	叶轮叶片数 Z_1	叶轮效率 η_I/%	叶轮出口面动压系数 ε	叶轮水力损失 Δh_I/m	导叶水力损失 Δh_D/m	压水室水力损失 Δh_C/m
9	4	94.8	0.957	1.97	1.24	2.77
	5	95.1	1.100	2.06	1.89	3.03
	6	94.8	1.209	2.32	2.08	4.40
11	4	94.9	0.961	1.96	0.95	3.78
	5	95.1	1.001	2.06	1.77	2.82
	6	94.6	1.206	2.40	2.09	2.57

续表

导叶叶片数 Z_2	叶轮叶片数 Z_1	叶轮效率 η_I/%	叶轮出口面动压系数 ε	叶轮水力损失 Δh_I/m	导叶水力损失 Δh_D/m	压水室水力损失 Δh_C/m
	4	95.1	0.982	1.88	1.45	3.34
12	5	95.1	1.099	2.06	1.76	2.61
	6	94.3	1.234	2.57	2.30	3.22

以导叶叶片数为11的3个模型泵为例，从内部流场进一步分析叶轮叶片数对泵性能的影响，如图4-57所示。当叶轮叶片数 $Z_1=4$ 时，导叶中第8，11叶片出现了明显的漩涡区，且集中在导叶前盖板附近；当 $Z_1=5$ 时，导叶中第7，9，10，1叶片出现了明显的漩涡区，其中第7，9叶片的漩涡区集中在导叶前盖板，第10，1叶片的漩涡区集中在导叶后盖板；当 $Z_1=6$ 时，第9，11叶片出现了明显的漩涡区，其余叶片也出现了较小的漩涡区，漩涡区集中在导叶后盖板附近。总之，上述所有漩涡区均集中在以出口为起点，按叶轮旋转方向的半圆区域。漩涡区的存在表明，在导叶背面出现了边界层分离，且动能未有效转换为压力能，导致水力损失增大。漩涡区域随着叶轮叶片数发生偏移，表明此时叶轮出口处的绝对速度已发生变化，从而影响到导叶的流场结构。

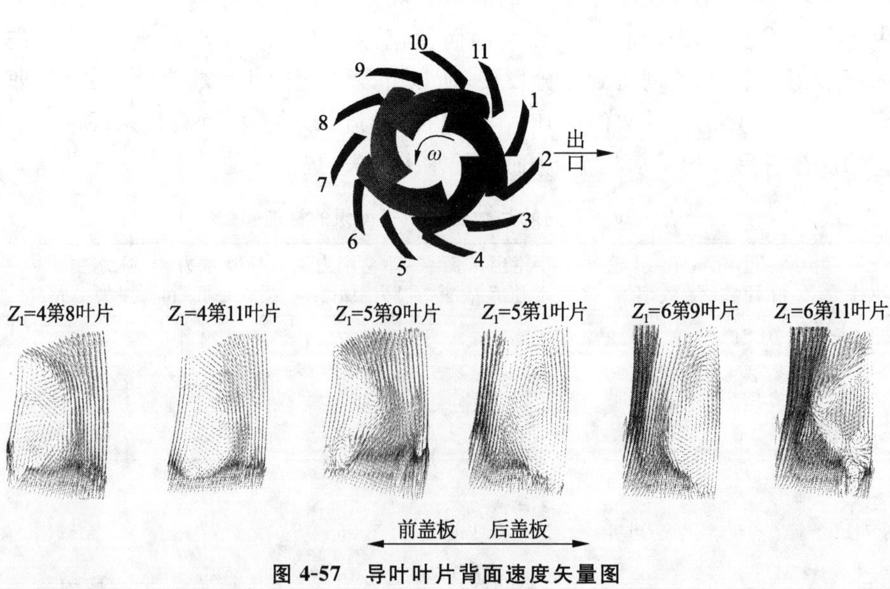

图4-57 导叶叶片背面速度矢量图

综上所述，叶轮叶片数对泵性能产生影响的原因如下：首先，由叶轮速度三角形可知，随着叶轮叶片数的改变，叶轮出口绝对速度会随之改变，从而使液体进入导叶的流态发生改变，进一步影响导叶的导流能力；其次，随着叶轮叶片数的增加，叶轮对流体的导流作用增强，但同时伴随着较大的摩擦损失及叶片排挤问题；另外，随着叶轮叶片数的增加，流体的动能增大，使得与平均流速的 n 次方成正比的水力损失增加，从而降低过流部件的效率。

(3) 叶轮与导叶不同叶片数匹配对核主泵性能的影响

通过上述对叶轮叶片数和导叶叶片数的分别研究，得到叶片数最佳匹配的模型泵分别为模型泵 A($Z_1=4$,$Z_2=9$)、模型泵 B($Z_1=5$,$Z_2=12$)和模型泵 C($Z_1=6$,$Z_2=11$)，即最佳的导叶叶片数在叶轮叶片数的 2 倍左右。

以模型泵 A,B,C 为研究对象，预测其性能曲线，如图 4-58 所示。在小流量工况下，模型泵 A 的效率最高；在大流量工况下，模型泵 C 的效率最高；在设计工况下，模型泵 B 的效率最高。

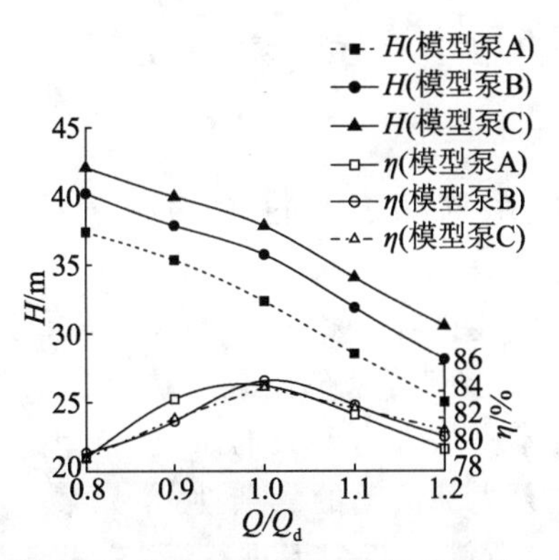

图 4-58 不同方案下泵性能曲线对比

(4) 模型泵($Z_1=3$)的性能预测

当上述叶轮叶片数 $Z_1=3$ 时，扬程达不到要求，因此对叶轮叶片的几何参数进行修正，修正后如表 4-21 所示。通过改变其导叶叶片数，预测到模型泵($Z_1=3$)的性能参数，如图 4-59 所示。当导叶叶片数 $Z_2=7$ 时，模型泵的效率最高；当 $Z_2=11$ 时，模型泵的扬程最高，比 $Z_2=7$ 时的扬程高 0.036 m。此外，对于叶轮叶片数 $Z_1=3$ 的模型泵而言，模型泵都满足扬程设计要求，所以参照效率和扬程，选取导叶叶片数 $Z_2=7$，此时叶片数匹配最优。

表 4-21　叶轮($Z_1=3$)设计参数修正值

	进口直径 D_j/mm	出口平均直径 D_2/mm	出口最大直径 D_{2max}/mm
叶轮	0.34	0.412	0.454
	出口最小直径 D_{2min}/m	出口宽度 b_2/m	最大包角 φ/(°)
	0.370	0.106	125

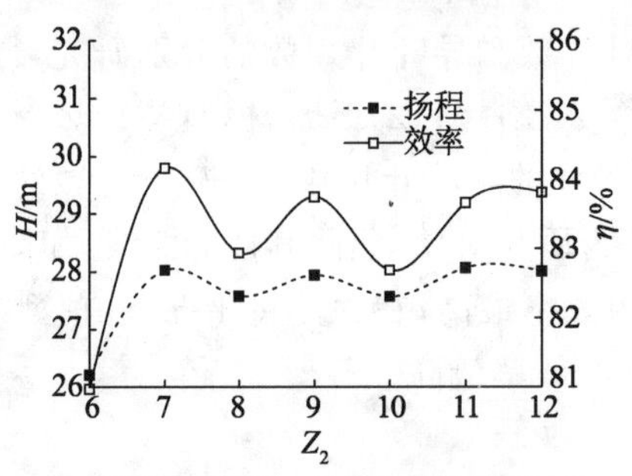

图 4-59　导叶叶片数对泵性能的影响($Z_1=3$)

4.7　动静转子间隙对核主泵性能的影响

导叶在核主泵中作为连接叶轮和环形压水室的重要过流部件，其水力设计和结构参数的好坏直接影响着泵的整体水力性能。虽然国内外学者已经做了许多改善有关导叶本身的水力参数的研究，希望通过此方法可以改善整机的性能。但由于核主泵内部流动的复杂性，单靠某一参数变化并不能有效改善其性能，需要在多参数耦合匹配下进行研究。导叶是静止部件，从叶轮流出的高速液体会在导叶进口位置发生一定的冲击现象，同时也会导致叶轮出口附近发生压力分布不均匀的情况，最终会使核主泵产生一定的振动和噪声。结合过流部件不同相对位置对流体机械性能的研究结果可知，除了优化过流部件本身的性能外，其不同的相对布置位置对流体机械的性能影响较大，合适的过流部件相对布置位置对提高流体机械水力性能、减小流动损失及改善内部流动具有重要意义。本节以某型核主泵模型泵为研究对象，研究5种不同动静转子间隙对核主泵水力性能及内部流场结构的影响规律，进而获得叶轮与导叶最佳间隙安放位置，为混流式核主泵的优化设计提供参考。

4.7.1　计算模型的建立和模型算法

以核主泵缩比模型为研究对象，输送介质为清水，其主要性能参数为流

量 Q=1 384.7 m^3/h,扬程 H=17.8 m,转速 n=1 485 r/min,叶轮叶片数为5,导叶叶片数为18,压水室为环形结构。在核主泵结构允许的基础上,各过流部件(叶轮、导叶、压水室)的几何参数均保持不变,只改变动静转子之间的间隙 d,选取 d=6.0,8.5,11.0,13.5,16.0 mm 五个间隙位置进行研究,详细的模型泵结构图及水力部件几何参数如图 4-60 所示。

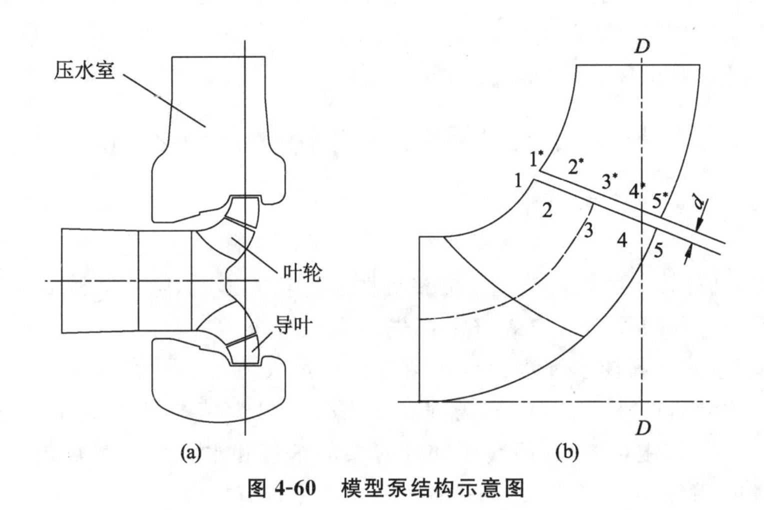

图 4-60 模型泵结构示意图

针对不同动静转子间隙模型泵结构图,建立相应的三维水体模型,选取相同的网格类型、网格尺寸分别对其进行网格划分,计算网格由 GAMBIT 生成,采用适应性强的非结构化网格,并对相应的流场进行全三维数值计算,根据计算结果分析动静转子间隙对模型泵性能的影响。在数值计算过程中,选取的流动控制方程、湍流模型、边界条件、离散方法的设置及收敛精度的选择等如第 2 章所述,本研究是在定常状态下进行的,旋转区域与静止区域间的耦合选取的是多重参考系模型。

4.7.2 确定动静转子间隙的选取范围

首先进行动静转子间隙对核主泵性能影响规律的研究,选取性能较优的核主泵模型,并在此基础上进一步确定最佳动静转子间隙的变化范围。

在叶轮出口角和导叶进口角均确定的基础上,动静转子间隙有 5 种变化形式,由此建立 5 种模型泵,探究使核主泵获得最佳整机性能的动静转子间隙方案。对这 5 种核主泵模型进行数值计算,分析不同方案对核主泵外特性及内流场特性的影响规律,以此确定最佳动静转子间隙的取值范围。

为了能直观表述过流部件内液体在流动过程中的损失情况,按如下公式定义过流部件的相对水力损失：

$$\Delta\bar{h}_{\mathrm{D}}=\frac{p_{1\mathrm{outlet}}-p_{1\mathrm{inlet}}}{p_{\mathrm{out}}-p_{\mathrm{in}}} \tag{4-30}$$

$$\Delta\bar{h}_{\mathrm{C}}=\frac{p_{2\mathrm{outlet}}-p_{2\mathrm{inlet}}}{p_{\mathrm{out}}-p_{\mathrm{in}}} \tag{4-31}$$

式中：$\Delta\bar{h}_{\mathrm{D}}$ 和 $\Delta\bar{h}_{\mathrm{C}}$ 分别为模型泵导叶和压水室的相对水力损失；p_{out} 和 p_{in} 分别为模型泵出口和进口的总压；$p_{1\mathrm{outlet}}$，$p_{1\mathrm{inlet}}$ 和 $p_{2\mathrm{outlet}}$，$p_{2\mathrm{inlet}}$ 分别为导叶出口、导叶进口和压水室出口、压水室进口的总压。

4.7.3 动静转子间隙对核主泵外特性的影响分析

图 4-61a 为设计工况下，动静转子间隙 $d=6.0, 8.5, 11.0, 13.5, 16.0$ mm 时的模型泵计算扬程和水力效率值随间隙的变化曲线。从图中可以看出，动静转子间隙对核主泵的整机性能有较大影响，随着间隙 d 的增大，模型泵的计算扬程和水力效率值都先增大后减小，当间隙 $d=8.5$ mm 左右时，模型泵的计算扬程和水力效率值都出现最大值，说明间隙 $d=8.5$ mm 左右时核主泵的性能最优，计算扬程和水力效率最大值与最小值相差分别为 5%和 4%。综上可知，动静转子间隙对泵的扬程和水力效率影响较大，在一定范围内，随着间隙增大，泵的扬程和水力效率都有所减小。

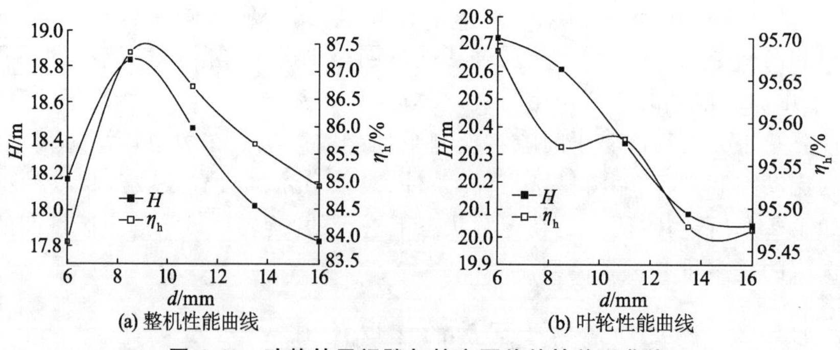

图 4-61 动静转子间隙与核主泵外特性关系曲线

图 4-61b 为设计工况下，动静转子间隙 $d=6.0, 8.5, 11.0, 13.5, 16.0$ mm 时的模型泵叶轮计算扬程和水力效率值随间隙的变化曲线。从图中可以看出，随着间隙的增大，模型泵叶轮的计算扬程和水力效率都有所减小，当间隙 $d=6.0$ mm 时，叶轮的扬程和水力效率最高，当间隙 $d>13.5$ mm 时，模型泵叶轮的计算扬程和水力效率值减小的趋势都趋于平缓；当间隙 $d=11.0$ mm 时，模型泵叶轮的水力效率值较间隙 $d=8.5$ mm 时有所上升，当间

隙 $d>11.0$ mm 时模型泵叶轮的水力效率值又开始下降。模型泵叶轮的计算扬程和水力效率最大值与最小值相差分别为 3%和 2%，说明动静转子间隙 d 对叶轮计算扬程和水力效率的影响比泵整机的要小。

图 4-62 为设计工况下，不同动静转子间隙 d 时模型泵导叶和压水室内水力损失的变化曲线。由图可知，导叶内水力损失随着动静转子间隙的增大先减小后增大，当间隙 $d=11.0$ mm 时，导叶内损失为最小。压水室内水力损失随着动静转子间隙的增大逐渐减小，当间隙 $d>11.0$ mm 时，压水室内水力损失值减小趋势较平缓。综上可知，动静转子间隙的变化对导叶内水力损失影响较大，而对压水室内水力损失影响不是很大。综合动静转子间隙对泵和叶轮扬程和水力效率及对导叶和压水室内水力损失的影响可知，间隙在 8.5 mm 到11.0 mm 范围内，泵的水力性能较好。

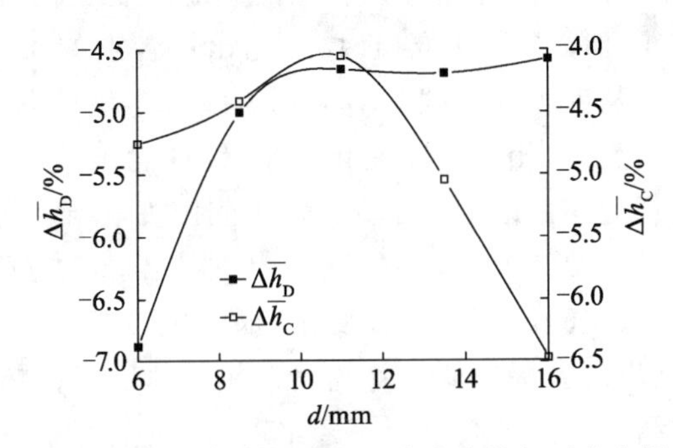

图 4-62　不同间隙时导叶和压水室内的相对水力损失

综上所述，在设计工况下，动静转子间隙 d 不同时，模型泵的效率、扬程的差异主要是由导叶内的流动损失引起的。为了探究引起泵外特性变化的内部流动机理，需要对核主泵内部流场进行分析。

4.7.4　动静转子间隙对核主泵内流场的影响分析

对动静转子间速度进行定量分析，在叶轮出口边前盖板流线和后盖板流线之间均匀取 5 个点分别记为 1,2,3,4,5 点，在导叶进口边前盖板流线和后盖板流线之间对应叶轮出口边均匀取 5 个点分别记为 1^*,2^*,3^*,4^*,5^* 点，分别作出 5 个点相对速度随动静转子间隙变化的曲线图。图 4-63a 是叶轮出口边 5 个点在 5 种不同方案下的相对速度对比图，图 4-63b 是导叶进口边 5 个点在 5 种不同方案下的相对速度对比图。其中，5 种方案(1)～(5)分别对应 $d=6.0$,8.5,11.0,13.5,16.0 mm 的情况。

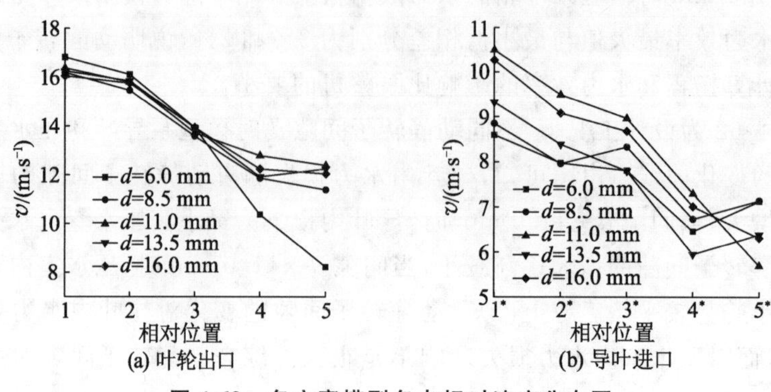

图 4-63　各方案模型各点相对速度分布图

图 4-63a 为不同间隙时叶轮出口各点的相对速度变化曲线。从图 4-63a 可以看出，动静转子间隙在不同取值时，叶轮出口各点的相对速度有相同的变化趋势，相对速度从前盖板流线到后盖板流线基本呈单调递减趋势。总体上看，方案(2)的叶轮出口相对速度变化较平缓，叶轮出口相对速度变化越平缓，说明叶轮内流场分布越合理，由动静转子间隙变化导致结构变化造成的损失越小。比较方案(2)和方案(3)(4)(5)，4 种方案相对速度变化趋势基本一致，但是方案(3)(4)(5)的相对速度变化明显大于方案(2)，方案(1)相对速度在相对位置 3 处出现大幅减低。叶轮出口相对速度变化幅度较小，一定程度上使射流-尾迹结构得到了改善。综合比较 5 种不同动静转子间隙的方案，在设计流量工况下，方案(2)叶轮出口相对速度分布最合理。

图 4-63b 为不同间隙时导叶进口各点的相对速度变化曲线。从图 4-63b 可以看出，动静转子间隙在不同取值时，导叶进口各点的相对速度变化趋势与叶轮出口各点的相对速度变化趋势一致，都呈单调递减趋势，这符合泵的做功原理。对比分析不同方案下导叶进口相对速度变化幅度，方案(2)最小，最大值与最小值相差约为 23%，方案(1)(3)(4)(5)分别为 24%，45%，31%，38%，所以在设计流量工况下，方案(2)导叶进口相对速度分布最合理。对比图 4-63a 和图 4-63b 可知，动静转子间隙变化对导叶进口相对速度影响更加明显，与叶轮出口各点对应相对速度都有明显下降，这主要是由于间隙变化引起间隙处压力的改变影响了导叶进口处的流动状态，从而影响了导叶进口相对速度。

对叶轮和导叶内流体流动方向的压力与速度进行分析，作出沿叶轮进口到出口、导叶进口到出口方向中间流线的压力和速度分布，分别如图 4-64 和图4-65 所示。图中横坐标流线相对位置为 0 时指叶轮进口或导叶进口，为

1 时指叶轮出口或导叶出口。由于不同间隙时叶轮中间位置处的压力值和速度值才有较明显的差异,因此为了突出显示间隙变化对叶轮和导叶内压力和速度分布的影响,分析叶轮和导叶内压力和速度沿流线方向的变化规律。

图 4-64 为叶轮中间流线压力分布图,可以看出叶轮内流体压力的变化规律:叶轮进口处流体的压力最小,随着流线位置从进口到出口变化,压力呈线性逐渐均匀增大,这是混流式叶片对流体增压的结果,说明此叶轮的设计较好地符合了流体流动规律。在叶轮出口和导叶进口处分布的均匀性变差。这一方面是由于叶轮、导叶及间隙处的流体存在干涉作用,流体从叶轮出口流入导叶进口存在冲击、回流及摩擦等因素,对流动稳定性产生了负面影响;另一方面是由于叶轮叶片工作面与背面存在压差,使得流体在叶轮出口容易出现较复杂的流动,如回流、漩涡等。之后流体进入导叶,在导叶进口位置附近流体压力先有较大幅度的减低,后在流线相对位置 0.2 附近压力有所回升,但压力值较导叶进口有一定程度的降低,从流线相对位置 0.2 到导叶出口导叶内压力趋于稳定,体现出此型核主泵中导叶的整流作用比较明显,将流体动能转化为压力能的作用较小,说明核主泵结构的设计能很好地符合运行稳定性的要求。导叶内压力变化均匀性变差,这是由于流体从叶轮出口进入导叶进口时流动方向改变,流体与叶片间产生了更激烈的相互作用及动静干涉作用造成的。

对比不同流量工况下的中间流线的压力变化,发现在大流量和小流量工况下叶轮出口处压力值出现较明显的波动,额定流量工况下波动较小。其原因可能是非额定流量工况下动静转子间隙对动静干涉作用影响更加明显,额定流量工况下叶轮出口液流角与导叶进口液流角匹配较好,动静转子间隙对动静干涉作用影响小。不同工况下导叶内压力分布差异很明显,可以看出在大流量和小流量工况下导叶进口处压力差异较大,而额定流量工况下导叶进口处压力差异很小,这也说明动静转子间隙对非额定流量工况下的动静干涉作用影响更明显。随着流量的增大,动静转子间隙对导叶出口压力值影响加大,这是由于流量增大后流体与导叶叶片相互作用更强烈,使流动不稳定性增强造成的。

对比不同间隙下核主泵压力分布发现,$d=8.5$ mm 时叶轮和导叶内压力都较高,故该间隙下模型泵扬程较高。这是因为当间隙比较小时,流体从叶轮出口流向导叶进口的过程中,液流的排挤较严重,冲击损失较大;当间隙比较大时,从叶轮出口流向导叶进口的流体在流动过程中受到的约束和控制作用减弱,流体流动的复杂性与瞬态性减弱,流动更自由,在间隙处流体流动时损失增大,使叶轮和导叶不能表现出好的水力性能。

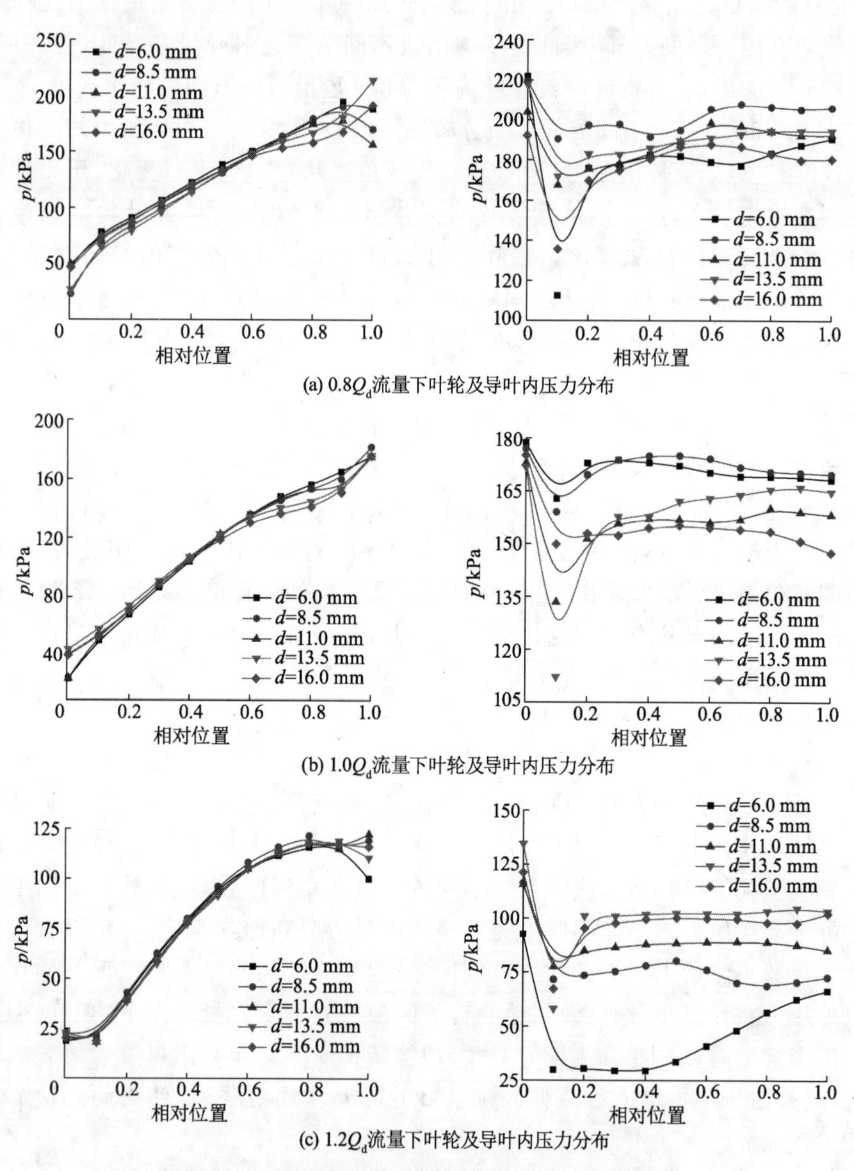

(a) $0.8Q_d$流量下叶轮及导叶内压力分布

(b) $1.0Q_d$流量下叶轮及导叶内压力分布

(c) $1.2Q_d$流量下叶轮及导叶内压力分布

图 4-64　不同工况下核主泵叶轮和导叶内压力分布

叶轮与导叶内速度场分布对核主泵性能的影响至关重要。由图 4-65 中间流线速度分布图可以看出，叶轮的主要作用是增压，流体从叶轮进口流到叶轮出口的过程中压力逐渐升高，但速度并不是逐渐减小的。在叶轮流道中间位置以前，即流线相对位置 0.4 以前，流体速度接近线性趋势下降，在中间位置附近流体速度最小；在叶轮流道中间位置以后，即流线相对位置 0.4 以后，流体速度接近线性趋势增大。这是由于混流式叶轮叶片前半段对流体的做功作用明显，经过叶轮前半段增压以后，因为混流叶轮叶片较短，叶片出口背面容易产生流动分离，在流道后半段产生加速使流动分离点尽可能向出口偏移，这对混流式叶轮的流动是有利的。导叶内流体速度整体呈减小趋势，在流线相对位置 0～0.2 的导叶进口位置，由于导叶叶片与叶轮叶片距离较近，动静干涉作用明显，流体速度出现不同程度的波动；在流线相对位置 0.2 以后的扩散段区域，速度有一定程度的减小，说明这一部分导叶对流体动能转化为压力能起主要作用，之前导叶进口位置主要改变液流流动方向，静压回收能力较弱，从导叶内压力分布可以看出这一点。非额定工况下导叶内液流流速较额定工况下在导叶进口位置附近下降更加明显，这是由于在叶轮出口处流体在扩散时受到导叶及间隙干涉的影响，出现回流、二次流等引起的。

不同流量工况下叶轮和导叶内速度沿流线的分布也有所不同，随流量增大叶轮速度曲线在流线相对位置 0～0.4 时曲率逐渐减小，最小速度值都出现在流线相对位置 0.4 附近，最小速度值随着流量的增大逐渐增大，相对位置 0.4 以后叶轮内液流速度开始上升，随着流量的增大上升曲率也逐渐增大，这主要是由于小流量工况下流体所需通流面积较小，叶轮流道内流体的扩散相对较大，使得流道内出现较严重的低速区。由此说明叶轮进口到出口流道面积变化对小流量工况下的叶轮性能影响更明显。随着流量的增大，在流线相对位置 0.4 之前，导叶速度曲线曲率增大明显，在相对位置 0.4 之后速度变化趋于平缓，这也表明导叶的降速升压作用主要体现在导叶流道前半段，导叶流道后半段主要体现了导叶的整流作用，使液流能较平缓地进入下级流道。

对比不同间隙对核主泵叶轮和导叶内速度分布的影响，发现除大流量下叶轮速度曲线重合度较高外，其他流量均有较大差异，叶轮出口速度在间隙 $d=11.0$ mm 时较小，与叶轮出口压力较大是对应的。额定工况 5 种间隙下导叶内速度分布曲线都较平滑，小流量工况间隙 $d=11.0$ mm 和其他流量工况 $d=11.0$ mm 时导叶出口速度差异较大，在小流量工况导叶速度下降趋势不明显，在其他流量工况速度都有较大程度的降低，在非额定工况下不同间隙导叶内速度都变化较大。结合叶轮扬程和效率曲线及导叶损失曲线可以得出，当动静转子间隙在 8.5～11.0 mm 这个范围内时泵的整体性能最优。

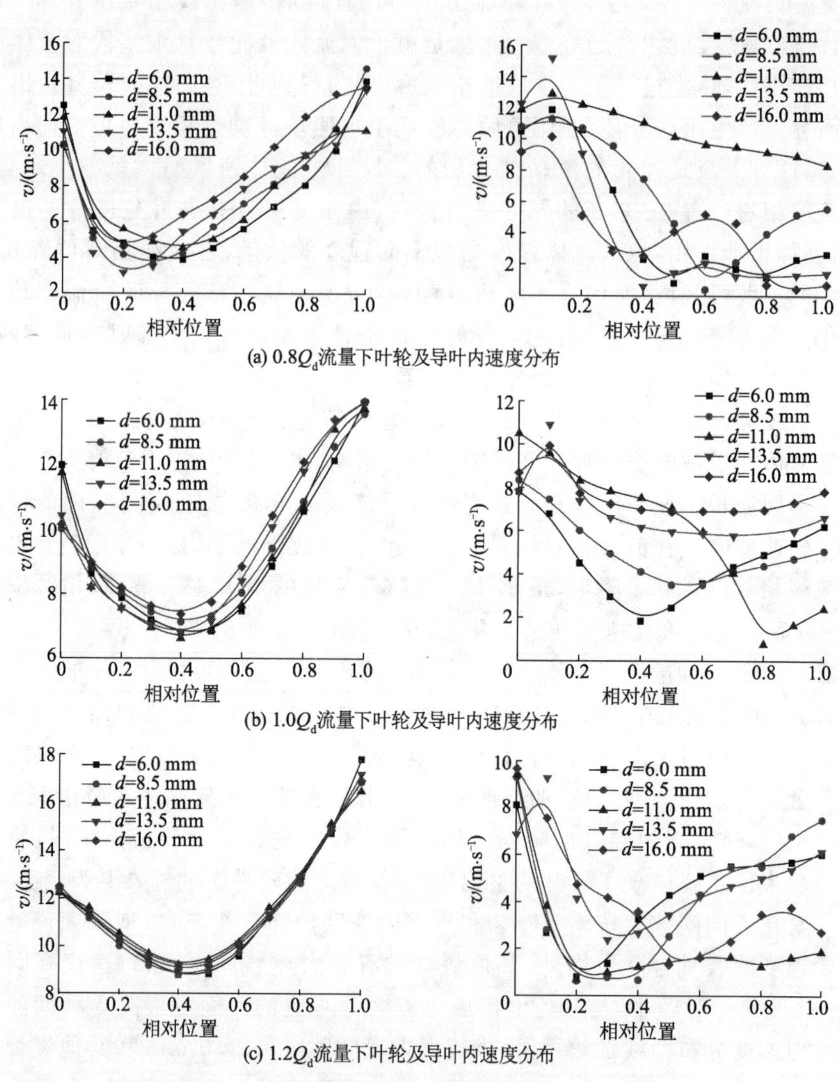

(a) $0.8Q_d$流量下叶轮及导叶内速度分布

(b) $1.0Q_d$流量下叶轮及导叶内速度分布

(c) $1.2Q_d$流量下叶轮及导叶内速度分布

图 4-65　不同工况下核主泵叶轮和导叶内速度分布

图 4-66 为设计流量下不同动静转子间隙时压水室出口截面内静压分布。从图中可以看出，随着动静转子间隙的改变，从叶轮进口到环形压水室出口的压力分布不尽相同。压力值从叶轮进口到压水室出口逐渐增大，且在压水室中达到最大值；不同动静转子间隙时压水室中高压区面积明显不同，但都集中于压水室下侧腔体内，间隙 $d=8.5, 13.5, 16.0$ mm 时压水室下侧腔体内高压区面积小于间隙 $d=6.0, 11.0$ mm 时；通过对比叶轮和导叶间隙处的压

力分布可知，随着动静转子间隙的改变，叶轮出口和导叶进口处压力梯度变化较为显著，当间隙 d=8.5 mm 时，叶轮出口和导叶进口处压力变化较为平缓，压力分布较为均匀，压力梯度小，能够使得叶轮出口的流体更平稳地进入导叶，进而减弱流体对导叶进口的冲击作用，减小导叶内的损失。

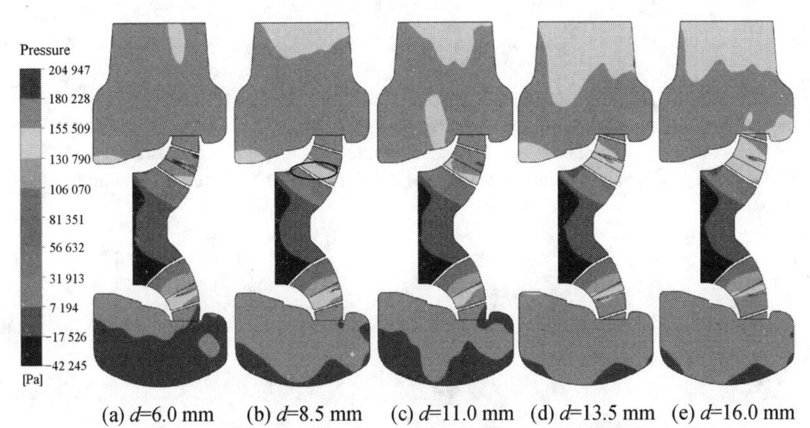

图 4-66　不同动静转子间隙时压水室出口截面内静压分布

图 4-67 为设计流量下不同动静转子间隙时 $D-D$ 截面上的流线分布。由图可知，流体从导叶流出到压水室出口的过程中，流体在隔舌附近分流时分流点位置与动静转子间隙的大小有关，间隙 d=8.5 mm 时分流点位于右侧隔舌下侧；间隙 d=8.5，11.0 mm 时流体分流现象不明显，流体能够从导叶出口到压水室出口较稳定地流出；间隙 d=13.5 mm 时分流点位于壁面边缘隔舌右下侧，且使得压水室右侧隔舌较近区域流动发生紊乱；间隙 d=16.0 mm 时在导叶出口就有一部分流体发生分离，另一部分流体在右侧隔舌下侧较远处发生分流，分流后的流体与壁面碰撞出现了局部漩涡。间隙 d=8.5，11.0 mm 时分流点附近的流线较顺畅，尤其是间隙 d=8.5 mm 时，压水室及出口管内的流体流动状态稳定，流线均匀、光滑，流动损失小。由此可知，合适的动静转子间隙可以改善压水室及出口管内的流动状态。

图 4-68 为设计流量下各方案模型泵 $D-D$ 截面的湍动能分布云图。从图中可以看出，各方案模型泵在叶轮叶片出口边附近、导叶进口处湍动能较大，表明此处有较大的能量损失。整体湍动能按叶轮旋转方向分布不具有规律性，存在局部高湍能区域。图 4-68 中所示的右侧隔舌附近区域，是容易产生漩涡的地方，不同间隙模型泵的湍动能大小排序为 6.0 mm，13.5 mm，11.0 mm，16.0 mm，8.5 mm。整体上，动静转子间隙 d=8.5 mm 时模型泵

的湍动能分布最为合理，从能量损失角度，正好印证了动静转子间隙 $d=8.5$ mm 时模型泵的水力性能最好。

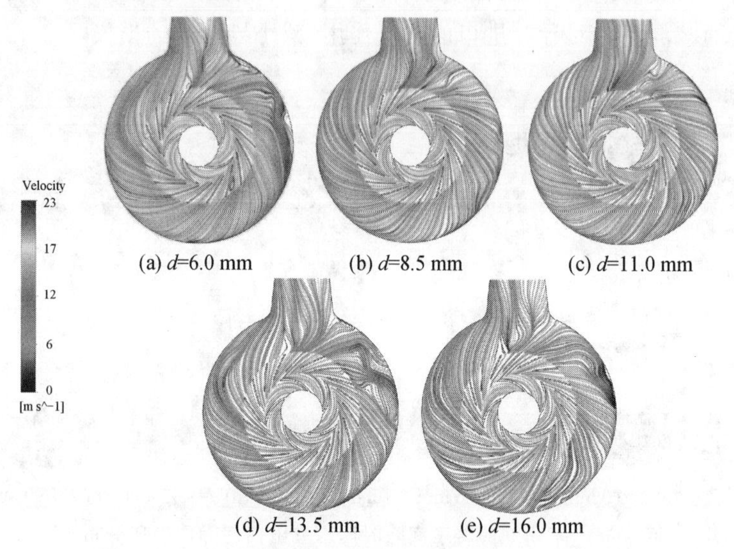

图 4-67　不同动静转子间隙时 $D-D$ 截面的流线分布图

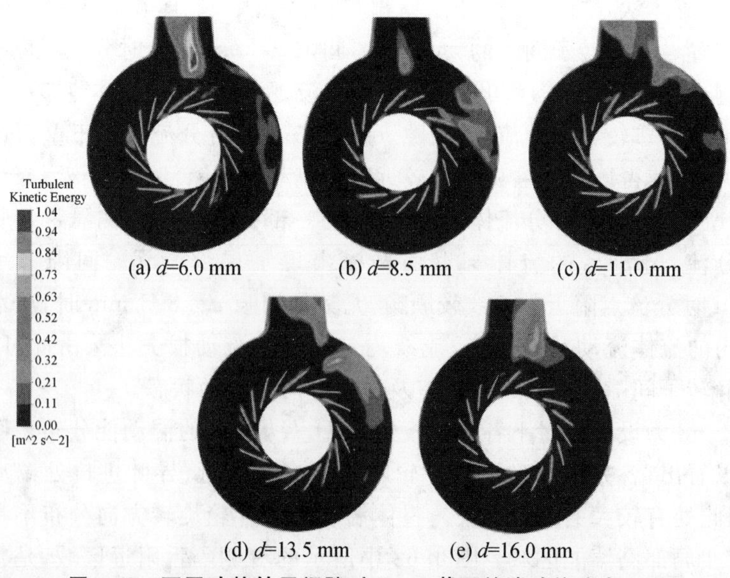

图 4-68　不同动静转子间隙时 $D-D$ 截面的湍动能分布云图

核主泵环形压水室内部流动特性分析

5.1 核主泵环形压水室内的能量转换特性

为了保证核主泵在高温、高压条件下安全可靠运行以及考虑实际加工条件，采用环形压水室。环形压水室作为核主泵的主要过流部件，起着导流与降速扩压的作用，但由于采用等截面形状及特殊的出流方式导致压水室内部流动复杂，因而有必要研究环形压水室内部能量分布及其转换特性来更好地进行压水室的优化设计。

鉴于核主泵原型尺寸大，试验成本高、周期长、安全问题复杂，本节以相似换算后的模型泵为研究对象，基于数值模拟和理论分析相结合的方法，主要研究了环形压水室内能量分布及其动静压的变化规律，初步揭示了环形压水室内部能量转换特性。

5.1.1 计算模型与网格

根据核主泵的技术参数对叶轮、导叶和压水室等水力部件进行自主设计。叶轮为混流式，导叶为径向式，压水室设计为环形。原型泵经相似换算后的模型泵主要技术参数见表 5-1。

表 5-1 模型泵主要技术参数

参数	数值
设计流量 $Q_d/(m^3 \cdot h^{-1})$	1 145
设计扬程 H_d/m	17.8
转速 $n/(r \cdot min^{-1})$	1 750
叶轮叶片数 Z_1	5
导叶叶片数 Z_2	18

计算域由核主泵进口段、叶轮、导叶、压水室和出口段组成。为了保证模拟结果的准确性，将泵的进出口管道进行适当延伸。采用三维非结构四面体网格划分整个计算域，对结构复杂的叶轮和导叶进行局部加密，最终确定模型网格总数约为 643 万，其中叶轮、导叶和压水室的网格数分别大约为 200 万、148 万和 295 万。网格无关性检查表明泵扬程与效率随着网格数的增加波动范围保持在 1%以内，证明本研究所采用的网格数是适用的。

为了便于分析压水室内液流能量分布规律，沿流体流动方向在压水室内选取了 13 个截面，其具体位置分布如图 5-1 所示。

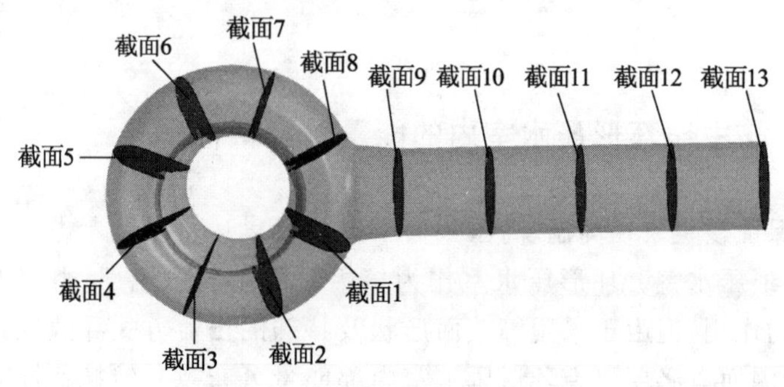

图 5-1　环形压水室截面分布

5.1.2　计算结果及分析

(1) 计算模型试验验证

为验证数值模拟结果的可靠性，采用闭式试验台对缩比模型泵进行外特性试验。在 $0.4Q_d$，$0.6Q_d$，$0.8Q_d$，$1.0Q_d$，$1.1Q_d$ 和 $1.2Q_d$ 共 6 种工况下，对缩比模型泵的内部流动进行了数值模拟，绘制出泵的外特性曲线，并与试验结果进行了对比，结果如图 5-2 所示。在全流量工况下，扬程和效率的计算值均高于试验值，且效率计算值和试验值吻合较好。对于扬程曲线，在小流量工况时，扬程计算值和试验值的误差在 4%以内；在大流量工况时，扬程计算值和试验值的偏差较大，最大误差为 5.5%。对于效率曲线，在设计工况下，数值模拟的泵效率预测值与试验值吻合很好，误差为 0.5%；在其他工况下，效率计算值和试验值误差略有增加，但最大误差在 3%以内。上述结果表明所选用的计算模型、数值方法及三维流道的网格划分等适用于本研究。

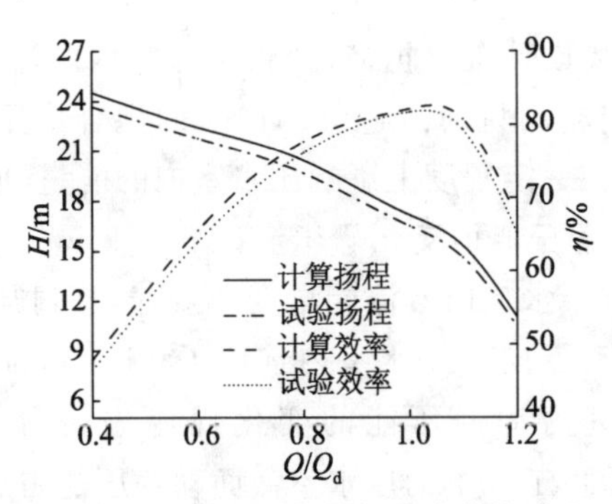

图 5-2　性能预测曲线与试验曲线对比

(2) 压水室内能量损失

图 5-3 所示为不同工况下压水室损失及压水室损失占总损失比重的变化规律。压水室内损失为单位重量液体在压水室进出口处的能量差值。由图可以看出,随着流量增加,压水室内损失近似呈线性增加。对于压水室损失占总损失的比重,随着流量从 $0.4Q_d$ 逐渐增大至 $1.1Q_d$,压水室损失比重呈现非线性成倍增加的趋势,当流量增大至 $1.2Q_d$ 时,压水室损失比重变化平缓。这主要是因为随着流量增加,压水室内的摩擦损失和冲击损失等相应增大。另外,当流量为 $1.2Q_d$ 时,叶轮和导叶损失因速度增大导致摩擦损失相应增加,同时因叶片进口安放角与液流角不匹配导致冲击、漩涡等损失大幅增加,叶轮和导叶内损失的增加在一定程度上平衡了压水室损失比重,导致其损失比重增加平缓。

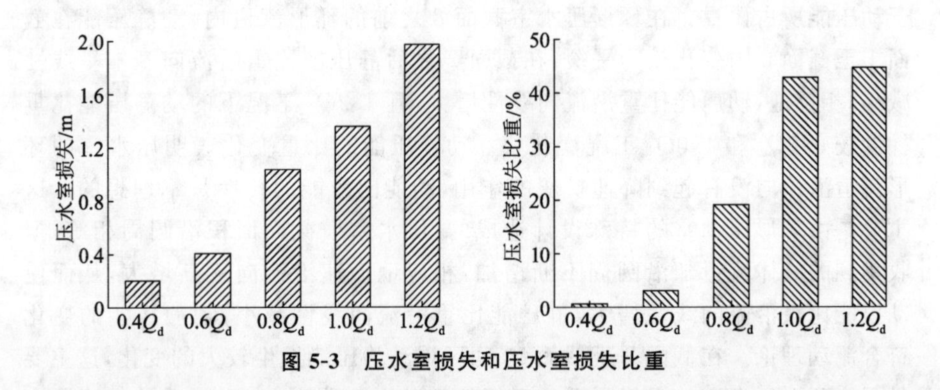

图 5-3　压水室损失和压水室损失比重

环形压水室内的损失与压水室内总能量分布及动静压能间的转换相关联。当流量发生变化,一方面直接引起压水室内的速度分布随之相应发生变化；另一方面由于叶轮和导叶的叶片安放角和液流角只有在设计工况下得到最佳匹配，当流量偏离设计工况越多，叶轮和导叶内的流动状态就越复杂，叶轮及导叶内的不稳定流动将通过过流部件间的耦合作用对压水室有限范围内的流动产生影响，在一定程度上影响压水室内的能量分布和动静压能转化。

(3) 压水室内动静压能的变化规律

为了进一步分析压水室内液流能量变化规律，探讨压水室内流动损失增大的原因，沿流体流动方向在压水室内选取了 13 个截面对 0.8Q_d，1.0Q_d 和 1.2Q_d 工况下压水室内动静压能的变化规律进行分析。图 5-4 所示为 0.8Q_d，1.0Q_d 和 1.2Q_d 工况下的压水室截面动静压能占总能量的比重。

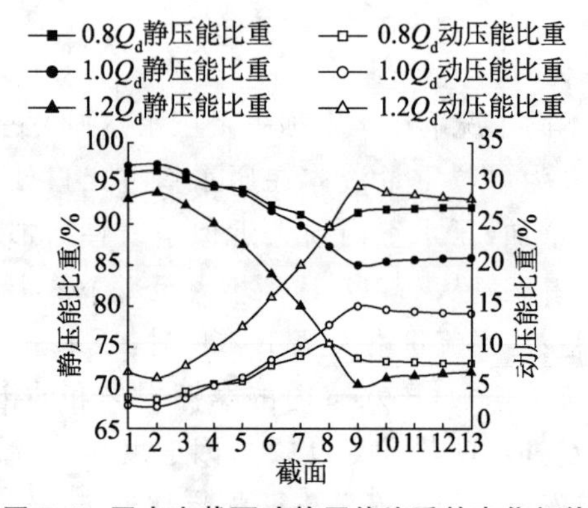

图 5-4　压水室截面动静压能比重的变化规律

由图 5-4 可以看出，环形压水室内静压能在总能量中所占的比重明显高于动压能所占比重。在环形压水室截面 8 之前的环形流道内，动静压能在截面 1 至截面 2 内变化较为平缓，在截面 2 之后静压能比重沿流向基本呈线性减小，相反地，动压能比重沿流向线性增大，且 1.2Q_d 工况下的动静压能比重梯度较 0.8Q_d 和 1.0Q_d 工况变化快。动静压能的比重变化表明压水室的环形流道沿流向没有起到降速扩压的作用，动能向压能的转换是不理想的。这主要是由环形压水室的特殊设计造成的，压水室横截面面积沿圆周相等，但收集到的液体流量却沿圆周不断增加，相应地流速沿流向逐渐增大，从而使动压能比重沿流向线性增大，静压能比重沿流向线性减小，动静压能的变化符合流动理论。在截面 8 至截面 10 间区域动静压能发生较大的变化，这主要是因为环形压水室的类似隔舌处正好位于截面 8 附近，由于隔舌处回流及出口扩散段的降速扩压作用使得该区域的动压能比重突减，相应地静压能比重突增。此外，还可以发现隔舌处的回流量随流量的增大而减小，在 1.0Q_d 和

1.2Q_d 工况下，在第 9 截面出现静压能比重最小值和动压能比重最大值，而在 0.8Q_d 工况下，静压能比重最小值和动压能比重最大值出现在第 8 截面。在截面 10 之后的出口管区域内动静压能的变化趋势相对稳定，其中动压能随流量的增大比重逐渐增大，静压能比重变化规律则相反。

(4) 压水室内湍动能分析

图 5-5 所示为 0.8Q_d，1.0Q_d 和 1.2Q_d 工况下压水室截面湍动能沿流向的分布规律。

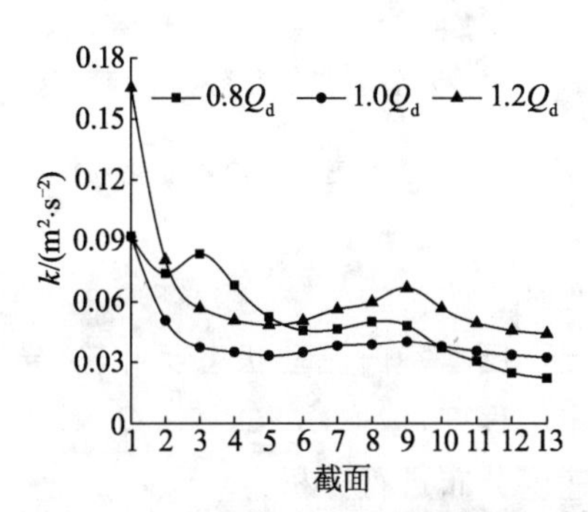

图 5-5 压水室截面湍动能的变化规律

由图 5-5 可以看出，在压水室截面 10 之前的流道内，0.8Q_d 和 1.2Q_d 工况下的湍动能沿流向波动较大，而设计工况下的湍动能分布最均匀，且湍动能最小，从而说明设计工况下压水室内的流动状态最为稳定。截面 10 之后液流在出口段中保持稳定流动，设计工况下的湍动能分布均匀，相应地 0.8Q_d 和 1.2Q_d 工况下的湍动能逐渐减小。在不同工况下压水室环形流道内的湍动能分布呈现明显的非轴对称性，尤其在偏设计工况下越为明显，其中湍动能最大值均出现在截面 1，这主要是因为环形压水室隔舌间隙大，部分液流冲击隔舌后又进入流道做环状流动，导致隔舌右侧区域的截面 1 湍动能明显增大。

(5) 压水室不同截面的流量变化规律

图 5-6 所示为压水室截面流量沿流向的变化规律，从图中可以看出，在截面 8 之前的环形流道内，流量沿流向呈线性增大，符合环形压水室流动理论。在截面 9 处流量突然减小而后又一直保持相对稳定，这主要是因为环形压水室不同于一般螺旋形压水室，其隔舌间隙很大，导致在各种工况下均有回流产生，由于回流的分流作用使隔舌处的部分液流继续进入环形流道流动，从而导致截面 9 处的流量减小。由泵流量相关理论可知 0.8Q_d 工况流量要小于设计工况流量，但在截面 8 之前的环形流道内，设计工况下的截面流量却最小，这主要是因为在 0.8Q_d 工况时回流量的大幅增加导致环形流道内各个截

面的过流量大于设计工况。

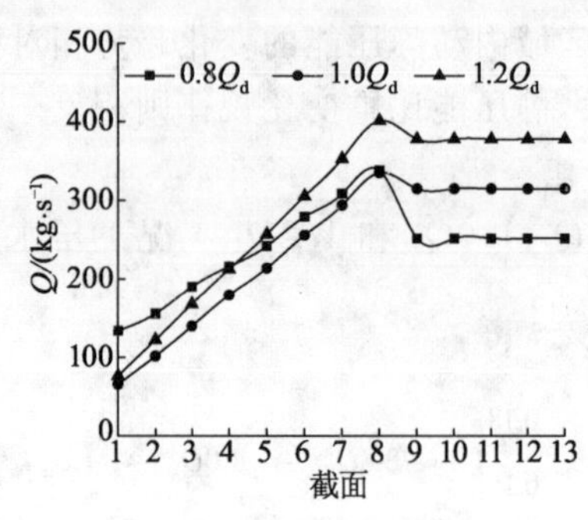

图 5-6 压水室截面流量变化规律

(6) 压水室内部流动分析

为了研究不同工况下压水室内流动状态及叶轮、导叶内流动状态对压水室内流动状态的耦合作用程度，选取 0.8Q_d，1.0Q_d 和 1.2Q_d 工况下导叶出口中心平面静压分布及速度分布进行分析。

图 5-7 所示为导叶出口中心平面的静压分布。由图可以看出，由于环形压水室隔舌的存在导致其环形流道内压力沿周向呈非对称分布，压水室内的最高压力区域出现在环形流道外侧，在类似隔舌左侧处存在明显的低压区，压力梯度相对较大，且随着流量的增加，压水室环形流道及隔舌附近的压力梯度明显增大。此外，还发现在 0.8Q_d 工况下叶轮和导叶间隙处及导叶流道内压力分布最不均匀，压力梯度最大，但在该工况下压水室内静压分布却相对均匀。由此可见，环形压水室内压力分布主要由流量变化直接引起压力场的相应变化，压水室内液流经过导叶的减速扩压作用其压力分布较为均匀；叶轮及导叶内流动状态对压水室内静压分布的影响较小。

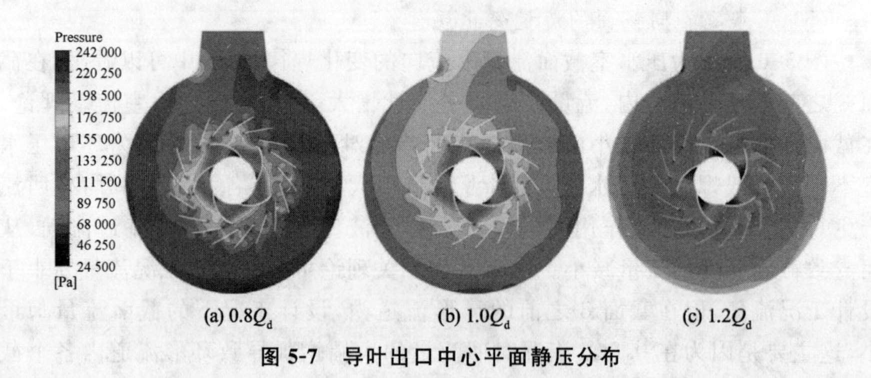

(a) 0.8Q_d (b) 1.0Q_d (c) 1.2Q_d

图 5-7 导叶出口中心平面静压分布

图 5-8 所示为 0.8Q_d,1.0Q_d 和 1.2Q_d 工况下导叶出口中心平面的速度分布。由图可以看出,在 0.8Q_d 工况时,速度分布最不均匀,梯度变化大。在不同工况下压水室与出口交接处的左侧区域(图中椭圆区域)均出现高速区,且随着流量的增加,从导叶出口流出的高速液流逐渐与高速区汇合并向泵出口段延伸。相反地,在压水室与出口交接处的右侧区域出现低速区,且在小流量工况时较为明显,这主要是由隔舌处回流引起的。压水室环形流道内速度分布沿周向呈现明显的非轴对称性,其速度分布状况与导叶流道内的速度分布相关,导叶流道内速度梯度较大的地方,相应地与其相近的压水室区域速度梯度也较大,反之亦然,尤其在偏设计工况下越为明显。这主要是由叶轮的射流-尾迹及动静叶干涉等作用引起的不稳定流动通过流动耦合作用从导叶流道向下游传递,从而引起压水室内部流场结构变化,使速度分布发生明显变化,引起较大能量损失。因此,压水室内速度场分布与其他过流部件内流动状态相互关联,偏设计工况下导叶流道内的流动失稳是引起压水室流动紊乱的主要原因。

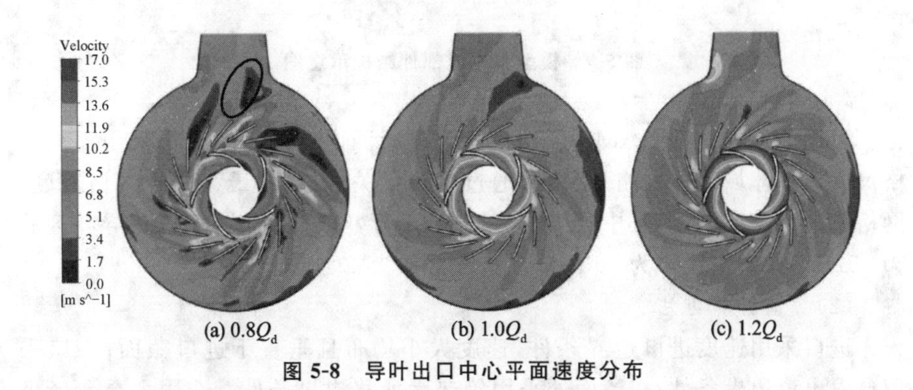

(a) 0.8Q_d　(b) 1.0Q_d　(c) 1.2Q_d

图 5-8　导叶出口中心平面速度分布

5.2　隔舌圆角对核主泵环形压水室流动特性的影响

核主泵主要由吸入段、叶轮、导叶、压水室四大部件组成,压水室作为核主泵重要的过流部件,其水力性能对主泵性能影响很大。目前,对于核主泵环形压水室物理边界对流场分布及泵性能影响的研究相对较少。本节以 AP1000 模型泵为研究对象,改变环形压水室隔舌圆角半径,建立水力模型,运用计算流体动力学数值模拟方法,计算得到不同隔舌圆角对压水室流动特征的影响。

5.2.1 模型描述与数值计算

(1) 模型描述和网格划分

在 Pro/E 中对核主泵进行三维实体造型。模型泵主要由吸入段、叶轮、导叶、压水室、出口段 5 部分组成。图 5-9 为模型泵过流部件结构示意图。

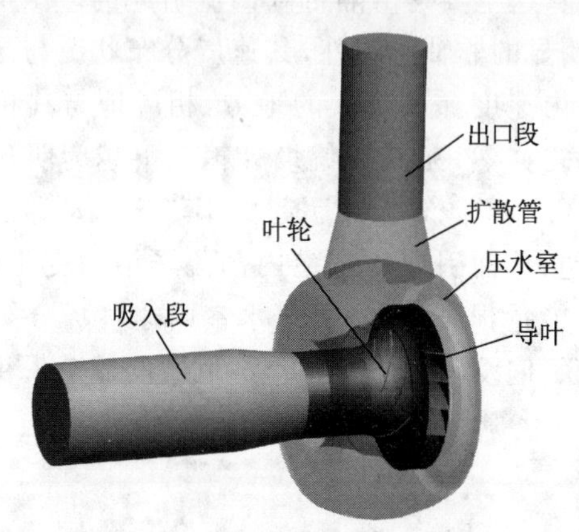

图 5-9 模型泵过流部件结构示意图

运用前处理软件 GAMBIT 对模型泵进行四面体网格划分。采用不同网格尺度对流体域进行网格划分,并通过网格无关性检查,最终确定网格尺度。网格总数约为 625 万,其中吸入段区域为 81 万,叶轮区域为 190 万,导叶区域为 151 万,压水室区域为 160 万,出口段区域为 43 万。

(2)数值计算方法

进口采用速度进口边界条件,速度大小均布且垂直于进口截面;出口采用自由出流边界条件;在壁面处采用绝热无滑移边界条件。选用多重参考坐标系模型(MRF)进行定常不可压缩流场计算,其中叶轮区域为旋转坐标系,其余区域为静止坐标系。

采用相对坐标系下的全三维不可压缩 Reynolds 时均 Navier - Stokes 方程,选用 RNG $k-\varepsilon$ 湍流模型和 SIMPLE 算法,在 FLUENT 软件中进行数值计算。设定收敛精度为 10^{-4},在迭代过程中,通过监测残差值和进出口压力值来判断计算结果的收敛性。

5.2.2 设计方案确定

图 5-10 为模型泵计算方案示意图。隔舌圆角是压水室环形区域与出口锥段连接处的关键过渡边界。通过改变隔舌圆角 R 的大小,对模型泵进行数

值模拟,获得不同隔舌圆角下压水室内流动特征。设计出 11 种隔舌圆角,研究隔舌圆角 R 对压水室流动特性的影响。考虑到核主泵主要在设计工况下运行,故只对设计工况下泵内流动状态进行分析。同时定义压水室出口管中心平面为 $A-A$ 平面,以便分析。

通过在压水室内建立 10 个截面,从计算结果中获得压水室各个截面上的流动数据,进而得到不同隔舌圆角 R 时,压水室内流动变化规律。图 5-11 为压水室内截面布置示意图。

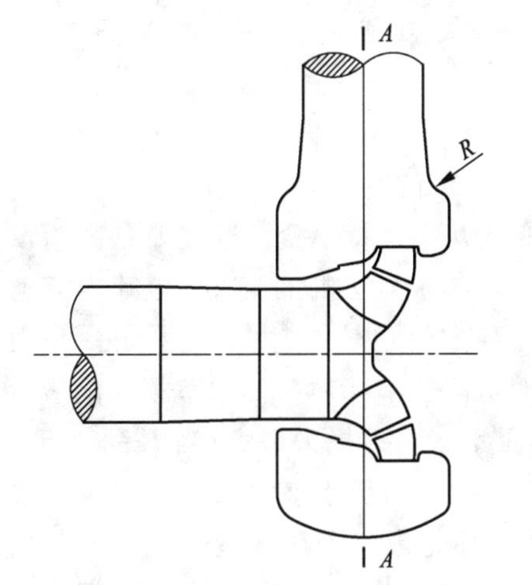

图 5-10 模型泵计算方案示意图

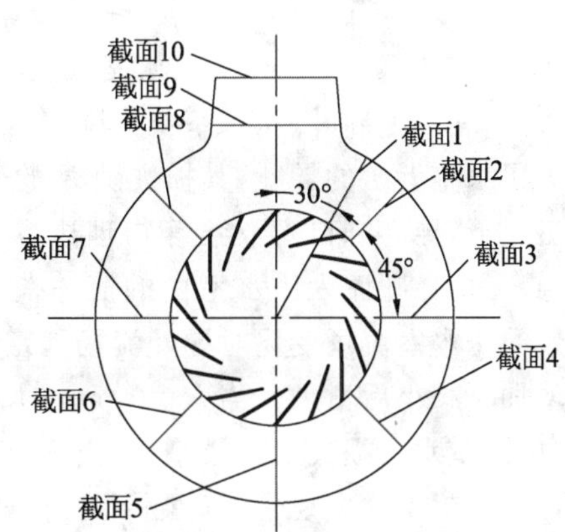

图 5-11 压水室内截面布置示意图

5.2.3 数值计算结果与分析

(1) 隔舌圆角对泵性能的影响

图 5-12 为泵扬程和效率随隔舌圆角变化曲线。由图可以看出,泵扬程、效率随 R 的变化趋势几乎完全一致。随着 R 的增加,扬程、效率都呈现出先增加后减小的变化规律。当 $R=0$ mm 时,扬程、效率最低,扬程为 17.71 m,效率为 83%;从 $R=0$ mm 到 $R=3$ mm,扬程、效率迅速增加,增幅均达 1.13%。从曲线特征来看,$R=50$ mm 时,扬程、效率出现最大值,相比 $R=0$ mm 时,扬程、效率分别增加了 2.76%,2.8%。当 $R>50$ mm 时,扬程和效率缓慢减小。可见,存在最优隔舌圆角 R,使得泵性能最优。

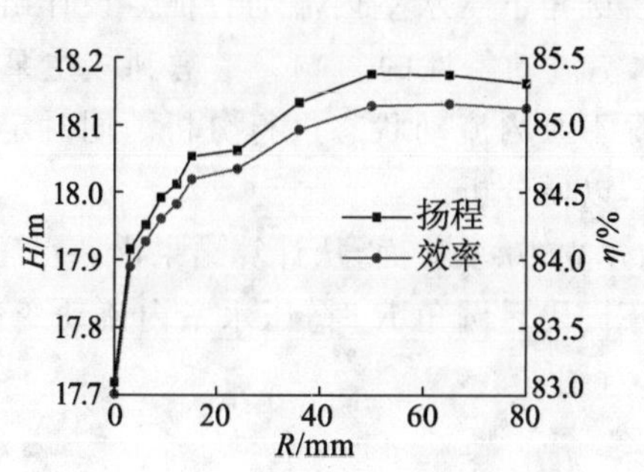

图 5-12 不同隔舌圆角下泵性能曲线

(2) 隔舌圆角对导叶、压水室损失的影响

图 5-13 为导叶、压水室损失随隔舌圆角 R 的变化规律。由图可以看出，作为压水室上游的导叶，其损失随 R 的变化几乎保持不变。这主要是因为设计工况下，导叶进口安放角等物理边界与流体流动匹配性较好，导叶内流动较稳定，从导叶流入压水室内的流体流动稳定性也较好，由隔舌圆角变化而导致的压水室流场变化对导叶流场稳定性几乎没有影响。压水室损失随着 R 的增加先减小后增加。当 $R=0$ mm 时，压水室水力损失最大；当 $R=50$ mm 时，压水室水力损失出现最小值；当 $R>50$ mm 时，压水室水力损失出现缓慢增加的趋势。这主要是由于隔舌圆角 R 的变化影响了压水室环形流域与出口扩散管连接处流体的流态及出口扩散管出流能力，导致压水室水力损失发生变化。

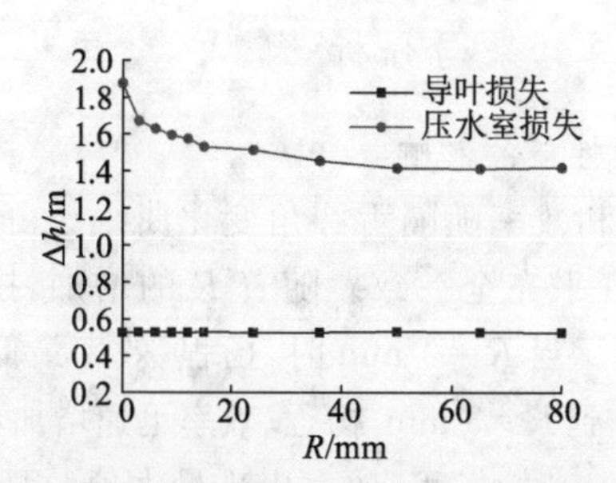

图 5-13 不同隔舌圆角下导叶、压水室损失曲线

(3) 隔舌圆角对叶轮性能的影响

图 5-14 为叶轮扬程、叶轮效率随隔舌圆角 R 的变化规律。由图可以明显地看出，隔舌圆角 R 对叶轮扬程、叶轮效率几乎没有影响。叶轮扬程、叶轮效率的相对变化都在 0.1%以内。

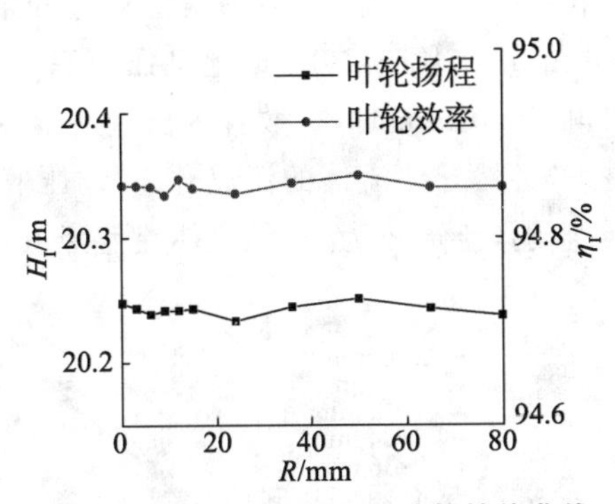

图 5-14　不同隔舌圆角下叶轮性能曲线

(4) 不同隔舌圆角下压水室压力分析

① 不同隔舌圆角下压水室静压分析

图 5-15 为不同隔舌圆角 R 下压水室内静压变化曲线。由图可以看出，不同隔舌圆角 R 下，压水室内静压分布规律是相似的。从第 1 截面到第 3 截面静压逐渐增加，从第 3 截面开始到压水室出口第 10 截面静压逐渐减小。隔舌圆角 R 的变化导致各个截面上静压值不同，第 1，9，10 截面上静压值较其他截面差距大。这是由于隔舌圆角对环形空间与出口扩散管连接处附近流场影响较大。特别地，R=0 mm 时，第 9，10 截面上静压值发生突降，这与 R=0 mm 时出口扩散管内出现回流有很大关系。

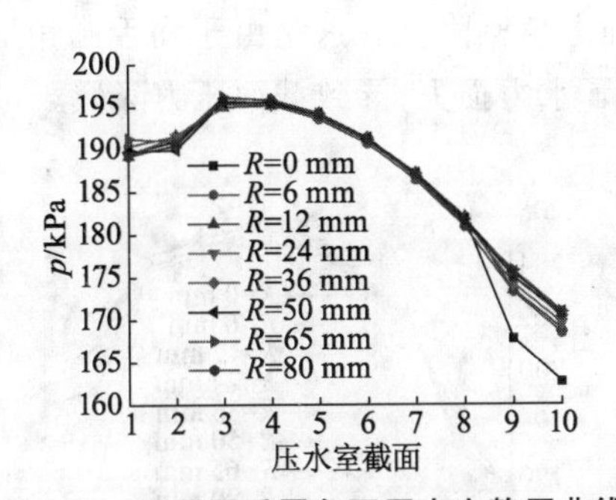

图 5-15　不同隔舌圆角下压水室静压曲线

② 不同隔舌圆角下压水室动压分析

图 5-16 为不同隔舌圆角 R 下压水室内动压变化曲线。由图可以看出，不同隔舌圆角 R 下，压水室内动压分布规律是相似的。从第 1 截面到第 10 截面，压水室内动压逐渐增加。各个截面上动压值随着隔舌圆角 R 的不同出

现了一定的差异。除 $R=0$ mm 之外，其他圆角值对应的第 9,10 截面上动压值几乎相等。在 $R=0$ mm 时，第 9,10 截面上动压值高于其他圆角下的动压值。这是因为隔舌圆角 $R=0$ mm 时，扩散管内出现明显漩涡阻塞了流道，在出口流量一定的前提下，必然导致流体的流速升高，动压值升高；而 $R\neq0$ mm 时，扩散管内漩涡现象削弱，流道较为通畅，流体流速降低，动压值降低。

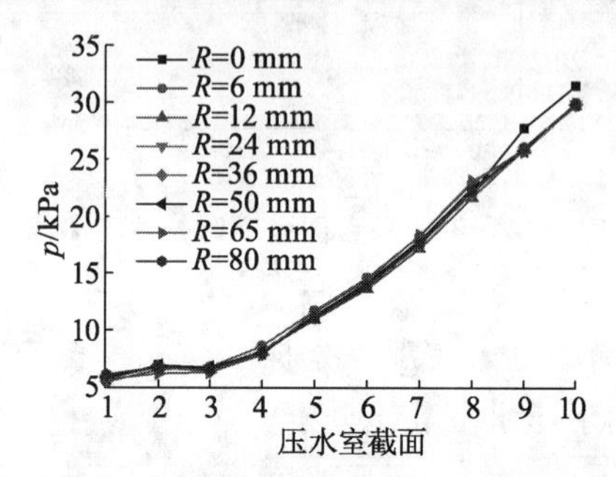

图 5-16 不同隔舌圆角下压水室动压曲线

③ 不同隔舌圆角下压水室全压分析

图 5-17 为不同隔舌圆角下压水室内全压变化曲线。由图可以看出，不同隔舌圆角下，压水室内全压变化规律相似。从第 1 截面到第 10 截面，压水室内全压先增加后减小，在第 5 截面上全压值最大。从图中可以看出，$R=50$ mm 时，截面上全压值整体高于其他隔舌圆角下的全压值。$R=0$ mm 时，全压值在第 9,10 截面上急剧降低。这是由于隔舌圆角 $R=0$ mm 时，扩散管内出现大量漩涡增加了水力损失，导致截面压力降低。

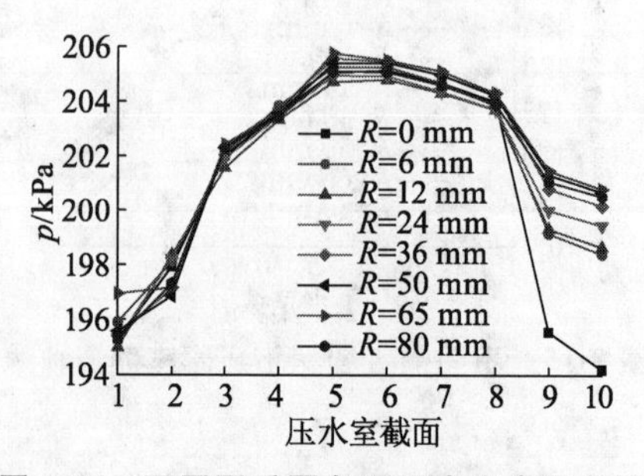

图 5-17 不同隔舌圆角下压水室全压曲线

④ 不同隔舌圆角下压水室压力云图分析

图 5-18 为不同隔舌圆角下压水室 A-A 截面压力云图。由图可以看出，

隔舌圆角变化时，压水室 $A-A$ 截面上压力发生了变化，尤其在环形流域与扩散管连接处，压力云图梯度变化较大。同时，受隔舌圆角影响，扩散管左侧压力变化较为明显，其中 $R=0$ 时，扩散管左侧低压区域相对较大，随着 R 的增加，扩散管左侧低压区域面积缩小，最低压力值增大。这是由于从第 8 截面流向扩散管的流体绕流隔舌圆角时出现漩涡等流动不稳定现象而引起的。

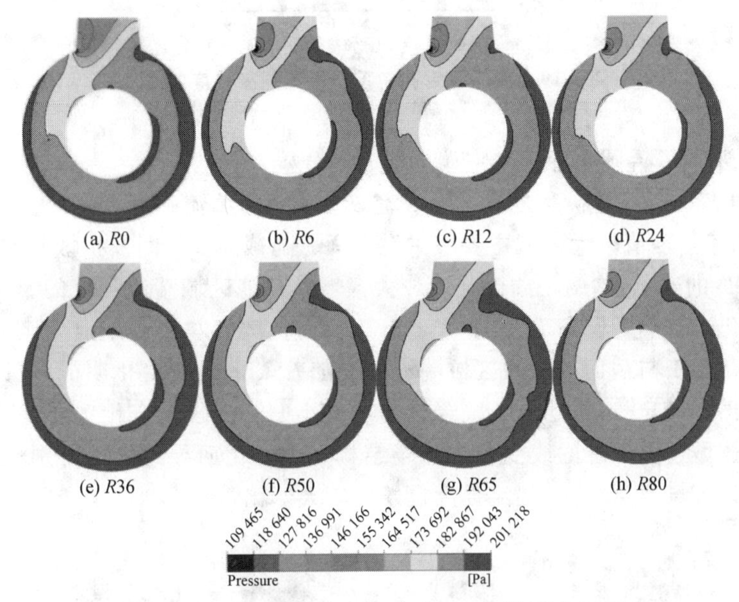

图 5-18 不同隔舌圆角下压水室 A-A 截面压力云图

(5) 不同隔舌圆角下压水室湍动能分析

① 不同隔舌圆角下压水室湍流强度分析

图 5-19 为不同隔舌圆角下压水室湍流强度变化曲线。由图可以看出，隔舌圆角 R 对压水室内湍流强度影响较大。不同隔舌圆角时，压水室湍流强度变化规律相同，从第 1 截面到第 3 截面迅速减小，从第 3 截面到第 8 截面几乎保持不变，从第 8 截面到第 9 截面增加，从第 9 截面到第 10 截面减小，总体上呈现出先减小后保持稳定再增加再减小的变化规律。从图 5-18 中可以清楚地看出，压水室水力损失主要出现在截面 1 到截面 3 内，即以扩散管中心为起点沿流体主流流动方向的 1/4 环形流域内。$R=50$ mm 时，湍流强度在各个截面上均较低，这也是 $R=50$ mm 时压水室损失最小的一个重要原因。对于 $R=0$ mm，在第 9，10 截面上湍流强度最大，这与扩散管内出现漩涡等不稳定流动有很大关系。

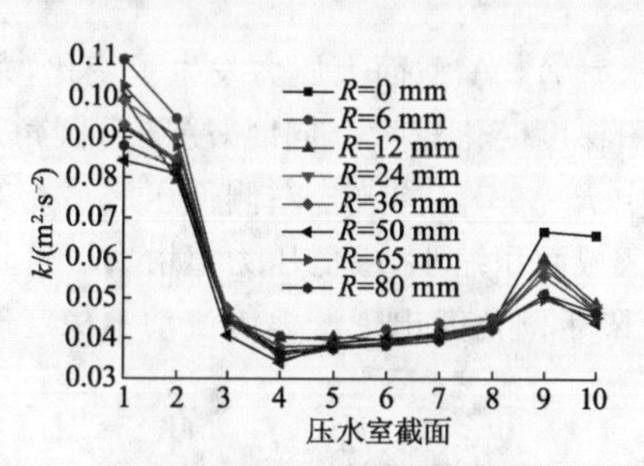

图 5-19　不同隔舌圆角下压水室湍流强度曲线

② 不同隔舌圆角下压水室湍动能云图分析

图 5-20 为不同隔舌圆角下压水室 $A-A$ 截面湍流强度云图。由图可以看出，湍流强度值较大区域主要集中在截面 1 与截面 3 之间及扩散管左侧，并且随着 R 的变化，这两个湍流强度较大区域对其他区域湍流强度的影响程度发生变化。当隔舌圆角 R 增加时，$A-A$ 截面扩散管左侧湍流强度区域逐渐缩小。截面 1 与截面 3 之间区域湍流强度随着 R 的改变变化明显，可以很清楚地看出，R＝50 mm 时此区域湍流强度最小。湍流强度变化主要是由于压水室流体域边界条件的改变使得流场结构发生变化而导致的。特别地，隔舌圆角附近流场变化较大，湍流强度也发生较大变化。

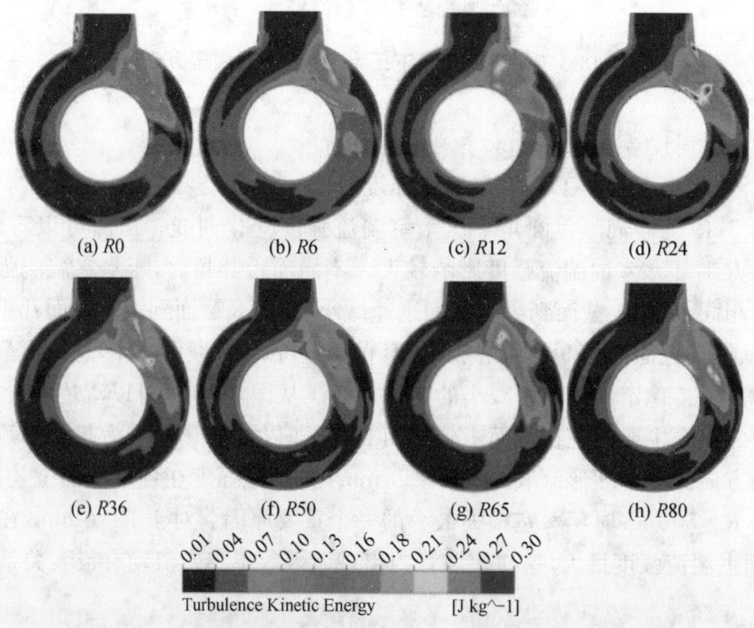

图 5-20　不同隔舌圆角下压水室 A－A 截面湍流强度云图

图 5-21 为不同隔舌圆角下压水室 $A-A$ 截面流线图。由图可以看出，不同隔舌圆角时，压水室内都存在漩涡，且漩涡位置主要集中在截面 1 与截面 3 之间。这主要是由于从导叶流出的流体与隔舌发生撞击后被迫分流，被分流到环形流域的流体同时被迫改变速度方向，从而导致流动产生漩涡。在 $R=0$ mm 时，扩散管左侧区域出现明显漩涡，随着 R 的增加，此处的漩涡明显减小。可见，隔舌圆角对扩散管左侧区域流体出流影响较大。

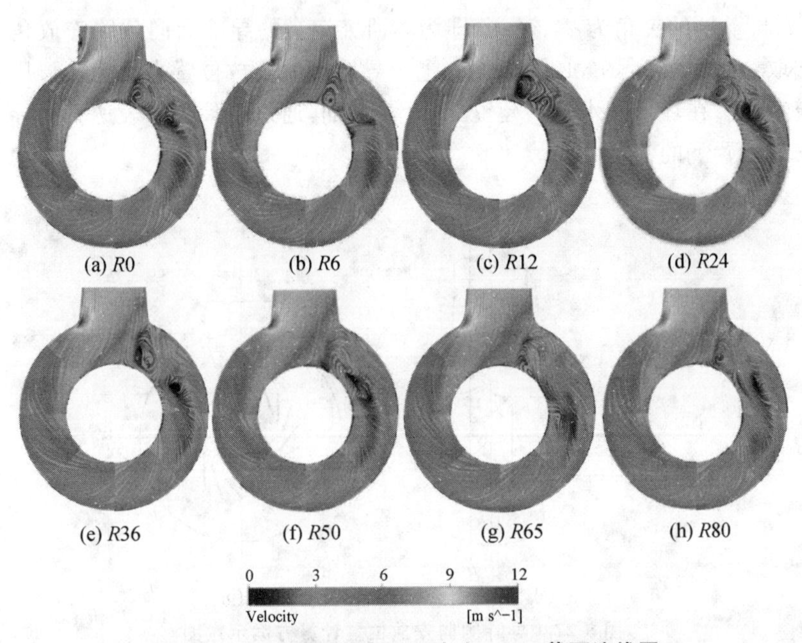

图 5-21　不同隔舌圆角下压水室 $A-A$ 截面流线图

5.3　导叶周向位置对环形压水室内流特性的影响

核主泵主要过流部件有叶轮、导叶、环形压水室 3 部分。叶轮、导叶处在环形压水室上游。泵内流体从叶轮获取能量后，经导叶流入环形压水室。导叶为静止部件，其相对于环形压水室出口扩散管的周向安放位置对环形压水室性能影响较大。

5.3.1　计算模型

本节在不改变其他过流部件的基础上，通过改变导叶周向安放位置，建立研究所需的模型泵三维模型。为了更加准确地研究导叶周向安放位置对环形压水室流场的影响,结合核主泵导叶叶片数为 18,即每个导叶流道在圆周上所占的角度为 20°,设计出 7 个导叶周向安放位置。图 5-22a 为模型泵结构示意图,图中截面 $A-A$ 为环形压水室出口中心截面,截面 $B-B$ 为导叶出口中心截面。图 5-22b 所示为截面 $B-B$ 上导叶周向安放位置示意图。在图 5-22b 中,以旋转轴为原点 O,在截面 $B-B$ 上建立 Oxy 直角坐标系。定义直线 Ob 为以原点 O 为起点,过导叶工作面出口边与导叶后盖板交点的直线,直线 Ob 与 y 轴的夹角为 α,该 α 角即为本研究定义的导叶周向位置安放角。本章选取 $\alpha=0°,3°,6°,9°,12°,15°,18°$ 七个导叶周向安放位置来研究环形压水室内流特性。在环形压水室内建立了 10 个截面,通过结果分析表达不同导叶周向安放位置下的流场分布。

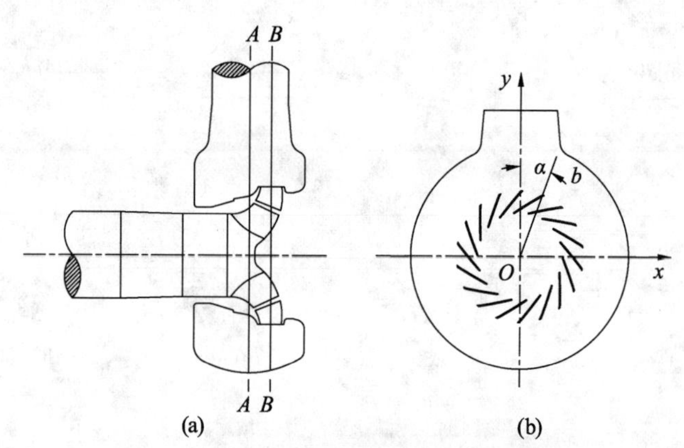

图 5-22　导叶周向安放位置计算方案示意图

5.3.2　导叶周向安放位置对环形压水室性能的影响

图 5-23 为不同导叶周向安放位置下环形压水室损失柱状图。由图可以看出,在不同工况下,随着导叶周向安放位置变化,环形压水室内水力损失均出现了明显差异。在设计工况下,导叶周向安放位置对环形压水室水力损失影响相对较小,偏离设计工况,其对水力损失影响增大。在 $0.8Q_d$ 工况,12°时环形压水室水力损失最大,为 1.187 m,18°时水力损失最小,为 0.837 m,环形压水室水力损失最大差值为 0.350 m。在 $1.0Q_d$ 工况,6°时环形压水室水力损失最大,为 1.554 m,0°时水力损失最小,为 1.339 m,环形压水室水力损失最大差值为 0.215 m。在 $1.2Q_d$ 工况,6°时环形压水室水力损失最大,为 2.260 m,15°时水力损失最小,为 1.862 m,环形压水室水力损失最大差值为

0.398 m。可见,不同工况下,环形压水室最大、最小损失都出现在不同导叶周向安放位置处。在设计工况下,环形压水室水力损失最大差值最小,偏离设计工况,最大差值增大。导叶周向安放位置的变化使得环形压水室水力损失出现了大小间隔的分布规律。可见,环形压水室内部流动对导叶周向安放位置敏感度较高。

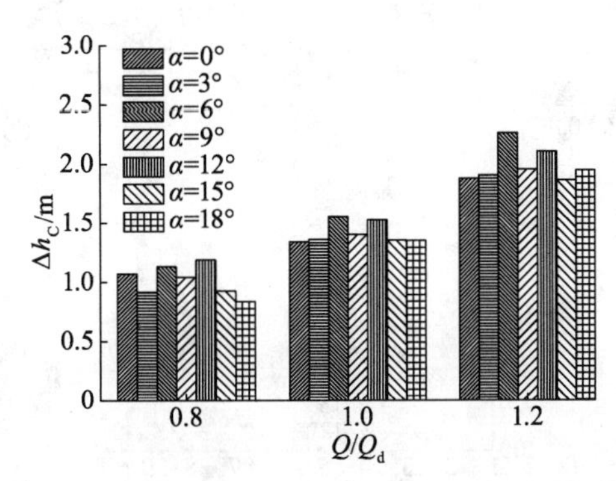

图 5-23　不同导叶周向安放位置下环形压水室损失柱状图

5.3.3　导叶周向安放位置对环形压水室内压力分布的影响

通过数值计算,获得了环形压水室内各截面上静压值、动压值和全压值,对各截面上参数值进行分析,得到了不同工况下不同导叶周向安放位置时环形压水室内静压、动压和全压的变化规律。

(1) 导叶周向安放位置对环形压水室内静压分布的影响

图 5-24 为不同导叶周向安放位置下环形压水室静压曲线。由图可以看出,在各工况下,当导叶周向安放位置变化时,环形压水室内静压分布规律基本保持一致。同时,还可以发现,在不同工况下,导叶周向安放位置对环形压水室内静压分布的影响程度有所不同。在设计工况下,导叶周向安放位置对静压分布影响较小;偏离设计工况,导叶周向安放位置对静压分布影响程度加剧。在 $0.8Q_d$ 工况,导叶周向安放位置对静压分布影响最大。这主要是因为,在设计工况下,叶轮、导叶安放角与流体流动匹配性较好,使得环形压水室上游流体流动较为稳定,在导叶周向安放位置改变的情况下,环形压水室上游流动也相对稳定;而偏离设计工况时,叶轮、导叶安放角与流体流动匹配性变差,上游流动变得不稳定,在导叶周向安放位置改变时,环形压水室内流动变得更加不稳定,使得环形压水室内静压波动较大。

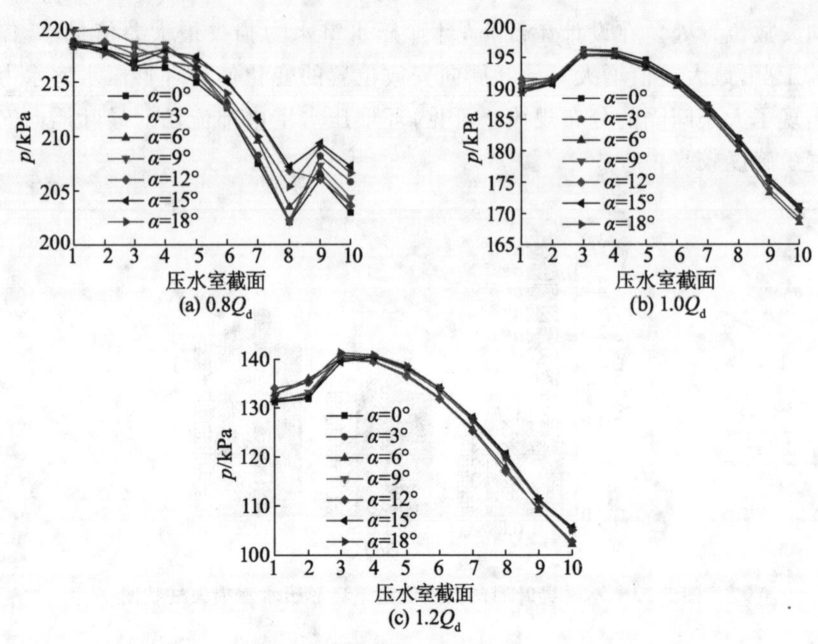

图 5-24　不同导叶周向安放位置下环形压水室静压曲线

(2) 导叶周向安放位置对环形压水室内动压分布的影响

图 5-25 为不同导叶周向安放位置下环形压水室动压曲线。由图可以看出,在各工况下,当导叶周向安放位置变化时,环形压水室内动压分布规律基本保持一致。同时,还可以发现,在 0.8Q_d 工况,环形压水室内动压随导叶周向安放位置变化较大;而在 1.0Q_d 工况和 1.2Q_d 工况,环形压水室内动压随导叶周向安放位置变化较小。

(3) 导叶周向安放位置对环形压水室内全压分布的影响

图 5-26 为不同导叶周向安放位置下环形压水室全压曲线。由图可以看出,在各工况下,当导叶周向安放位置变化时,环形压水室内全压分布规律基本保持一致。由于导叶等过流部件内流动损失的变化,使得当导叶周向安放位置变化时,环形压水室内全压并未与其水力损失有清楚的对应关系。

但是上述情况对于研究导叶周向安放位置对环形压水室内流动特性的影响没有影响。在 0.8Q_d 工况,环形压水室内全压随导叶周向安放位置变化较大;而在 1.0Q_d 工况和 1.2Q_d 工况,环形压水室内全压随导叶周向安放位置变化相对较小。

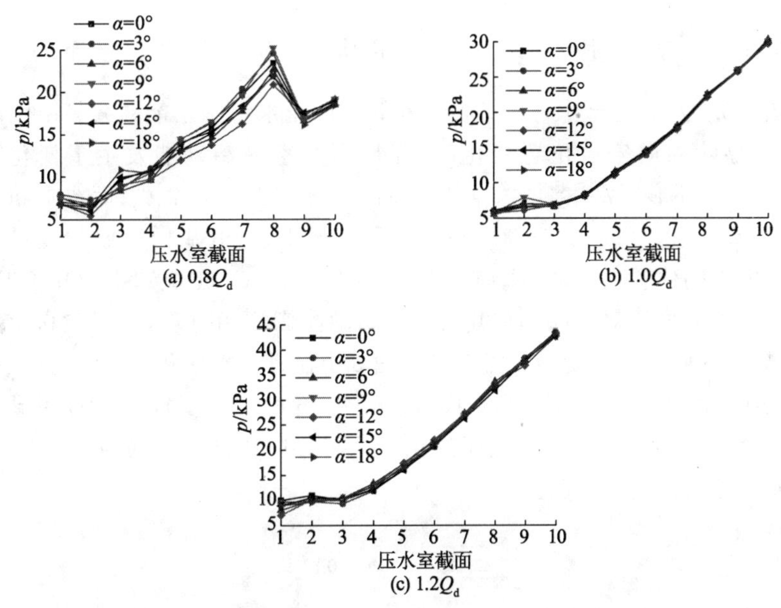

图 5-25　不同导叶周向安放位置下环形压水室动压曲线

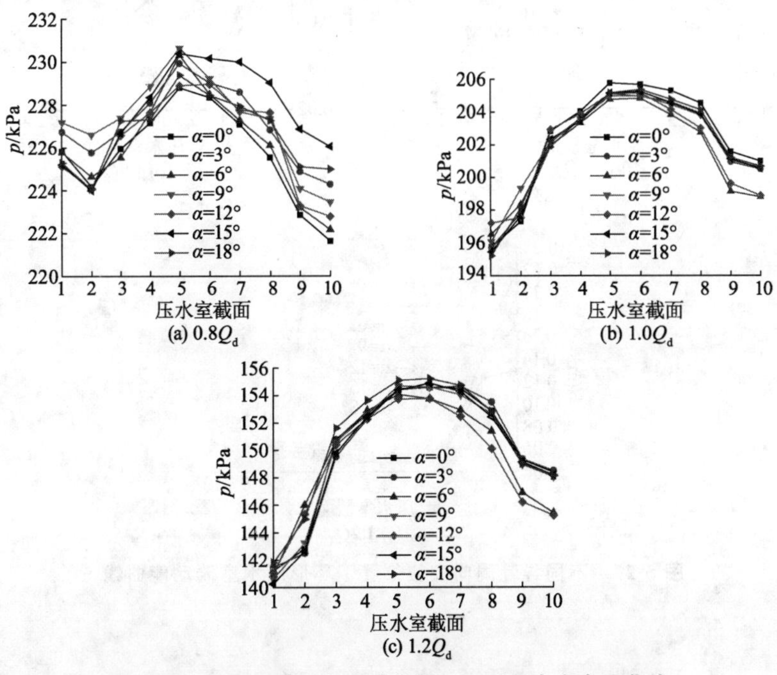

图 5-26　不同导叶周向安放位置下环形压水室全压曲线

5.3.4 导叶周向安放位置对环形压水室内湍动能分布的影响

图 5-27 为不同导叶周向安放位置下环形压水室湍动能曲线。由图可以看出,当导叶周向安放位置变化时,环形压水室内湍动能发生了变化。在 $0.8Q_d$ 工况,环形压水室湍动能随导叶周向安放位置波动很大;而在 $1.0Q_d$ 工况和 $1.2Q_d$ 工况,湍动能波动较小。不同工况下,导叶周向安放位置对环形压水室内不同位置上湍动能影响程度不同。在 $1.0Q_d$ 工况和 $1.2Q_d$ 工况下,导叶周向安放位置对截面 1 和截面 2 上湍动能影响相对较大;而在 $0.8Q_d$ 工况下,导叶周向安放位置对截面 1 到截面 5 上湍动能影响相对较大,且从截面 1 到截面 5 其对湍动能影响程度减弱。可见,导叶周向安放位置对环形压水室内湍动能的影响随工况变化而变化。这与导叶周向安放位置变化时环形压水室内流场的变化有关。

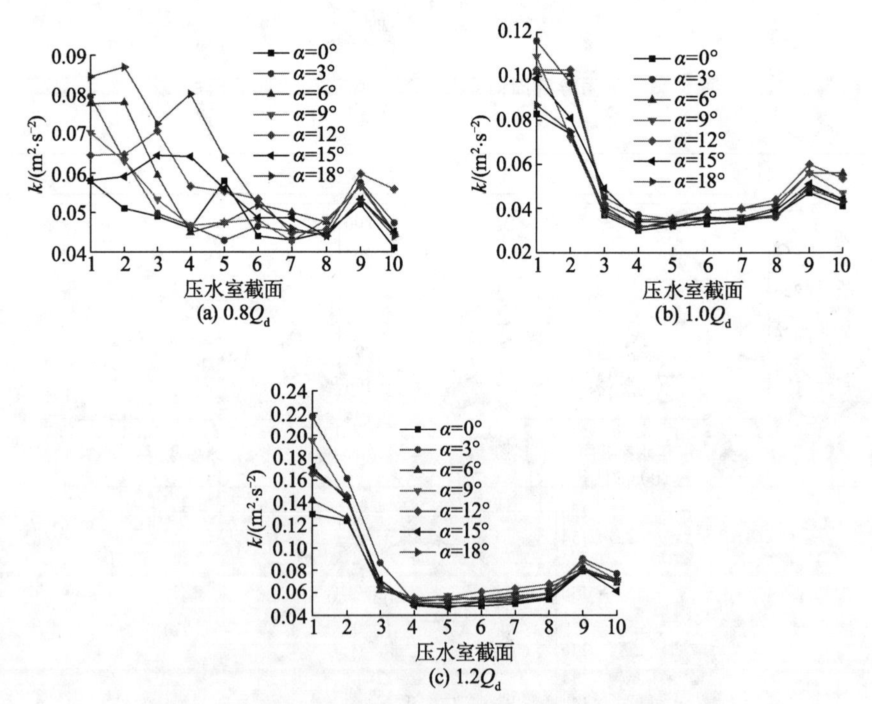

图 5-27 不同导叶周向安放位置下环形压水室湍动能曲线

5.3.5 导叶周向安放位置对环形压水室内流量变化规律的影响

图 5-28 为不同导叶周向安放位置下环形压水室流量曲线。由图可以看出,导叶周向安放位置对环形压水室内各截面上流量影响程度不同。在 1.0Q_d 工况和 1.2Q_d 工况下,各截面上流量变化较小;在 0.8Q_d 工况下,各截面上流量变化较大。特别地,对于 0.8Q_d 工况,环形压水室内流量变化趋势从截面 1 一直延续到截面 8。可见,在 0.8Q_d 工况下,导叶周向安放位置对环形压水室截面 1 处流动的影响导致了整个环形流域内的流量变化。

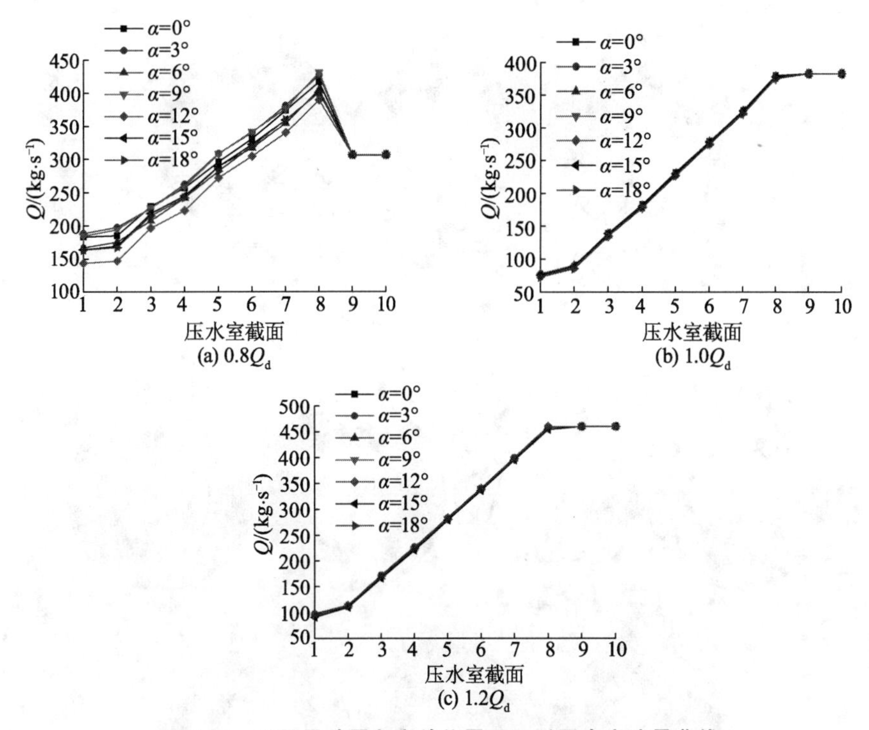

图 5-28 不同导叶周向安放位置下环形压水室流量曲线

5.3.6 导叶周向安放位置对环形压水室内速度场分布的影响

图 5-29 为不同导叶周向安放位置下环形压水室 $A-A$ 截面速度云图。由图可以看出,在 3 种工况下,环形压水室内速度分布都发生了明显变化,但不同工况下速度变化区域不同。在 0.8Q_d 工况下,导叶周向安放位置的改变

使得环形压水室整个流场中速度分布都发生了变化，这种变化正是导致湍动能随导叶周向安放位置波动很大的原因之一。在 $1.0Q_d$ 工况和 $1.2Q_d$ 工况下，导叶周向安放位置主要影响了以出口扩散管中心为起点，沿流体主流流动方向的 1/4 环形流域内的流体速度分布。

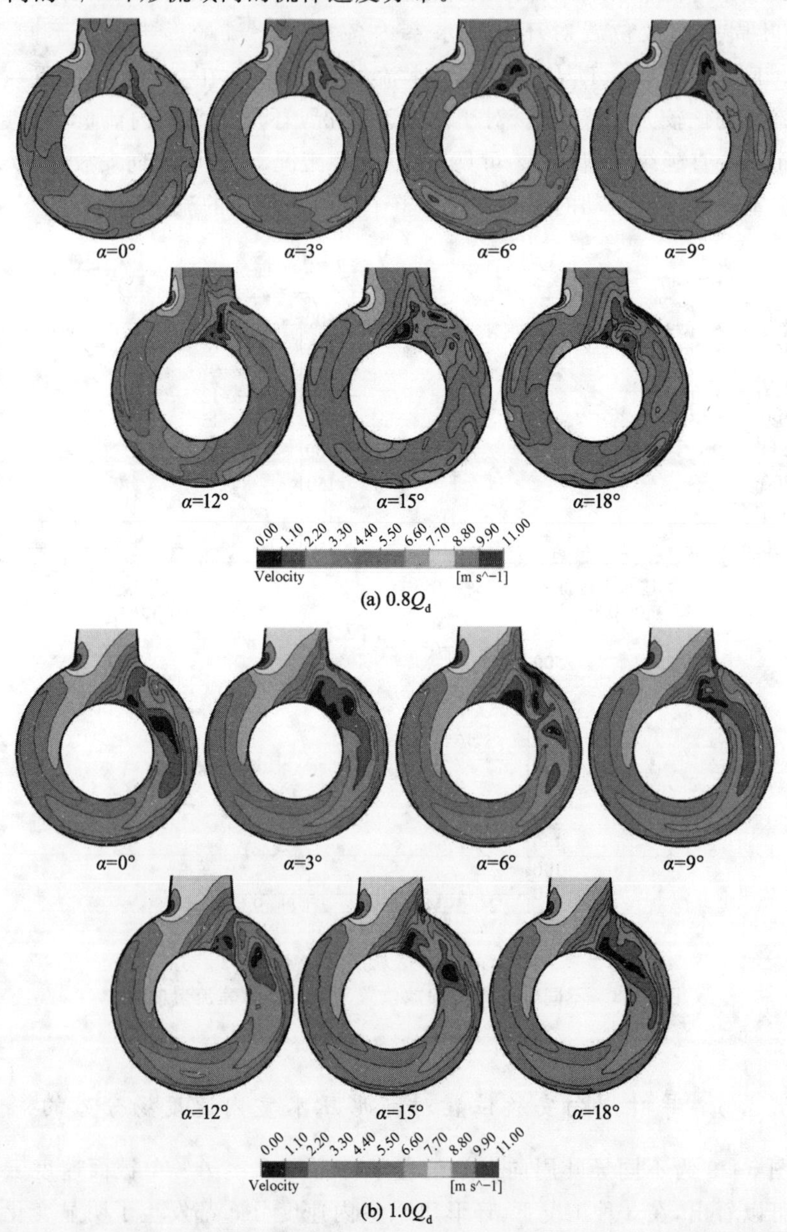

(a) $0.8Q_d$

(b) $1.0Q_d$

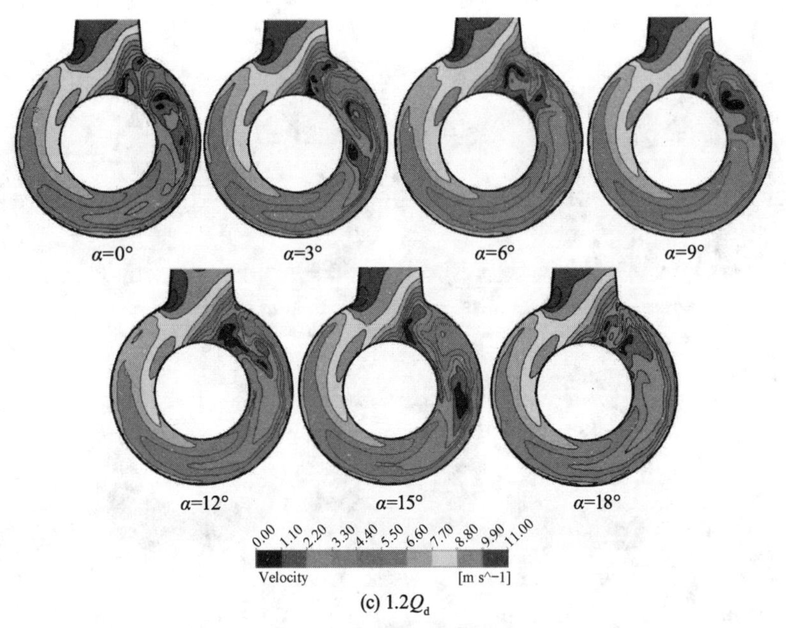

(c) $1.2Q_d$

图 5-29　不同导叶周向安放位置下环形压水室 $A-A$ 截面速度云图

5.3.7　导叶周向安放位置对环形压水室内流场分布的影响

图 5-30 为不同导叶周向安放位置下环形压水室 $A-A$ 截面流线图。由图可以看出，在 3 种工况下，导叶周向安放位置的改变使得环形压水室流场结构发生了变化，且主要发生在右侧隔舌冲击区。从流场中漩涡来看，导叶周向安放位置变化时，不同工况下漩涡产生区域有所不同。在 $0.8Q_d$ 工况下，漩涡区主要发生在截面 1 附近；在 $1.0Q_d$ 工况下，漩涡区主要发生在截面 1 与截面 3 之间；在 $1.2Q_d$ 工况下，漩涡区主要发生在截面 1 与截面 4 之间。因而，随着流量增加，环形压水室内漩涡主要发生区域逐渐增大。同时，在各工况下，导叶周向安放位置的改变对流场中漩涡形态、数量产生了影响。流场中漩涡变化对环形压水室内速度分布、流量分布、压力分布均产生了影响。

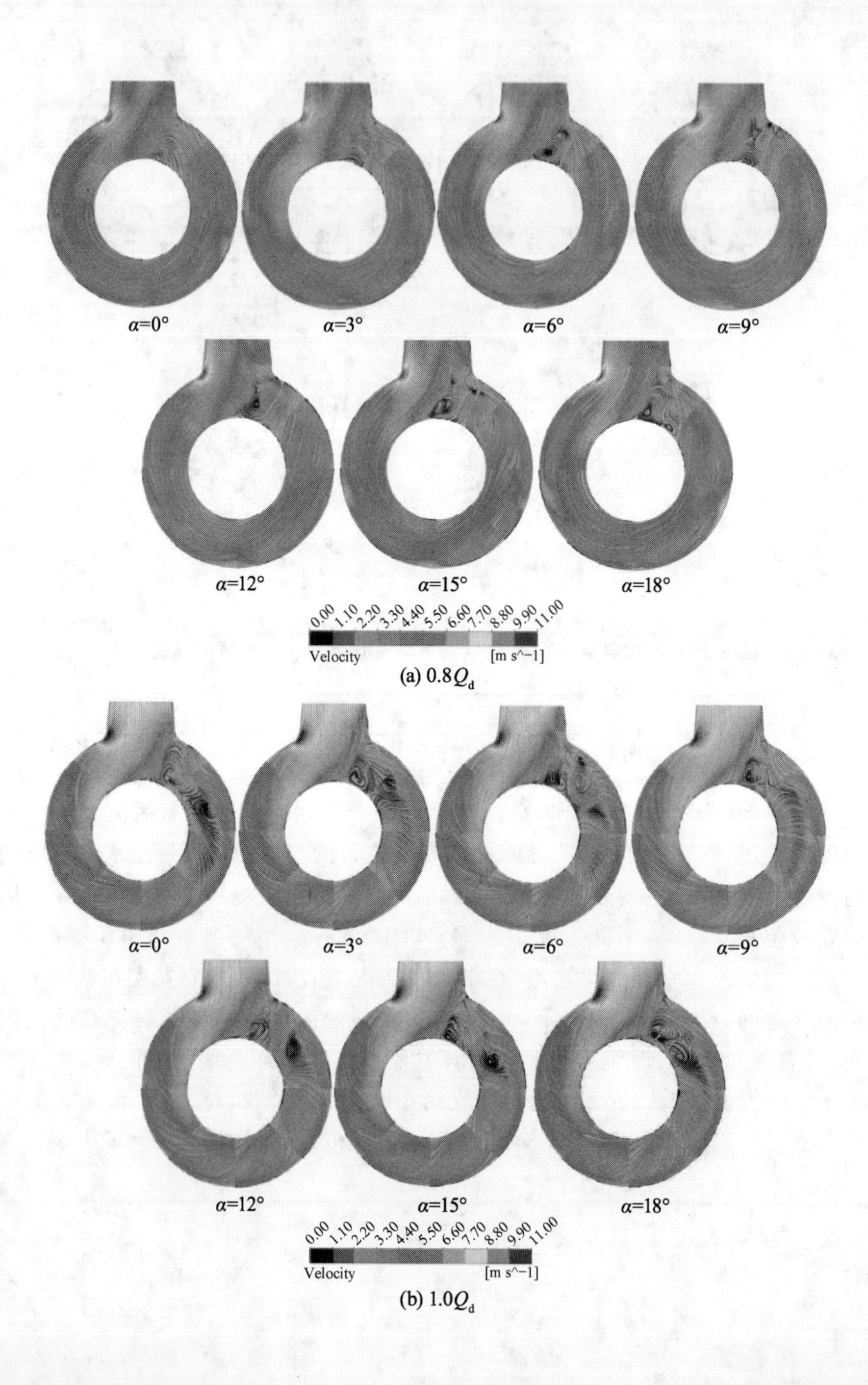
α=0°
α=3°
α=6°
α=9°
α=12°
α=15°
α=18°
0.00 1.10 2.20 3.30 4.40 5.50 6.60 7.70 8.80 9.90 11.00
Velocity
[m s^−1]
(a) 0.8Q_d
α=0°
α=3°
α=6°
α=9°
α=12°
α=15°
α=18°
0.00 1.10 2.20 3.30 4.40 5.50 6.60 7.70 8.80 9.90 11.00
Velocity
[m s^−1]
(b) 1.0Q_d

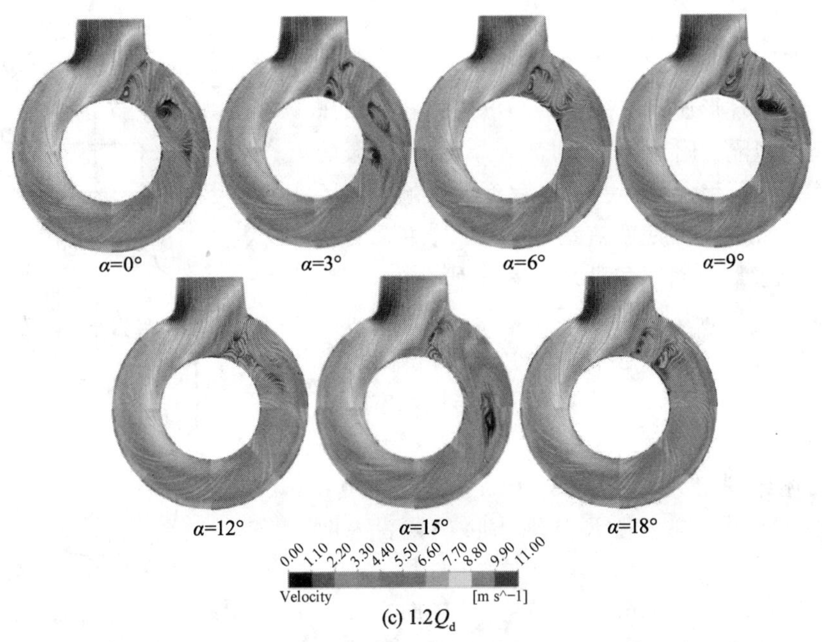

(c) $1.2Q_d$

图 5-30　不同导叶周向安放位置下环形压水室 A－A 截面流线图

5.4　核主泵导叶轴向安放位置与隔舌倒圆半径匹配研究

核主泵作为一个整机，独立单元的性能最优并不能使整机性能达到最优。过流部件间的参数相互联系和影响，单个参数的变化会通过流动耦合作用影响上下游的流动状态，以此影响整机的水力性能，因此有必要对各个单元多参数下的匹配规律及其对泵内部的流动结构和外特性关系做更深入的研究。由压水室内部流场的数值计算可知，在压水室结构类型、截面形状及截面面积不变的条件下，隔舌结构形式、隔舌半径及叶轮出口与隔舌间隙大小等对压水室内部流场及其能量分布具有重要影响。为了阐明导叶轴向安放位置与隔舌倒圆半径匹配特性对核主泵水力性能的影响，在导叶轴向安放位置对核主泵性能影响研究的基础上，建立导叶轴向安放位置与隔舌倒圆半径的多种匹配组合方案，通过数值方法预测不同工况下不同匹配组合模型泵的水力性能。

5.4.1 计算模型

由于环形压水室采用中心出流方式导致压水室类似隔舌附近冲击、回流现象明显，对泵的效率和运行稳定性等有一定程度的影响。为了改善压水室隔舌处的流动状态，在核主泵类似隔舌处通常做倒圆角处理。在本研究中，保持叶轮和导叶的几何参数不变，只改变导叶与压水室轴向相对距离 Δl 和压水室隔舌倒圆半径 R，如图 5-31 所示，采用 3 种导叶与压水室轴向相对距离 Δl，即 Δl=89.0，44.5，0 mm，为了方便描述分别定义为方案 A、方案 B 和方案 C。压水室隔舌倒圆半径 R 分别选取 0（隔舌未倒圆），24，48，72 mm，其中原方案中 Δl=89.0 mm，R=24 mm。将 3 种导叶轴向安放位置与 4 种隔舌倒圆半径进行匹配组合，组合后的结果如表 5-2 所示。

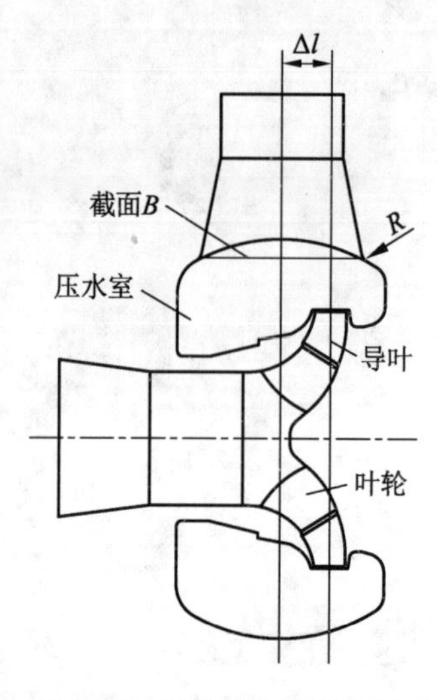

图 5-31 导叶轴向安放位置与隔舌倒圆半径

表 5-2 导叶轴向安放位置与隔舌倒圆半径匹配组合

Model	Δl/mm	R/mm
A_0	89.0	0
A_{24}	89.0	24
A_{48}	89.0	48
A_{72}	89.0	72
B_0	44.5	0
B_{24}	44.5	24
B_{48}	44.5	48
B_{72}	44.5	72
C_0	0	0
C_{24}	0	24
C_{48}	0	48
C_{72}	0	72

5.4.2 不同匹配组合下模型泵扬程和效率变化

(1) 不同匹配组合下模型泵扬程变化

图 5-32 所示为 $0.8Q_d$，$1.0Q_d$ 和 $1.2Q_d$ 工况下不同匹配组合模型泵的扬程变化。由图可以看出，随着流量的增加，3 种不同导叶轴向安放位置下模型泵扬程随隔舌倒圆半径的增加，变化规律性增强。在 $0.8Q_d$ 工况下，3 种方案分别在 R24，R72 和 R24 时扬程最高。不同匹配组合模型泵的扬程变化没有规律，变化幅度较大，其中，在 R24 下，3 种方案的扬程值相对较为接近，而在其他倒圆半径下，方案 A 的扬程要明显低于方案 B 和方案 C。在设计工况下，3 种方案分别在 R24，R48 和 R48 时扬程最高。不同匹配组合模型泵的扬程变化相对平缓，其中，方案 A 在不同倒圆半径下的扬程基本最高，方案 C 扬程最低。在 $1.2Q_d$ 工况下，3 种方案随隔舌倒圆半径的增大扬程变化规律一致，且 3 种方案均在 R24 时扬程最高，在 R0 时扬程最低。另外，方案 A 和方案 B 扬程相近，且明显高于方案 C 的扬程。

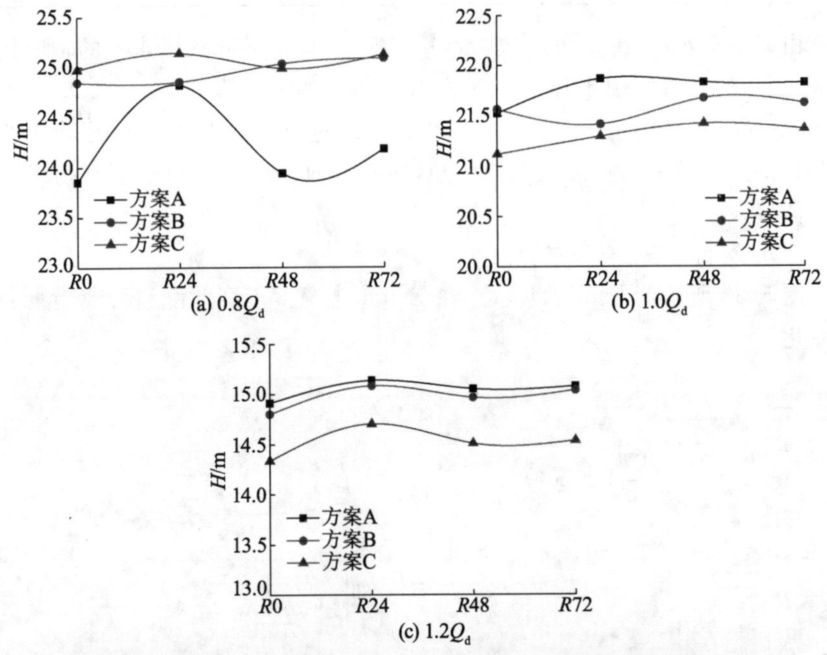

图 5-32 $0.8Q_d$，$1.0Q_d$ 和 $1.2Q_d$ 工况下不同匹配组合模型泵扬程的变化

为了更好地分析导叶轴向安放位置与倒圆半径匹配对模型泵扬程的影响程度，列出 3 种工况下多种匹配组合模型泵扬程最大差值，如表 5-3 所示。

表 5-3　多种匹配组合下模型泵扬程最大差值

工况	4 种不同 R 扬程最大差值/m		3 种不同方案扬程最大差值/m	
$0.8Q_d$	方案 A	1.01	$R0$	1.12
	方案 B	0.27	$R24$	0.33
	方案 C	0.17	$R48$	1.09
			$R72$	0.95
$1.0Q_d$	方案 A	0.34	$R0$	0.44
	方案 B	0.26	$R24$	0.57
	方案 C	0.30	$R48$	0.41
			$R72$	0.46
$1.2Q_d$	方案 A	0.23	$R0$	0.57
	方案 B	0.28	$R24$	0.43
	方案 C	0.37	$R48$	0.54
			$R72$	0.54

由表 5-3 可知，在 $0.8Q_d$ 和 $1.0Q_d$ 工况下，减小导叶和压水室的轴向相对距离，相应的隔舌倒圆半径大小对模型泵扬程的影响较小，而 $1.2Q_d$ 工况时其变化规律与 $0.8Q_d$ 和 $1.0Q_d$ 工况相反。通过对比分析不同导叶轴向安放位置和倒圆半径下扬程最大差值可知，导叶轴向安放位置对模型泵扬程的影响整体较大。

(2) 不同匹配组合下模型泵效率变化

图 5-33 所示为 $0.8Q_d$，$1.0Q_d$ 和 $1.2Q_d$ 工况下不同匹配组合模型泵的效率变化。

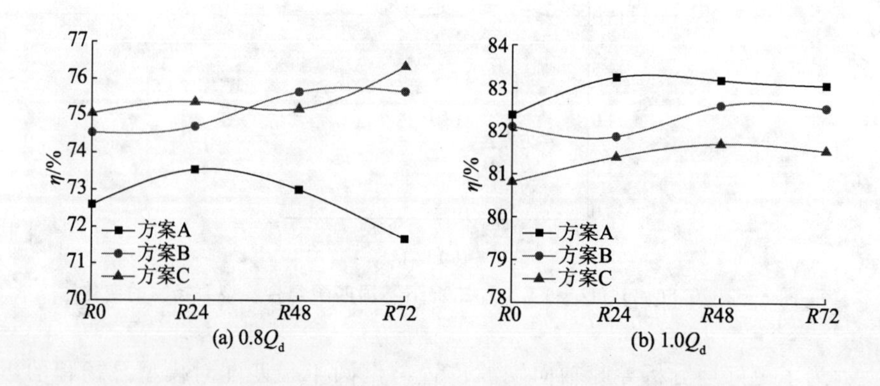

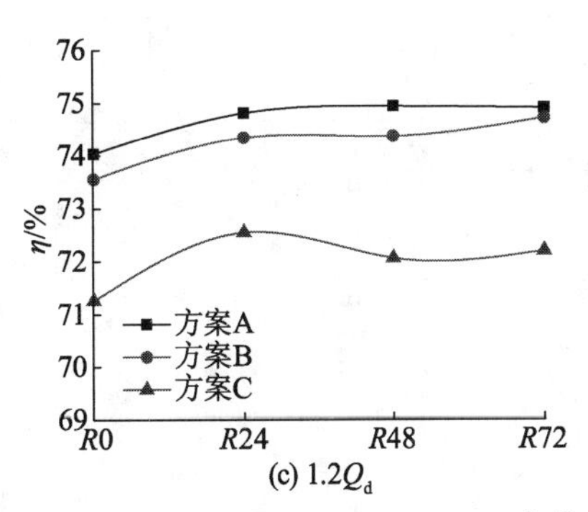

(c) $1.2Q_d$

图 5-33　$0.8Q_d$，$1.0Q_d$ 和 $1.2Q_d$ 工况下不同匹配组合模型泵效率的变化

由图 5-33 可以看出，在 $0.8Q_d$ 工况下，3 种方案分别在 $R24$，$R72$ 和 $R72$ 时效率最高。不同匹配组合模型泵的效率变化幅度较大，其中方案 B 和方案 C 在不同倒圆半径下效率变化趋势基本相反，且其效率要明显高于方案 A 的效率。在设计工况下，3 种方案的效率值分别在 $R24$，$R48$ 和 $R48$ 时最高。方案 A 在不同倒圆半径下的效率最高，方案 B 次之，方案 C 效率最低。在 $1.2Q_d$ 工况下，除 $R24$ 外，3 种方案的效率值均随隔舌倒圆半径的增大逐渐增大，其中方案 A 和方案 B 均在 $R72$ 时效率最高，而方案 C 在 $R24$ 时效率最高。另外，方案 A 和方案 B 在不同倒圆半径下效率相差不大，但明显高于方案 C 的效率。不同工况下多种匹配组合模型泵效率最大差值如表 5-4 所示。结合表 5-4 可知，导叶轴向安放位置和隔舌倒圆半径对模型泵效率的影响与流量有关，偏设计工况下匹配组合对模型泵的效率影响较大，且导叶轴向安放位置对模型泵效率的影响较大。每个导叶轴向安放位置都存在最优的隔舌半径匹配，其合理匹配可以有效提高模型泵的效率。

表 5-4　多种匹配组合下模型泵效率最大差值

工况	4 种不同 R 效率最大差值/%		3 种不同方案效率最大差值/%	
$0.8Q_d$	方案 A	1.86	$R0$	2.46
	方案 B	1.14	$R24$	1.83
	方案 C	1.29	$R48$	2.65
			$R72$	4.67

续表

工况	4种不同 R 效率最大差值/%		3种不同方案效率最大差值/%	
$1.0Q_d$	方案 A	0.88	$R0$	1.55
	方案 B	0.71	$R24$	1.86
	方案 C	0.88	$R48$	1.49
			$R72$	1.53
$1.2Q_d$	方案 A	0.90	$R0$	2.78
	方案 B	1.16	$R24$	2.26
	方案 C	1.28	$R48$	2.88
			$R72$	2.71

5.4.3 不同匹配组合下叶轮扬程和效率变化

(1) 不同匹配组合下叶轮扬程变化

图 5-34 所示为 $0.8Q_d$，$1.0Q_d$ 和 $1.2Q_d$ 工况下不同匹配组合模型泵的叶轮扬程变化。由图可以看出，方案 A 在 3 种工况下与隔舌倒圆半径 $R24$ 匹配组合模型泵的叶轮扬程最大。在 $0.8Q_d$，$1.0Q_d$ 和 $1.2Q_d$ 工况下，方案 B 叶轮扬程最大值所匹配的隔舌倒圆半径分别为 0，0，24 mm；方案 C 所匹配的隔舌倒圆半径分别为 24，48，24 mm。方案 B 和方案 C 在不同隔舌倒圆半径下的叶轮扬程相差不大，且其叶轮扬程随倒圆半径的波动幅度随着流量的增加而减小，但其波动幅度要明显小于方案 A。在 $0.8Q_d$ 和 $1.0Q_d$ 工况下，3 种方案叶轮扬程随隔舌倒圆半径的变化没有规律，而在 $1.2Q_d$ 工况下，3 种方案叶轮扬程随隔舌倒圆半径的变化规律一致，随着倒圆半径的增大，叶轮扬程均先增大后减小而后又增大，均在 $R24$ 时达到叶轮扬程最大值，且导叶与压水室轴向相对距离越小，叶轮扬程相应越小；在 $R48$ 时出现叶轮扬程最小值，而叶轮扬程随导叶与压水室轴向相对距离的变化规律与 $R24$ 时相反，即随着导叶与压水室轴向相对距离的减小，叶轮扬程却逐渐增大。

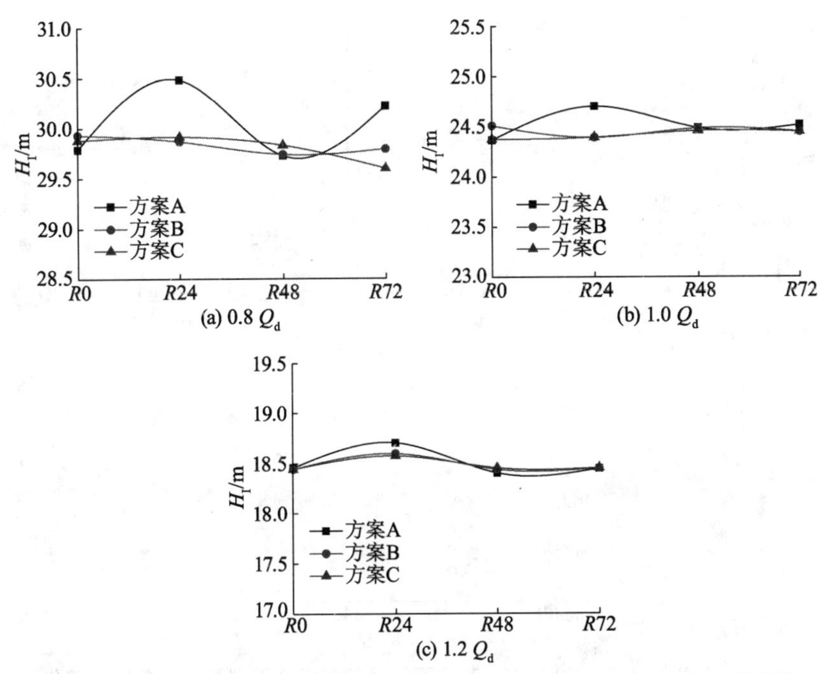

图 5-34　$0.8Q_d$，$1.0Q_d$ 和 $1.2Q_d$ 工况下不同匹配组合模型泵叶轮扬程的变化

(2) 不同匹配组合下叶轮效率变化

由图 5-35 可以看出，在 $0.8Q_d$，$1.0Q_d$ 和 $1.2Q_d$ 三种工况下，叶轮效率最高匹配组合分别是方案 A 与 $R0$ 匹配、方案 A 与 $R24$ 匹配及方案 A 与 $R24$ 匹配。方案 A 在 $0.8Q_d$，$1.0Q_d$ 和 $1.2Q_d$ 工况下叶轮效率最大值所匹配的隔舌倒圆半径分别为 0，24，24 mm；方案 B 所匹配的隔舌倒圆半径分别为 24，72，72 mm；方案 C 所匹配的隔舌倒圆半径分别为 72，72，0 mm。在不同隔舌倒圆半径下，方案 A 叶轮效率变化梯度大，而方案 B 和方案 C 叶轮效率变化平缓，且两方案叶轮效率相近，说明倒圆半径 R 对方案 A 的影响较大，对方案 B 和方案 C 的影响较小。在不同工况下，3 种方案在不同倒圆半径下的叶轮效率最大差值分别为 0.88%，0.81%和 0.81%，其叶轮效率最大差值要明显小于泵效率最大差值，说明核主泵导叶轴向安放位置与隔舌倒圆半径匹配对上游叶轮效率的影响较小。

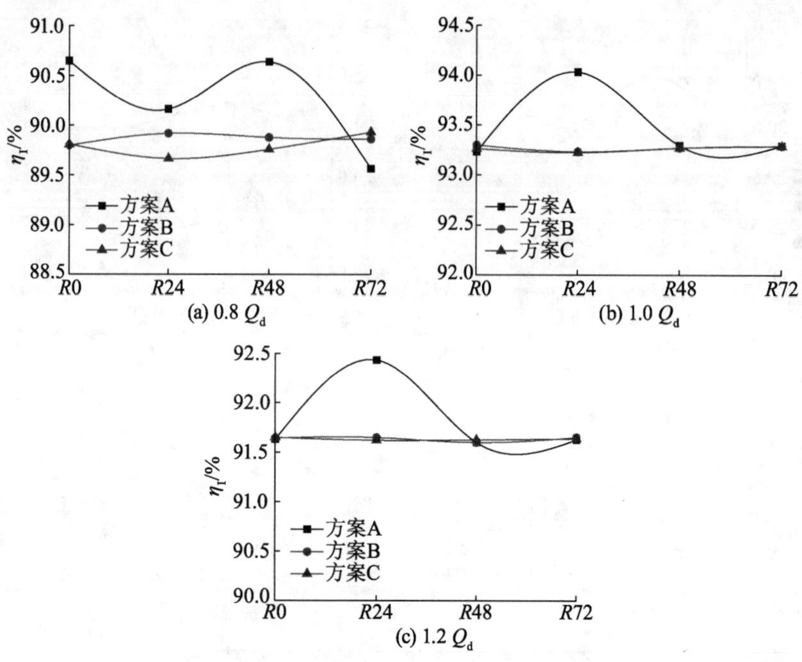

图 5-35　$0.8Q_d$,$1.0Q_d$ 和 $1.2Q_d$ 工况下不同匹配组合模型泵叶轮效率的变化

5.4.4　不同匹配组合下导叶和压水室损失变化

为了便于对不同工况下多种匹配组合模型泵的导叶和压水室损失进行定量对比分析,将损失进行无量纲化处理,其计算公式见第 4 章定义的导叶相对损失和压水室相对损失。

(1) 不同匹配组合下导叶损失变化

在 $0.8Q_d$,$1.0Q_d$ 和 $1.2Q_d$ 工况下,不同匹配方案导叶相对损失变化如图 5-36 所示。由图可以看出,不同匹配组合在 $0.8Q_d$,$1.0Q_d$ 和 $1.2Q_d$ 工况下导叶最大相对损失分别占模型泵扬程的 15.60%,5.35%和 6.51%,其相应的匹配组合分别是方案 A 与 *R*0 匹配、方案 C 与 *R*24 匹配和方案 C 与 *R*0 匹配;导叶最小相对损失分别为 13.64%,4.57%和 6.02%,其相应的匹配组合分别是方案 C 与 *R*72 匹配、方案 A 与 *R*48 匹配和方案 A 与 *R*72 匹配。由此说明,设计工况时,不同匹配组合模型泵的导叶相对损失都是最小的;小流量工况时,由于导叶进口安放角和液流角不匹配导致导叶内相对损失较大,明显高于其他 2 个工况;大流量工况时,由于导叶设计时采用负冲角在一定程度上补偿了因流量增加而引起的叶轮出口液流角的增加,使其损失增加较为平缓。

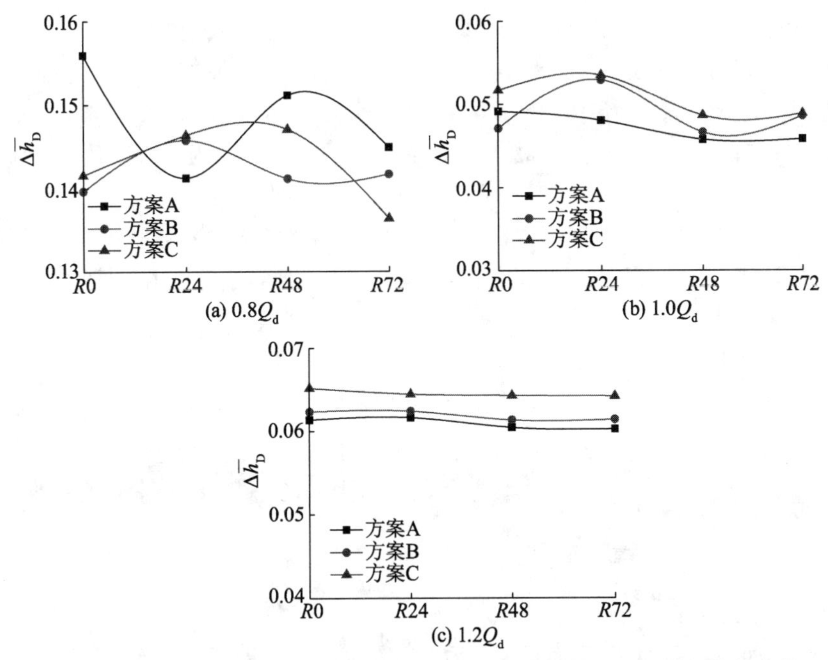

图 5-36 0.8Q_d,1.0Q_d 和 1.2Q_d 工况下不同匹配组合模型泵导叶损失的变化

从导叶损失变化梯度可以看出,在 0.8Q_d 工况时,3 种方案的导叶相对损失随隔舌倒圆半径变化复杂,随着流量的增加导叶损失变化梯度减小,且其规律性增强;在 1.2Q_d 工况时,3 种方案导叶相对损失在不同倒圆半径下的变化规律一致,其中同一隔舌倒圆半径下的导叶相对损失最大差值在 0.8Q_d,1.0Q_d 和 1.2Q_d 工况下分别为 1.63%,0.55%和 0.39%,其相应的倒圆半径分别为 R0,R24 和 R72。由此说明,导叶轴向安放位置和隔舌倒圆半径的匹配对导叶损失的影响与流量大小相关,流量越大,相应地其匹配组合对导叶损失的影响程度越小。在 1.0Q_d 和 1.2Q_d 工况下,同一倒圆半径下方案 C 损失均最大,方案 A 损失均最小,且在同一方案下倒圆半径 R48 的损失整体相对较小。

(2) 不同匹配组合下压水室损失变化

图 5-37 所示为 0.8Q_d,1.0Q_d 和 1.2Q_d 工况下不同匹配方案压水室相对损失变化。由图可以看出,不同匹配组合在 0.8Q_d,1.0Q_d 和 1.2Q_d 工况下压水室最大相对损失分别为 7.89%,6.96%和 15.2%,其相应的匹配组合分别是方案 A 与 R72 匹配、方案 C 与 R0 匹配和方案 C 与 R0 匹配;压水室最小相对损失分别为 2.78%,4.92%和 10.51%,其相应的匹配组合分别是方案 C 与

$R72$ 匹配、方案 A 与 $R48$ 匹配和方案 A 与 $R48$ 匹配。从损失变化梯度可以看出，不同匹配组合模型泵在 $0.8Q_d$ 工况下压水室相对损失变化最大，在设计工况下相对损失变化最小，其中在 $0.8Q_d$ 工况下 3 种方案压水室损失最大差值在 $R0$，$R24$，$R48$ 和 $R72$ 下分别为 2.61%，2.77%，3.49% 和 5.11%；在设计工况下损失最大差值在不同 R 下分别为 1.35%，0.71%，1.08%和 1.02%。$0.8Q_d$ 工况时，在不同隔舌倒圆半径下方案 A 压水室损失明显高于方案 B 和方案 C，且当其与 $R24$ 匹配时，压水室损失最小；$1.0Q_d$ 和 $1.2Q_d$ 工况时，方案 C 压水室损失最大，同样地，当其与 $R24$ 匹配时，压水室损失最小。

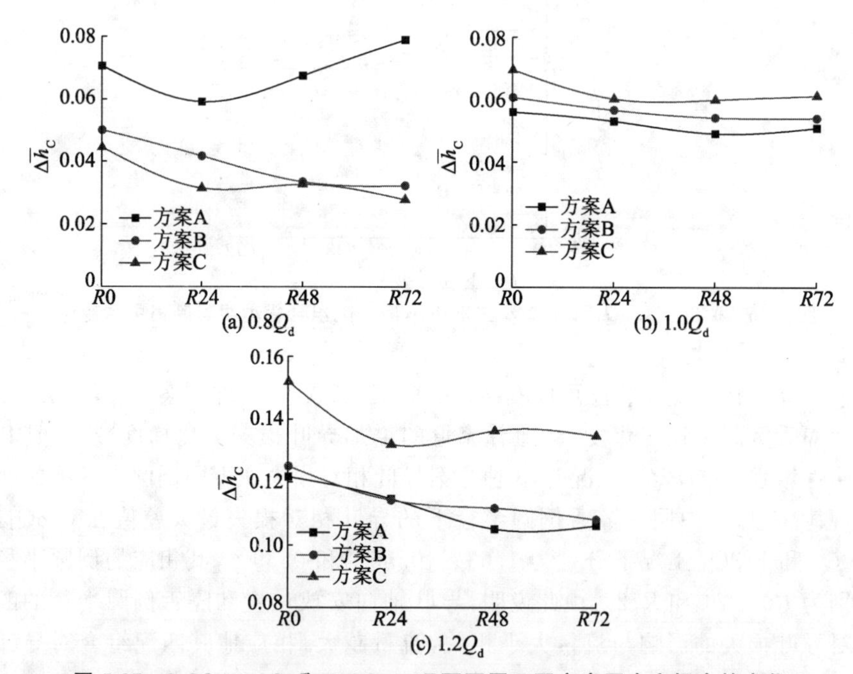

图 5-37　$0.8Q_d$，$1.0Q_d$ 和 $1.2Q_d$ 工况下不同匹配方案压水室损失的变化

5.4.5　不同匹配组合下导叶和压水室损失和变化

图 5-38 所示为 $0.8Q_d$，$1.0Q_d$ 和 $1.2Q_d$ 工况下不同匹配方案导叶和压水室损失和变化。由图可以看出，在 $0.8Q_d$ 工况时，方案 A 导叶和压水室损失和明显高于方案 B 和方案 C；而在 $1.0Q_d$ 和 $1.2Q_d$ 工况时，方案 A 导叶和压水室损失和却为最小，方案 C 损失和最大。不同匹配组合模型泵导叶和压水室损失和最大值及损失和变化梯度在 $0.8Q_d$ 工况时最大，其损失和最大差值

在不同 R 下分别为 4.05%,2.26%,4.39%和 5.96%;在设计工况时最小,其损失和最大差值在不同 R 下分别为 1.61%,1.26%,1.37%和 1.33%。由此说明,在设计工况下,导叶轴向安放位置和隔舌倒圆半径对导叶和压水室内的流动总损失影响较小,而在小流量工况下不同匹配组合对其影响较大。这主要是因为在设计工况时导叶和压水室内的流动相对稳定,而当偏离设计工况时核主泵导叶和压水室内的冲击、脱流和漩涡等引起的不稳定流动导致其易受其他因素的影响,当导叶轴向安放位置和隔舌倒圆半径变化时,导叶和压水室内流动损失和也相应地随流量大小发生变化。将导叶和压水室流动损失和与导叶或压水室单个过流部件损失对比发现,不同工况下,不同匹配组合模型泵导叶和压水室损失和的变化规律与压水室损失变化规律相似。另外,在 $0.8Q_d$ 工况时,导叶损失占总损失的比重较大,而在 $1.0Q_d$ 和 $1.2Q_d$ 工况时,压水室损失所占比重明显大于导叶损失。

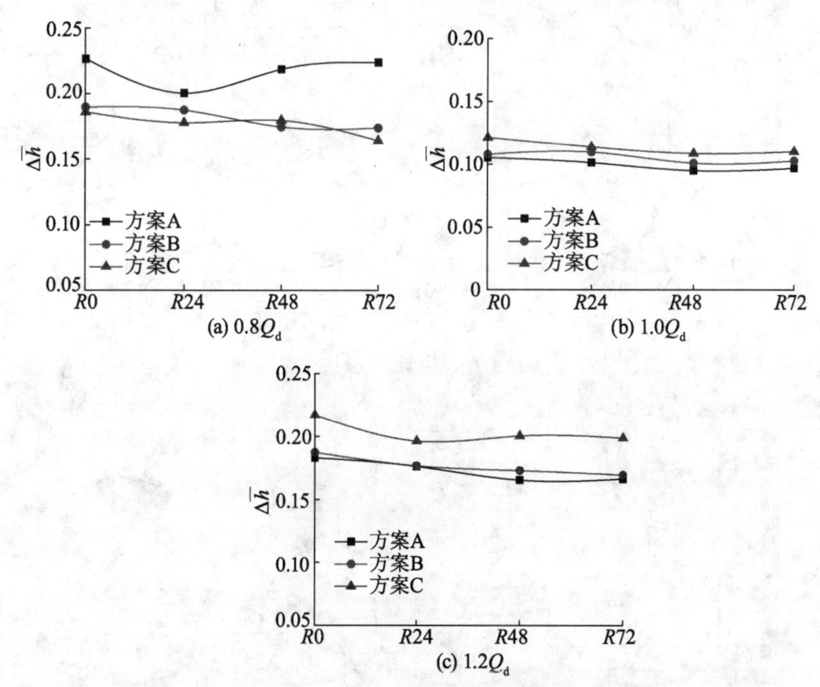

图 5-38 $0.8Q_d$, $1.0Q_d$ 和 $1.2Q_d$ 工况下不同匹配组合模型泵导叶和压水室损失和的变化

5.4.6 不同匹配组合下模型泵内部流场分析

由不同工况下多种匹配组合模型泵及其过流部件的性能曲线对比分析可知，在 $0.8Q_{\mathrm{d}}$ 工况下模型泵和叶轮的扬程和效率、导叶和压水室内损失变化均最大。为了深入分析模型泵内部流动特性，探讨小流量工况下不同匹配组合模型泵流动损失变化梯度大的原因，下面主要针对不同匹配组合对导叶和压水室内压力场和速度场的影响规律进行分析研究。建立过压水室出口管轴线的轴面 $A-A$，图 5-39 所示为 $0.8Q_{\mathrm{d}}$ 工况下不同匹配组合模型泵轴面 $A-A$ 速度矢量分布。

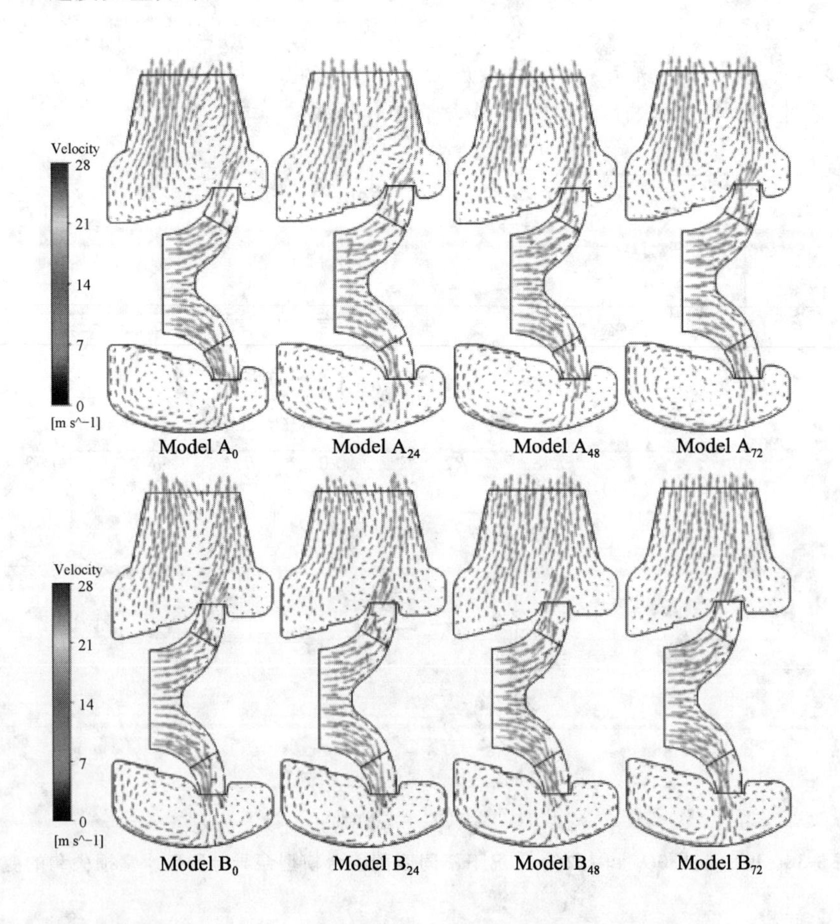

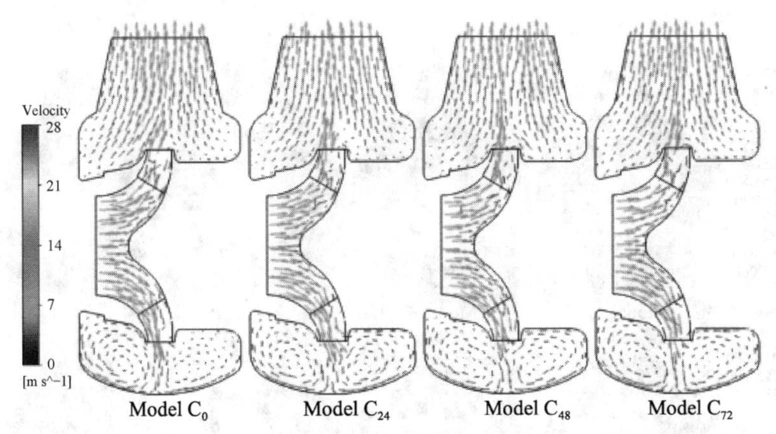

图 5-39 $0.8Q_d$ 工况下不同匹配组合模型泵轴面 A-A 速度矢量分布

由速度矢量图可以看出，与导叶和压水室相比，叶轮流道内流动状态相对较好。导叶流道内速度矢量分布紊乱，且因匹配组合的不同，其速度矢量分布也不同，但均在靠近后盖板侧的出口处出现与主流方向相反的回流。压水室的底侧存在两个明显漩涡，漩涡大小与导叶轴向安放位置相关，随着导叶和压水室轴向相对距离减小，两个漩涡区域面积逐渐趋于相等。对比 3 种不同方案可知，方案 A 的流动最为紊乱，在 4 种不同隔舌倒圆半径下压水室与出口交接处的流动失稳，有明显的漩涡现象出现。对于方案 B 来说，随着隔舌倒圆半径的增大，轴面 $A-A$ 的流动越加稳定，在隔舌倒圆半径 $R0$ 和 $R24$ 下，压水室与出口管交接处有较明显的漩涡出现；在 $R48$ 下，漩涡在流动中耗散，流动状态有较大的改善；在 $R72$ 下，流动状态良好。方案 C 在不同 R 下的流动状态较好，没有漩涡出现。

图 5-40 所示为 $0.8Q_d$ 工况下不同匹配组合模型泵导叶出口中心平面的压力分布。由图可以看出，在 $0.8Q_d$ 工况下，导叶出口中心平面流动呈现明显的非轴对称性，导叶流道内压力分布不均匀，压力梯度变化大，压水室环形流道内压力相对均匀，而出口管附近压力梯度较大。3 种方案在不同隔舌倒圆半径下隔舌附近压力分布不同，随着隔舌倒圆半径的增大，隔舌左侧压力梯度大致呈逐渐减小趋势。方案 A 在不同 R 下导叶出口平面静压分布变化相对较大，且在 $R24$ 时压水室内静压值最高，在其他 3 种 R 下静压值相近，表明在 $R24$ 时导叶和压水室内动压向静压的转换良好；方案 B 和方案 C 导叶出口平面在不同 R 下静压变化相对较小。

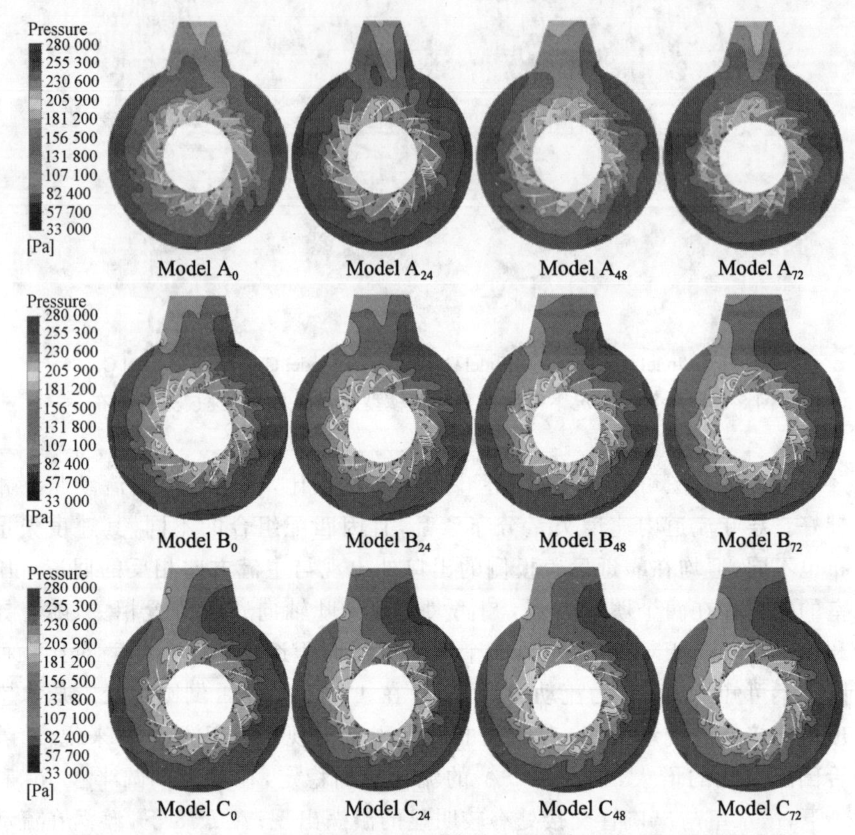

图 5-40　0.8Q_d 工况下不同匹配组合模型泵导叶出口中心平面压力分布

图 5-41 所示为 0.8Q_d 工况下不同匹配组合模型泵导叶出口中心平面的流线分布。由图可以看出，在 0.8Q_d 工况下，导叶流道内有大量漩涡生成，由于环形压水室隔舌间隙增大导致回流出现，从而引起压水室分流点之后的附近区域(图中隔舌右下侧)流态失稳，出现明显的漩涡，且漩涡的形态和大小随隔舌倒圆半径的增大而不同。对比 3 种方案可知，当导叶出口平面和压水室出口管轴线重合时，不同隔舌倒圆半径下压水室隔舌附近的流动相对最为稳定。其中，方案 B 在不同 R 下隔舌右侧区域均流态失稳，有明显漩涡出现；而方案 A 在 $R0$ 以及方案 C 在 $R24$ 和 $R48$ 时，隔舌附近流态较为稳定，没有出现明显的漩涡。

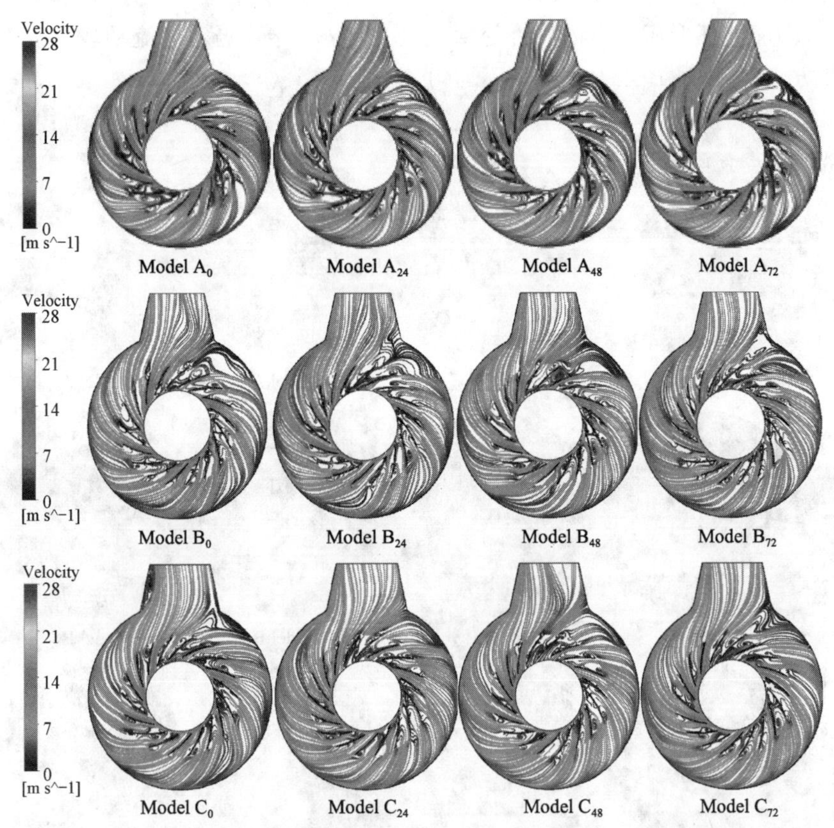

图 5-41 0.8Q_d 工况下不同匹配组合模型泵导叶出口中心平面流线分布

图 5-42 所示为 0.8Q_d 工况下不同匹配组合模型泵截面 B 的压力分布。由图可以看出，在 0.8Q_d 工况下，随着导叶和压水室轴向相对距离的减小，截面 B 的压力分布逐渐趋于均匀。在方案 A 中，截面 B 中有一对明显的漩涡出现，随着隔舌倒圆半径的增大，漩涡形态和位置发生了变化，其中在 $R0$ 时即隔舌未倒圆角时，在截面 B 底侧出现了如椭圆区域所示的较为明显的低压区，随着隔舌倒圆半径的增大，上述低压区消失。方案 B 中，在截面 B 中存在漩涡，且在 $R0$ 时截面 B 底侧出现了方案 A 中所述的低压区，随着隔舌倒圆半径的增大，截面 B 压力梯度过渡平缓，有较为明显的规律性。与前 2 种方案相比，方案 C 在不同隔舌倒圆半径下压力分布都比较均匀。这主要是因为方案 C 导叶出口中心平面与压水室出口管轴线重合，截面 B 与导叶的距离最小，由于受导叶的整流作用，从导叶出口流出的较为稳定的流体对截面 B 的流动影响起主导作用。而当导叶和压水室轴向相对距离较大时，相应地截面

B 与导叶的相对距离也较大，从导叶出口流出的流体对截面 B 处的流动影响较小，再加上环形压水室内隔舌处回流现象明显，导致隔舌处流动较为复杂，因此方案 A 截面 B 压力分布最不均匀。

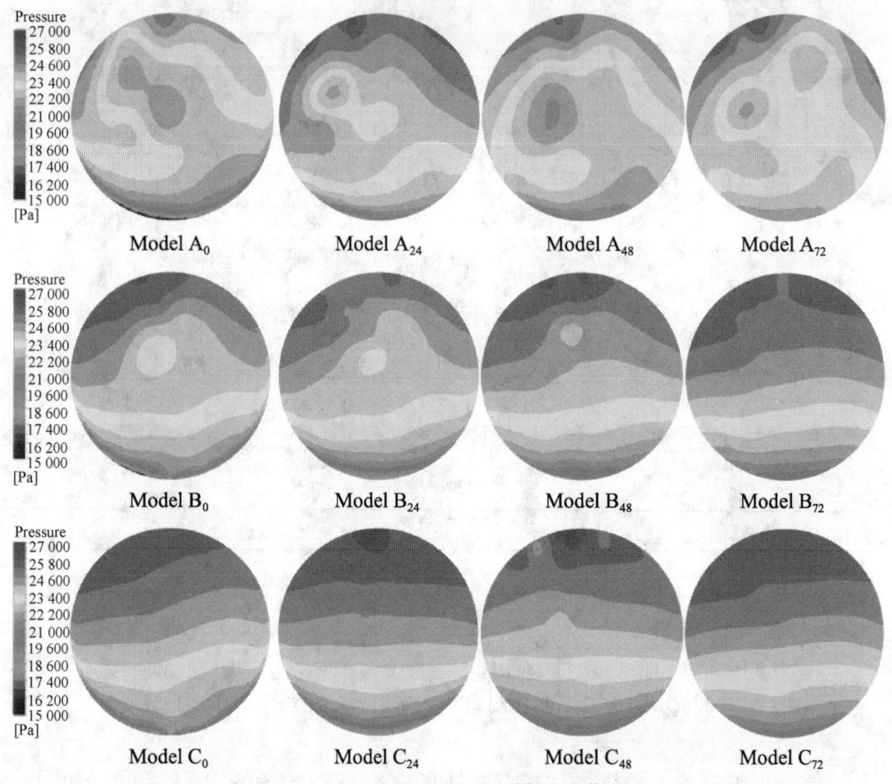

图 5-42　$0.8Q_d$ 工况下不同匹配组合模型泵截面 B 压力分布

6 核主泵动静叶栅内部瞬态流动特性研究

核主泵运行在高温、高压和强辐射环境下，必须保证其安全可靠性。核主泵内部流场为复杂的三维非定常流动，内部流动的不稳定往往导致泵性能下降并激发压力脉动，从而影响到泵的正常运行和寿命。因此，提高核主泵的水力性能和稳定性已成为一个重要的研究课题。

叶轮机械内部由动静叶栅之间的相互干扰而导致的流场随时间变化的特性是其内部流动固有的非定常属性，它对流体机械的能量损失、噪声和工作稳定性等有着十分重要的影响。动静干涉与动静叶栅自身结构参数的设计和匹配有关，也与工况变化导致流场内出现的复杂流动结构的传播有关。叶轮作为泵做功部件，其结构在泵性能满足要求的情况下不宜再做改变，因此本章讨论导叶空间安放位置对核主泵内瞬态流动的影响。

6.1 核主泵内部流动干涉的瞬态效应研究

核主泵内动静干涉会引起诸多不利的影响，如泵出口扬程的脉动、泵内噪声、能量损失及叶片受到交变应力等，本节将通过非定常数值计算方法对核主泵内流在动静干涉下的瞬态特性进行深入研究。

6.1.1 动静干涉对扬程的脉动效应

同普通蜗壳式离心泵一样，核主泵动静干涉会引起泵出口扬程的脉动，如图 6-1 所示，在 $0.4Q_d \sim 1.2Q_d$ 共 5 种工况下，任一旋转周期内瞬时扬程呈周期性波动规律，额定工况时瞬时扬程脉动幅值最小，小流量工况时瞬时扬程脉动幅值逐渐增大，但瞬时扬程脉动频率不变。考虑到瞬态条件下核主泵机组的抗震性指标要求，核主泵瞬时扬程的脉动幅值越小越好，因此稳定运行工况应在 $0.8Q_d \sim 1.2Q_d$ 之间。

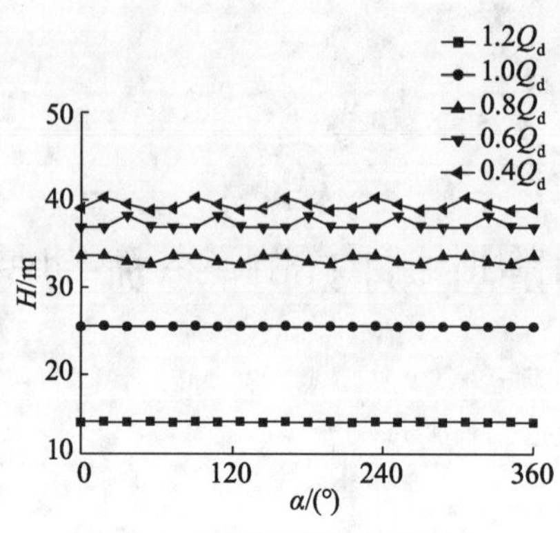

图 6-1 瞬时扬程的脉动效应

6.1.2 动静干涉对导叶流量脉动效应的影响

为了阐明核主泵叶轮与导叶干涉对内部瞬态流场和外特性的影响，首先定义核主泵叶轮、导叶和环形压水室三者的空间位置关系，同时将导叶流道定义为 12 个子流道，各子流道之间夹角为 30°，如图 6-2 所示。将图 6-2 所示时刻定义为 t_0 时刻。叶轮有 5 个叶片，即叶片旋转 72°后，叶轮和导叶的位置关系保持初始位置关系，故定义叶轮旋转 72°为一个叶片周期 T。基于此，在一个周期内取 t_0，$t_0+0.25T$，$t_0+0.5T$，$t_0+0.75T$ 共 4 个时刻，研究叶轮和导叶动静干涉流场的瞬态效应。

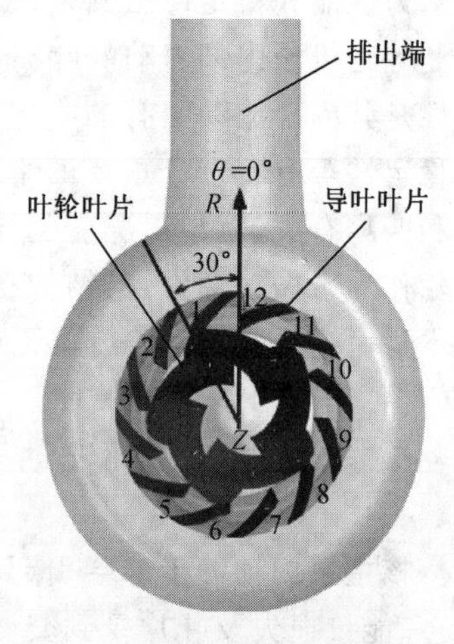

图 6-2 叶轮与导叶的位置关系

核主泵采用了高温条件下受力较为均匀的环形压水室，理论分析认为，环形压水室结构会迫使导叶流道内部压力场和速度场重新分布，从而破坏导叶内部参数周向分布规律。为了验证理论分析结果，在叶轮某一旋转周期的 t_0 时刻，对比分析 $0.4Q_d$～$1.2Q_d$ 共计 5 种工况条件下导叶内部流量分布的瞬态特性，如图 6-3 至图 6-6 所示。

研究表明，在 $0.4Q_d$ 工况下，导叶流道内部周向流量分布呈不均匀分布，且在一个叶片周期内导叶流道的流量分布呈现周期性变化规律。同样，在 $0.6Q_d$ 工况下亦是如此。在 $0.8Q_d$ 工况下，导叶各流道内部周向流量分布的不均匀性逐渐削弱，在一个叶片周期内导叶流道的流量分布规律保持不变。在额定工况和 1.2Q_d 工况下，导叶流道的周向流量呈均匀分布规律，导叶内部流道流量分布规律保持不变。0.4Q_d～0.8Q_d 下，导叶内瞬态流量存在脉动效应，且流量脉动规律与时间无关。考虑到核主泵与屏蔽电机的水力稳定性要求，核主泵稳定运行工况应介于 0.8Q_d～1.2Q_d 之间。

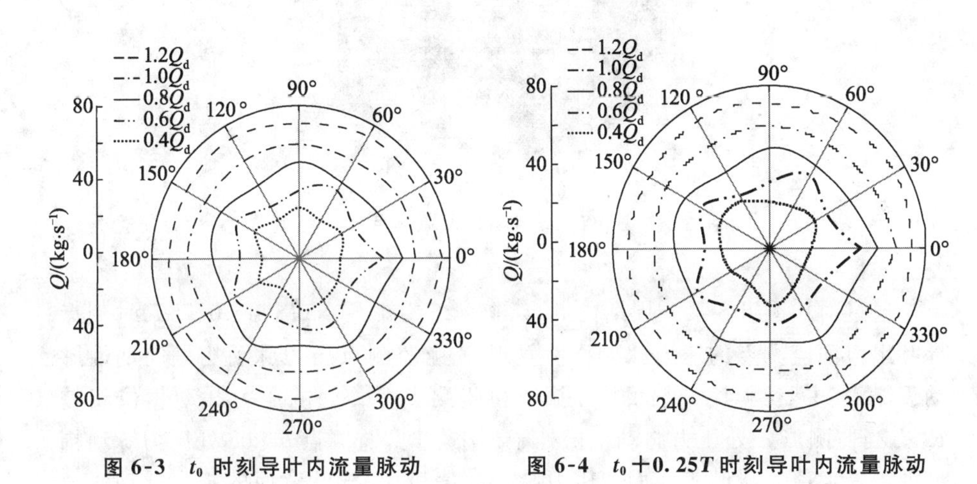

图 6-3　t_0 时刻导叶内流量脉动

图 6-4　$t_0+0.25T$ 时刻导叶内流量脉动

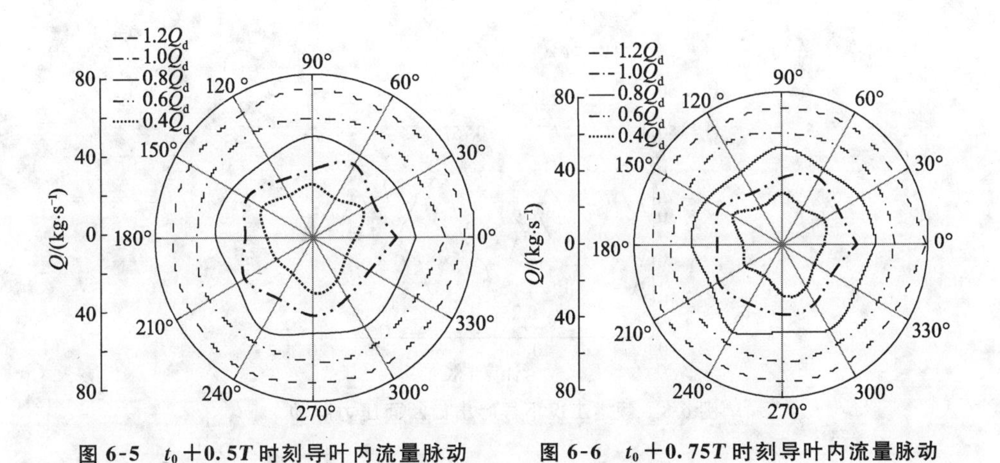

图 6-5　$t_0+0.5T$ 时刻导叶内流量脉动

图 6-6　$t_0+0.75T$ 时刻导叶内流量脉动

6.1.3　动静干涉界面的静压效应

为了分析导叶出口面静压的瞬态效应，选取导叶流道出口面 3 个监测点

a,b,c,如图 6-7 所示。

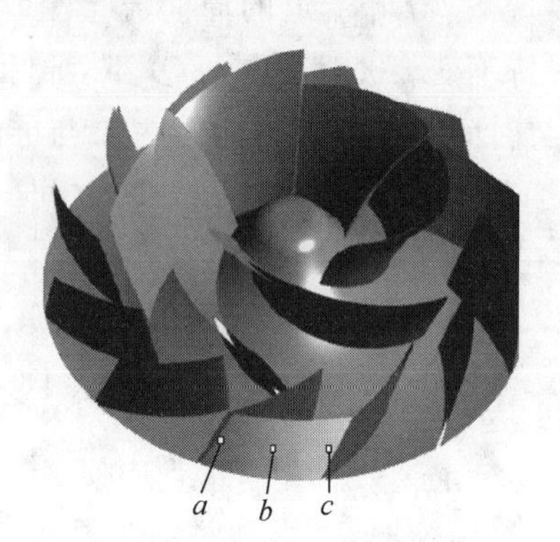

图 6-7 导叶出口面监测点

通过对比图 6-8 某一周期内 t_0,$t_0+0.25T$,$t_0+0.5T$,$t_0+0.75T$ 时刻点导叶出口面监测点的压力脉动特性发现,3 个监测点压力脉动均呈周期性脉动规律,其中监测点 a 处的压力脉动和监测点 b,c 处的压力脉动相位相差 12°。当监测点 a 处压力脉动幅值处于最小值时,监测点 b 和 c 处压力脉动幅值处于最大值。导叶工作面的压力脉动幅值最大,导叶背面的压力脉动幅值最小,且导叶压力脉动周期与叶轮叶片数有关。

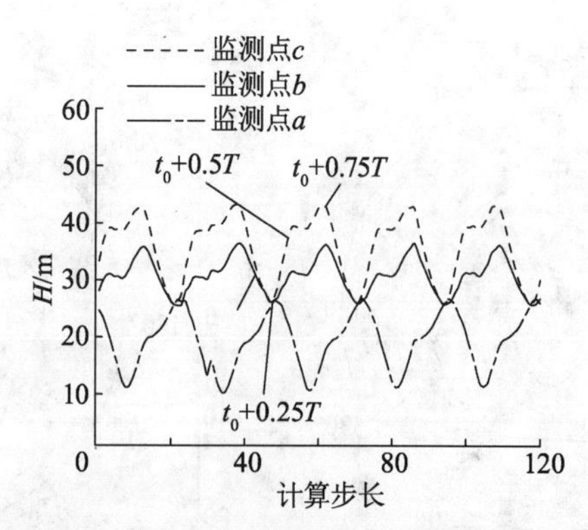

图 6-8 额定工况下导叶出口断面压力脉动

图 6-9、图 6-10 为某一周期内 t_0,$t_0+0.25T$,$t_0+0.5T$,$t_0+0.75T$ 时刻点核主泵内部流场静压分布规律。核主泵叶轮与导叶之间的动静干涉会诱发周期性的瞬态效应,当旋转叶片尾缘逐渐靠近并掠过下游导叶叶片前缘区域时,叶片尾缘和导叶前缘之间将形成封闭的楔形区域,如图 6-9 和图 6-10

的 t_0 时刻所示。根据叶片出口速度三角形和叶片出口流道内液流绝对速度可知，叶片尾缘和导叶前缘形成的楔形区域，堵塞了叶轮出口的部分流道，使楔形区域内部产生局部的静压升高现象。同时，在导叶相邻流道的内部区域，叶片尾缘对导叶流道的动静干涉效应较弱，叶片尾缘对导叶流道的堵塞效应不明显。所以导叶流道内部产生局部静压降低，如图 6-9 和图 6-10 的 $t_0+0.5T$ 时刻所示。由于叶轮尾缘和导叶前缘的周期性动静干涉效应，导叶内静压分布存在周期性的不稳定波动。导叶内静压分布规律与叶轮尾缘和导叶前缘的相对位置有关，叶轮尾缘对导叶入口流动的阻塞效应，是诱发导叶内静压产生不稳定脉动的主要原因。

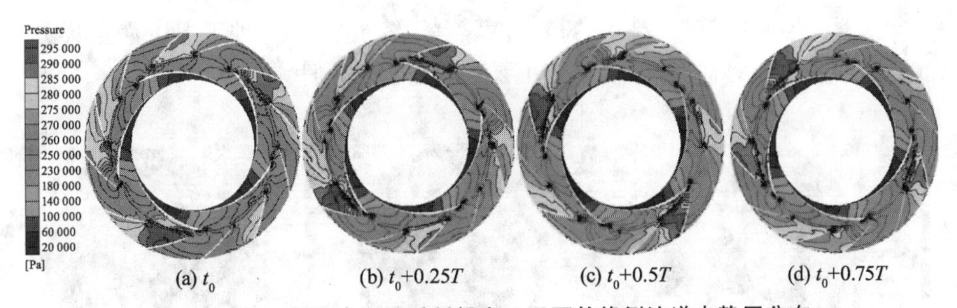

图 6-9　某一周期内不同时刻额定工况下轮缘侧流道内静压分布

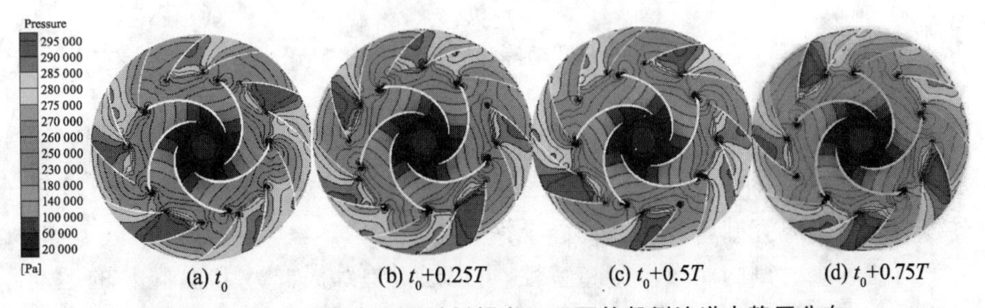

图 6-10　某一周期内不同时刻额定工况下轮毂侧流道内静压分布

6.1.4　动静叶栅内部涡团演化过程

按照涡动力学理论，湍流场作为有旋流场，可认为是由不同尺度的漩涡叠加而成的，因此湍流运动过程就是不同尺度的漩涡迁移、发展、撕裂、破碎或合并的复杂运动过程。由于涡量是涡动力学的一个最基本的物理量，脉动涡量的拉伸是维持湍流的主要机制，因此考察涡量场的结构特性和演化机理最能够反映湍流场的脉动信息和能量传输规律。

图 6-11 为泵中间平面涡量分布规律，可以看出，泵内湍流已经达到一种充分发展的状态，因此分布着不同尺度的漩涡，但是载能涡的分布因工况和位置差异显著。不论是在哪种工况下，叶轮叶片和导叶叶片附近都有较高强度的附着涡，其中导叶叶片出口的附着涡区强度较高；叶轮叶片出口后出现了细长形尾迹涡区，说明叶片与流体的相对运动导致了高能涡量的产生；导叶区域是涡量较高且集中的区域，其各个流道中也分布着规律相似的涡列，这显然是由叶轮叶片出口的尾迹涡向下游运动形成的；压水室内的涡量相对较小，这是涡继续向下游运动时能量逐渐耗散的结果。此外，还可以看出，小流量下中间断面内的涡量最强且最不均匀，在叶轮叶片入口背面也出现大涡量区，导叶内几乎被大涡量区充满，并且延伸到压水室内的大部分区域，说明小流量下流场漩涡较强，流动的稳定性较差。综上所述，3 种工况下涡量场分布具有相似性和对称性，体现了核主泵内部漩涡的逆序结构。

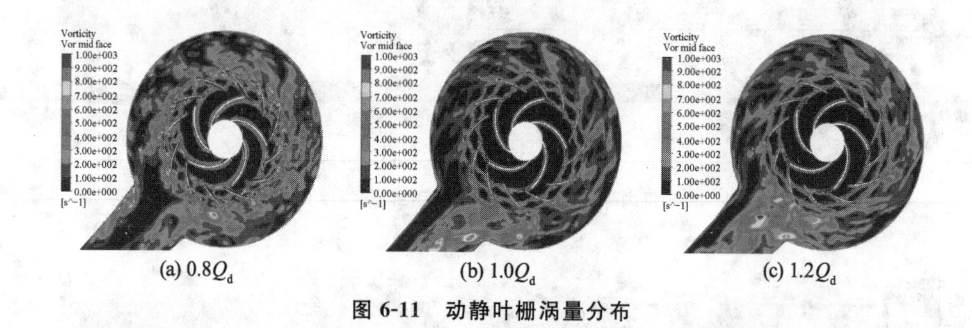

(a) $0.8Q_d$　(b) $1.0Q_d$　(c) $1.2Q_d$

图 6-11　动静叶栅涡量分布

选取叶轮出口与导叶进口处的局部区域，从上节分析涡量的瞬时时刻 t_0 开始，考察叶轮一个叶片周期 T 内涡量随时间的变化特性，通过对涡量输送过程的分析来研究叶轮和导叶动静干涉的流场结构。

对比各个时刻的涡量场分布特性，可以通过追踪涡群 A 和涡群 B 的运动过程来阐述涡量的演化过程。这里需要说明，严格地讲，涡量较大的区域不能等同于涡群，但可以间接反映当地涡群的载能程度。因此，为便于分析漩涡运动过程，将所选取的大涡量集中区域暂且描述为涡群。

图 6-12 为动静叶栅漩涡发展过程。首先分析涡群 A 的演化过程，t_0 时刻，涡群 A 产生于叶轮叶片出口，表现为细长形的尾迹涡带结构，主要源于流体在脱离叶片出口时不同速度之间的剪切作用。随着旋转叶轮流道内部的流体输送，尾迹涡不断发展并向下游推进，在导叶叶片的阻塞作用下，尾迹涡群被撕裂而破碎，分裂为两组涡量较小的小涡群，分别沿导叶叶片压力面和吸力面向下游迁移和输运，同时，涡群在导叶流道内部被拉伸和延展，从一个

叶片的压力面到另一个相邻叶片的吸力面形成一条长涡带,其涡量也被重新分配并逐渐衰减。紧接着,涡群A流经的导叶流道即将迎来下一个叶片的尾迹涡。这就是在一个叶片周期 T 内涡群A的运动轨迹,当然,涡群A会随时间继续发展演化。通过这一过程的描述并结合涡量分布的对称性不难推断,在流场中某一固定空间位置上,涡量随着时间的推移不断变化并呈现出周期性脉动特性,同时向下游传播,涡列脉动变化主要受叶轮叶片运动控制,因此它的频率应与叶频保持一致。总之,涡群A运动的后段部分轨迹与涡群B的传播规律类似,因此再追踪涡群B的运动过程以替代描述涡群A迁移的后段部分轨迹。可以看到,涡群B在 t_0 时刻已经延展充分,并即将被撕裂,随着时间的推移,涡群B被拉断,继续衰减,并逐渐与导叶叶片出口的附着涡和压水室喉部的稳定涡区汇合,最终耗散并融合为一个涡群。

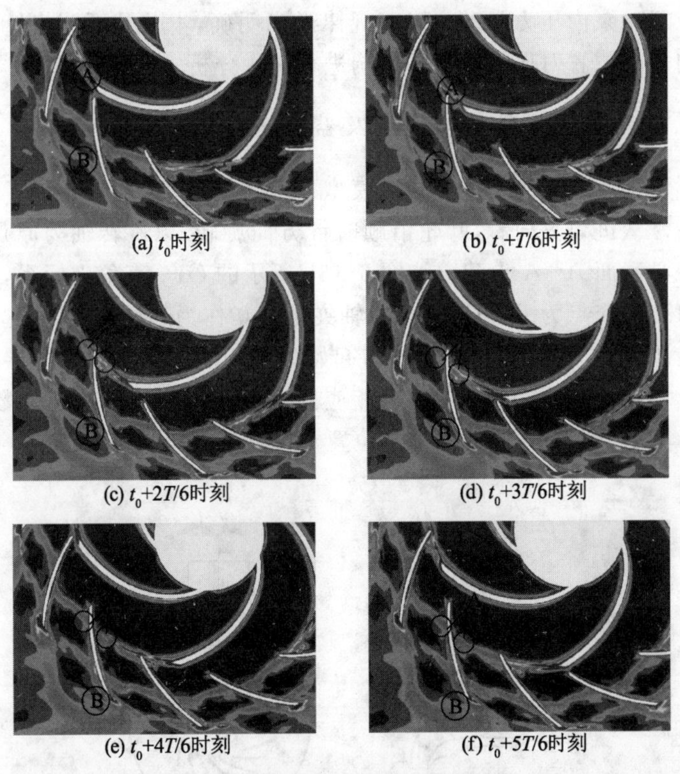

图 6-12　动静叶栅涡群的演化过程

综上所述,脉动涡量随着时间的运动可以大体上描述为初生、发展、迁移、撕裂、传播、衰减、合并、耗散这几个演化过程。涡群运动时受到拉伸作用而尺度增大、能量减小，不同尺度的涡群连续不断地进行着动量交换，这体现了涡群的能量传输机制。另外，涡群的传播尺度远大于涡群尺度本身，从运动时间上看，涡群从叶轮叶片出口产生、汇合到耗散至少要经历3个叶片旋转周期。

6.2 导叶周向安放位置对压力脉动的影响规律

核主泵内部流动表现为复杂的三维非定常湍流运动，在正常运行工况下，动、静叶间的相对运动导致泵内的压力随时间不断变化，出现了压力脉动。压力脉动是引起核电站回路振动、噪声的主要因素之一，直接关系到核主泵的稳定运行。因此，研究核主泵内的压力脉动对降低机组振动和提高泵系统的稳定性具有重要意义。导叶作为连通叶轮与环形压水室的桥梁，导叶的空间位置对泵内压力脉动的影响规律尚未明确，本节及下节将针对导叶周向和轴向安放位置对压力脉动的影响进行深入分析。

6.2.1 导叶周向安放位置及监测点布置

为了研究导叶周向安放位置对模型泵瞬态特性的影响，设计了3种导叶布置方案。从进口方向看，叶轮沿顺时针方向旋转，以旋转轴为原点 O，在导叶出口中心截面 $A-A$ 上建立如图6-13b所示的 Oxy 直角坐标系，导叶压力面与出口边的交点为 D，以 OD 与 y 轴夹角为0°作为起始位置，从起始位置开始导叶沿顺时针方向旋转，将 OD 与起始位置间的夹角 α 定义为导叶周向安放角。分别在 $\alpha=0°,7.5°,15°$ 时对相应的流场进行全三维非定常数值计算，并根据计算结果分析导叶周向安放位置对模型泵瞬态特性的影响。

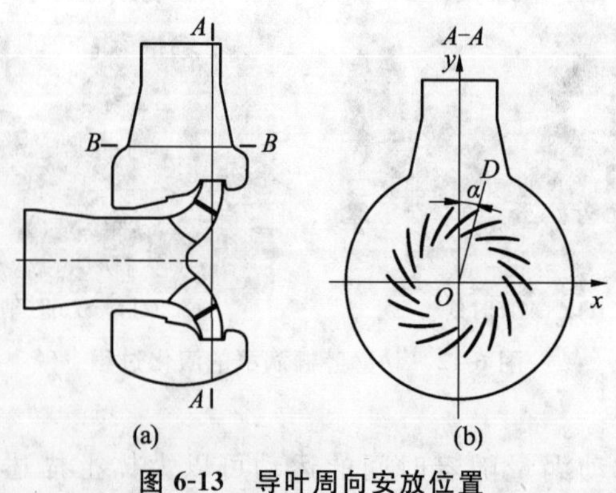

图6-13 导叶周向安放位置

为了研究导叶周向安放位置对泵内压力脉动的影响，布置如图 6-14 所示的监测点。从进口方向看，在叶轮出口工作面和叶轮-导叶间隙处布置了监测点 P_0，在截面 $A-A$ 上压水室内布置了监测点 P_1 和 P_2，其位置如图 6-14b 所示。

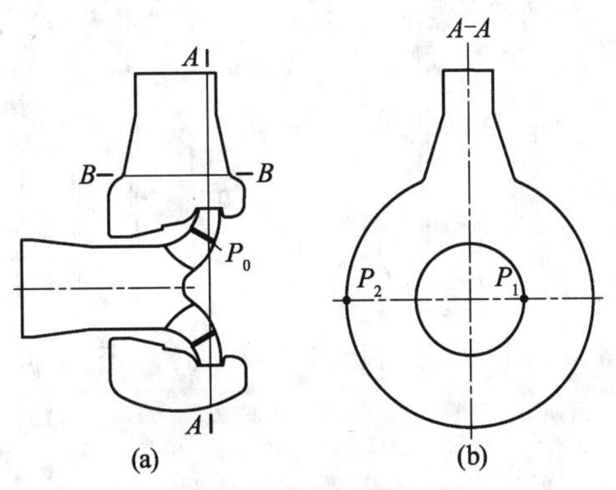

图 6-14　监测点布置图

为了定量预测泵内的压力脉动，定义压力系数 C_p 为

$$C_p=\frac{p-\bar{p}}{\frac{1}{2}\rho u_2^2} \tag{6-1}$$

$$u_2=\frac{\pi Dn}{60} \tag{6-2}$$

式中：p 为监测点瞬态压力；$\bar{p}$ 为叶轮旋转一周的时均压力；ρ 为工作介质的密度；u_2 为叶轮出口中间流线处的圆周速度。

叶轮转频为 $f_r=1\ 750/60=29.167$ Hz，叶轮有 7 个叶片，所以叶频为 $T=7f_r=204.17$ Hz。

6.2.2　导叶周向安放位置对叶轮出口处压力脉动的影响

图 6-15 为导叶在 $\alpha=0°, 7.5°, 15°$时叶轮出口点 P_0 的压力脉动时域图，横坐标为一个周期，纵坐标为压力系数 C_p。由图可以看出，点 P_0 压力分布规律基本相同，具有明显的周期性；脉动由主波动和次波动两部分组成，主波动周期数为 7，次波动周期数为 2～3，这说明主波动周期数由叶轮叶片数决定，次波动周期数由叶轮旋转 1/7 个周期一个叶片扫过的导叶数决定，次波动可能是由叶轮出口的射流-尾迹引起的；导叶在 $\alpha=0°, 7.5°, 15°$时压力脉动波动幅度相差不大，主波动幅度依次为 0.432 6，0.466 7，0.468 2，次波动幅度依

次为 0.049,0.084,0.078,次波动幅度分别占主波动幅度的 11.36%,17.9%,16.63%,其中导叶在 $\alpha=0^\circ$ 的波动幅度最小。可见,导叶周向安放位置不仅影响叶轮出口压力脉动的主波动幅度,而且还影响次波动幅度。

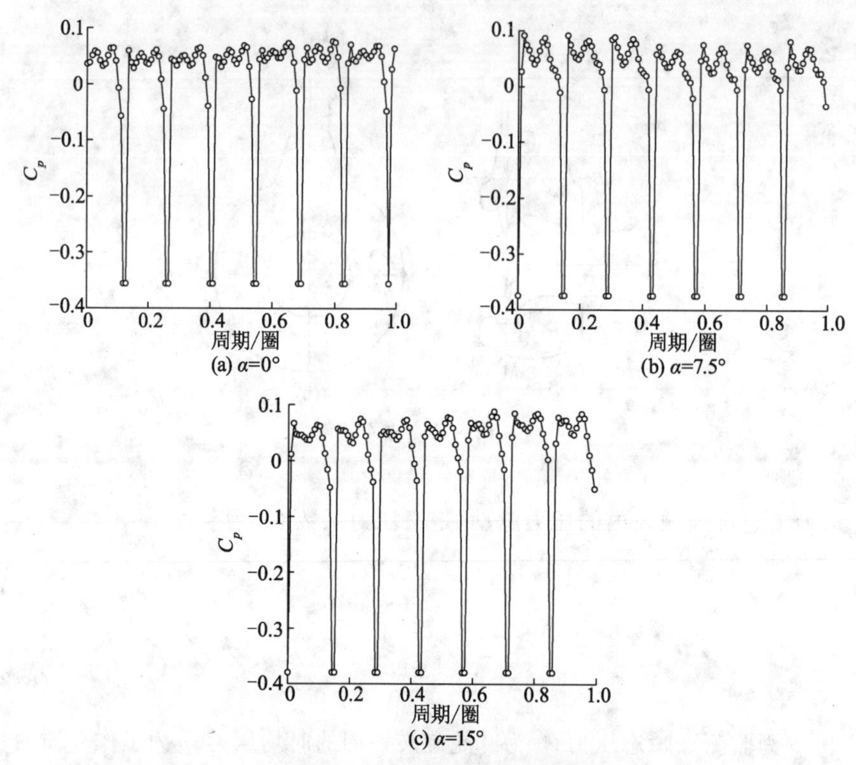

图 6-15　点 P_0 压力脉动时域图

对时域图进行傅里叶变换(FFT)得到压力脉动频域图,频域图中纵坐标为各个频域对应的压力脉动能量幅值。图 6-16 为导叶在不同周向位置时点 P_0 的压力脉动频域图。由图可以看出,导叶在不同周向位置时点 P_0 脉动信号的主频(压力系数最大值对应的频率)均为 204.17 Hz,是转频 29.167 Hz 的 7 倍,正好与叶频 204.17 Hz 一致,且其他脉动能量幅值均出现在叶频的整数倍处,呈周期性降低,这说明叶轮出口处的压力脉动主要由叶频决定;在主频前 f=29.168 Hz 处出现了小波动,说明压力脉动同时也受到转频的作用,只是影响程度没有叶频明显;在主频处,导叶在 $\alpha=15^\circ$ 的脉动能量幅值最大,为 0.108 6,在 $\alpha=0^\circ$ 的能量幅值最小,为 0.097 5。可见,导叶周向安放位置只影响压力脉动的能量幅值。

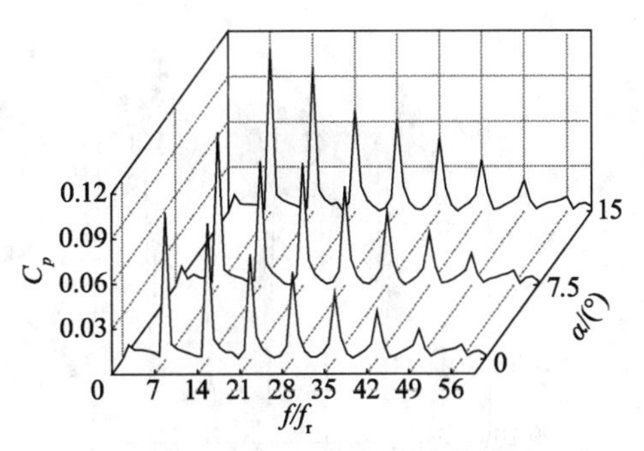

图 6-16　点 P_0 压力脉动频域图

6.2.3　导叶周向安放位置对叶轮-导叶间隙处压力脉动的影响

图 6-17 为导叶在 $\alpha=0°,7.5°,15°$时叶轮-导叶间隙处点 P_1 的压力脉动时域图。由图可以看出，点 P_1 的压力分布规律与叶轮出口处的相似，呈周期性变化；导叶在 $\alpha=0°,7.5°,15°$时，压力脉动的主波动幅度依次为 0.210 53，0.258 2，0.226 5，次波动幅度依次为 0.064，0.061，0.053，次波动幅度分别占主波动幅度的 30.26%，23.53%，23.22%，其中导叶在 $\alpha=0°$的主波动幅度最小；与叶轮出口处次波动占主波动幅度百分比相比，间隙处的主波动衰减，次波动加强，这主要是由于间隙位于叶轮出口下游，既受叶轮转动的影响，又受静止导叶对旋转叶片的扰动作用。可见，导叶周向安放位置不仅影响叶轮-导叶间隙处压力脉动的主波动幅度，而且还影响次波动幅度。

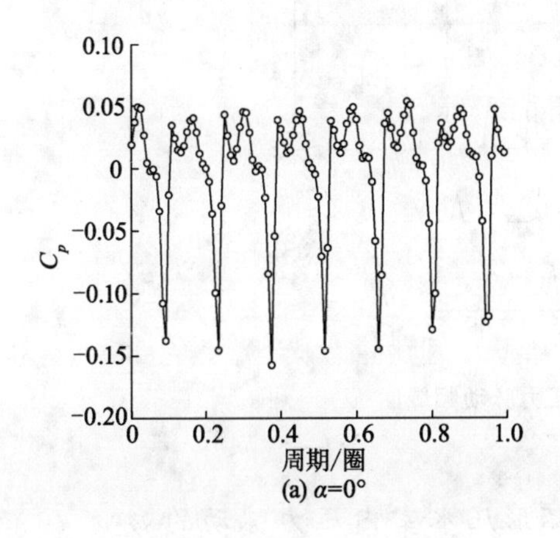

(a) $\alpha=0°$

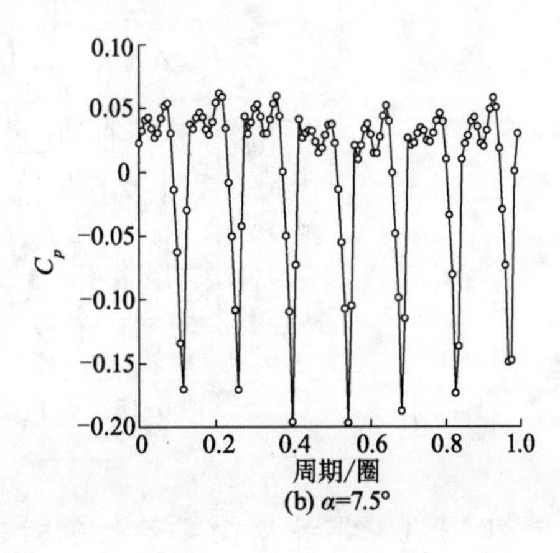

(b) $\alpha=7.5°$

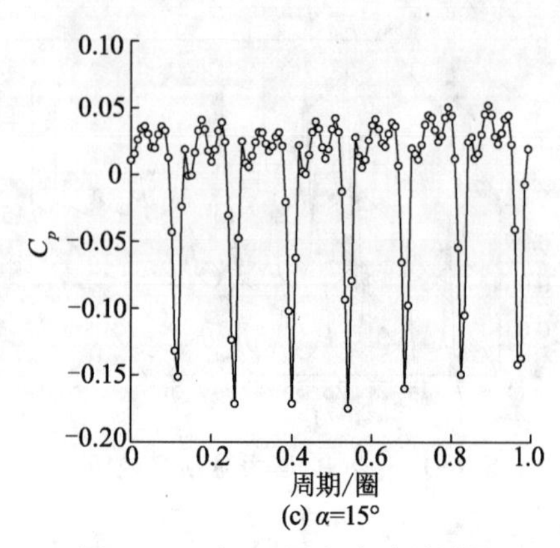

(c) α=15°

图 6-17 点 P_1 压力脉动时域图

图 6-18 为导叶在不同周向位置时点 P_1 的压力脉动频域图。由图可以看出，导叶在不同周向位置时点 P_1 脉动信号的主频均为 204.17 Hz，与叶频一致；在主频前 f=29.168 Hz 处也出现了小波动；在主频处，导叶在 α=7.5° 的脉动能量幅值最大，为 0.064 1，在 α=0°的能量幅值最小，为 0.05；导叶在不同周向位置时点 P_1 在 525 Hz(18 倍的转频)附近有一个压力脉动能量极值，这是由于导叶的整流作用有效抑制了间隙处的压力脉动，使该处的流动趋于稳定。可见，叶轮-导叶间隙处的压力脉动主要由叶频决定，导叶周向安放位置只影响压力脉动能量幅值。

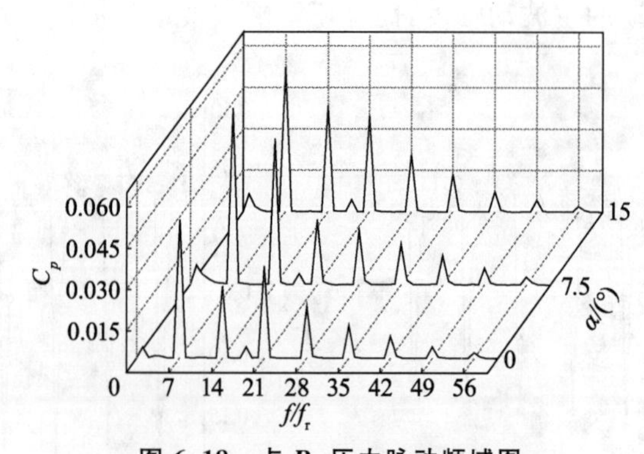

图 6-18 点 P_1 压力脉动频域图

6.2.4 导叶周向安放位置对环形压水室内压力脉动的影响

经对比分析，导叶在同一位置时压水室壁面附近各监测点的压力分布规律基本相同，而导叶在不同周向位置时同一监测点的压力分布有较大的区别，取压水室壁面附近的点 P_2 来研究导叶周向安放位置对压水室内压力脉动的影响。

图 6-19 为导叶在 $\alpha=0°$，7.5°，15°时压水室内点 P_2 的压力脉动时域图。由图可以看出，导叶在 $\alpha=0°$，15°时压力随时间呈余弦规律变化，而在 $\alpha=7.5°$ 时压力呈正弦规律变化；在 1 个周期内，点 P_2 均以不同程度波动了 18 次，其波动次数正好与导叶叶片数相等，说明压水室内的波动次数主要由导叶叶片数决定；导叶在 $\alpha=0°$，7.5°，15°时压力脉动波动幅度依次为 0.019，0.028，0.022 4，其中导叶在 $\alpha=0°$ 的波动幅度最小。可见，导叶周向安放位置不仅影响压水室内压力分布规律，还影响压力脉动的波动幅度。

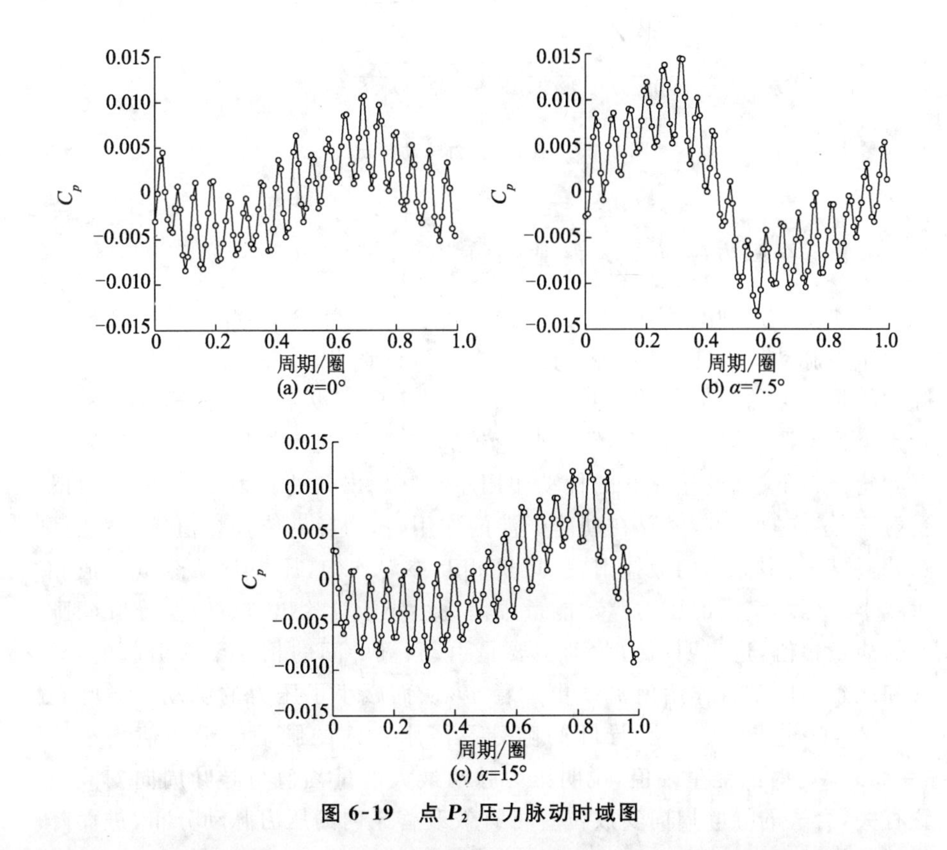

图 6-19　点 P_2 压力脉动时域图

图 6-20 为导叶在不同周向位置时点 P_2 的压力脉动频域图。由图可以看出，导叶在不同周向位置时点 P_2 脉动信号的主频均为 29.168 Hz，与叶轮转频一致；在主频处，导叶在 $\alpha=7.5°$ 的脉动能量幅值最大，约为 $\alpha=0°$ 的 2 倍，

在次主频处，导叶在不同位置时的脉动能量幅值相差不大；导叶在不同周向位置时点 P_2 在 525 Hz(18 倍的转频)附近有一个压力脉动能量峰值，这主要是由叶轮与导叶的相互作用导致的。可见，压水室内的压力脉动主要由转频决定，导叶周向安放位置只影响压力脉动能量幅值。

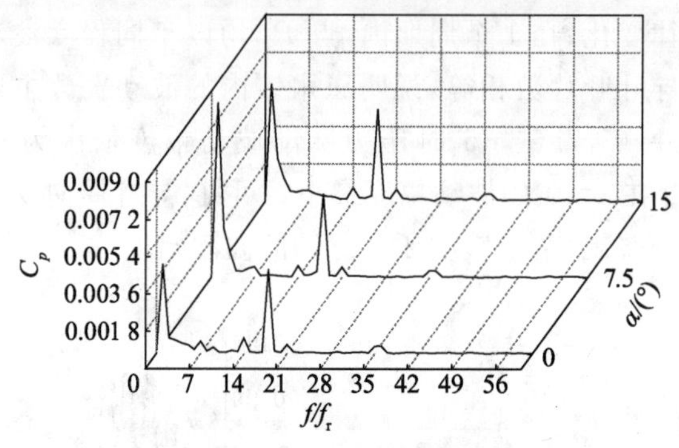

图 6-20　点 P_2 压力脉动频域图

6.2.5　压力脉动最大能量幅值

图 6-21 为导叶在不同周向位置时叶轮出口、叶轮-导叶间隙处及压水室内压力脉动最大能量幅值的对比。由图可以看出，叶轮-导叶间隙处压力脉动能量幅值约为叶轮出口的 1/2，其原因主要有以下 2 个方面：第一，叶轮是个扰动源，其能量最强，距离叶轮越远，叶轮的扰动作用越小，而间隙位于叶轮出口下游，叶轮对其的扰动作用小于叶轮出口处。第二，叶轮出口既受射流-尾迹的影响，又存在动静干涉的作用，压力脉动能量幅值较大；在间隙处，从叶轮中流出的液体射流-尾迹相互掺混均匀，压力脉动能量幅值相对减小。压水室内的压力脉动能量幅值远远小于叶轮出口、叶轮-导叶间隙处的能量幅值，这表明压力脉动主要是由动、静叶间的相互干涉引起的，导叶和压水室的耦合作用使流动更加稳定，从而减小了压力的脉动。导叶在 $\alpha=0°$时，叶轮出口、叶轮-导叶间隙处及压水室内的脉动能量幅值均小于 $\alpha=7.5°$，15°时的能量幅值，说明压力脉动最大能量幅值与导叶周向安放位置有关，合适的导叶周向安放位置可有效改善泵内的压力脉动分布，进而降低泵的振动和噪声。

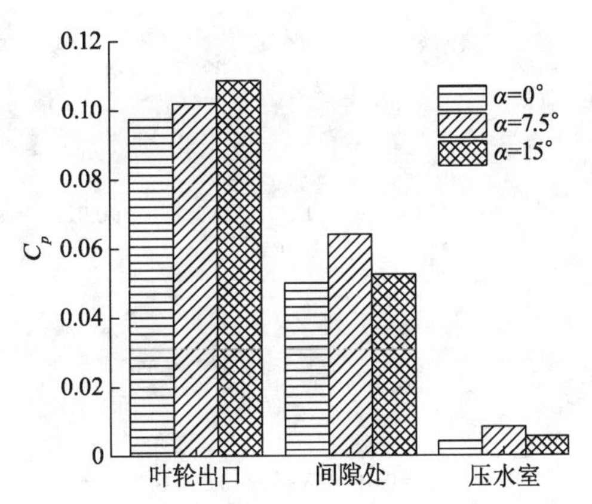

图 6-21　导叶周向安放位置对压力脉动最大能量幅值的影响

6.2.6　导叶周向安放位置对泵内流场的影响

为了研究导叶周向安放位置对导叶下游内部流动的影响，取图 6-14 中所示截面 $B-B$ 内的压力分布进行分析，截面 $B-B$ 位于泵类似隔舌的位置。

压力脉动的本质为压力随时间的变化，因此压力的变化能直观地反映导叶周向位置对压力脉动的影响。取叶轮旋转一个周期内截面 $B-B$ 上的压力云图进行分析，周期开始时刻为 $t=0$，导叶在不同周向位置时静压云图随时间的变化情况如图 6-22 所示。可以看到，截面 $B-B$ 内的压力分布呈明显的不对称性，且受导叶周向安放位置的影响较大。导叶在 $\alpha=0°$时截面 $B-B$ 内压力分布均匀，压力梯度较小；而在 $\alpha=7.5°$，15°时压力分布不均匀，压力梯度也相对较大。这主要是由于导叶位置的变化导致从导叶流出的液流方向发生了改变，液流在环形压水室中类似隔舌部位与壁面发生剧烈撞击形成漩涡，从而导致截面内压力分布不均匀，形成较大的压力梯度。

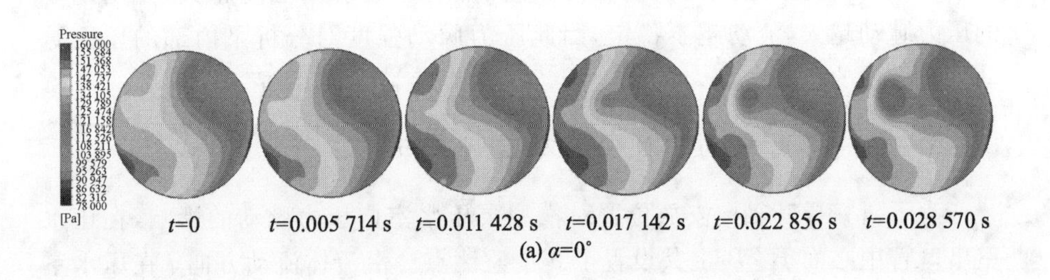

(a) $\alpha=0°$

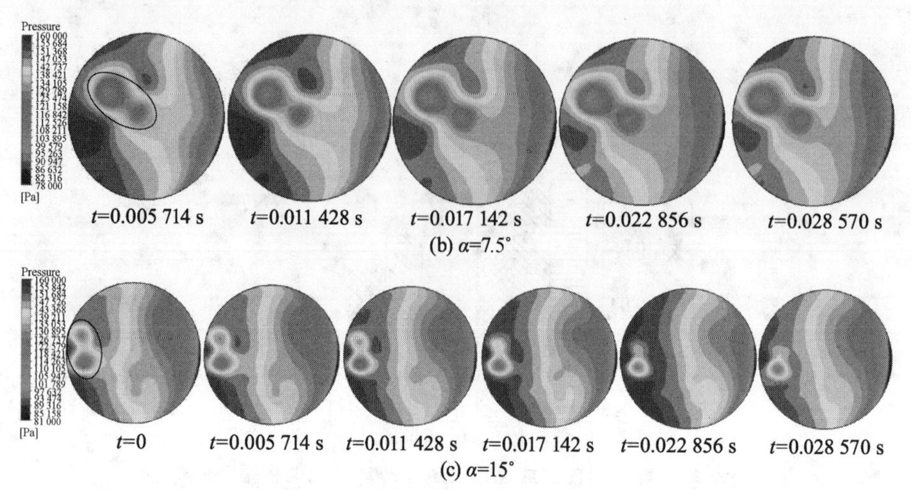

图 6-22　不同导叶周向安放位置时截面 $B-B$ 内不同时刻下的静压云图

6.3　导叶轴向安放位置对核主泵非定常压力脉动的影响

为了全面、准确、定量地分析压力脉动特性，在压力脉动系数 C_p 的基础上，定义压力脉动幅值：

$$C_A = C_{p_{\max}} - C_{p_{\min}} \tag{6-3}$$

定义压力脉动强度 I_{C_p} 进行分析，其表达式如下：

$$I_{C_p} = \sqrt{\frac{1}{N}\sum_{n=0}^{N} C_p^2} \tag{6-4}$$

式中：$N=120$。

压力脉动强度是从统计学角度定义的，它是衡量一个周期内结果的综合量，与叶轮所处的具体瞬时转动位置无关。它用来度量监测点一个周期内的压力值和平均压力之间的偏离程度，监测点的压力脉动强度越大，说明此处的压力脉动越大，流动越不稳定，因此压力脉动强度对分析泵内部的压力脉动具有重要的意义。

6.3.1　导叶轴向安放位置及监测点布置

为了研究导叶轴向安放位置对模型泵压水室内压力脉动的影响，在压水室出口管中心面 $B-B$ 上共设置了 9 个监测点。沿流体流动方向，在压水室周向设置了 4 个监测点 P_1，P_2，P_{3a} 和 P_4；径向设置了 3 个监测点 P_{3a}，P_{3b} 和 P_{3c}；类似隔舌及出口处设置了 3 个监测点，分别为 P_5，P_6 和 P_7，其具体位置如图 6-23 所示，其中导叶与压水室轴向相对距离用 Δl 表示。设置方案 A，B，C 使 Δl 分别为 89.0，44.5，0 mm。

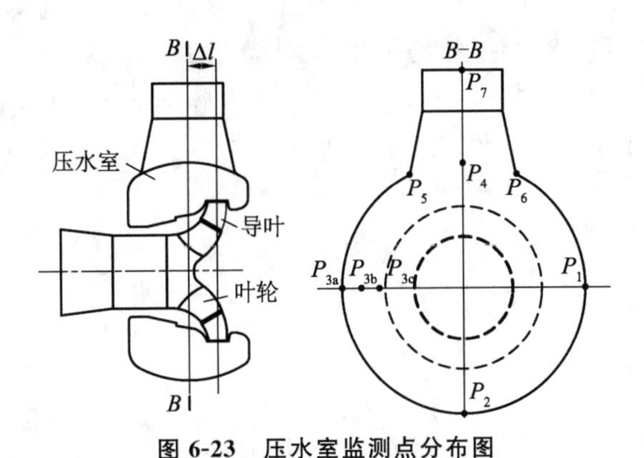

图 6-23　压水室监测点分布图

6.3.2　导叶轴向安放位置对周向压力脉动的影响

图 6-24 为 3 种方案环形压水室内周向监测点的压力脉动频域图。由图可以看出，3 种方案周向监测点压力脉动的主频都出现在 f_r 或 $14f_r$ 处，其中在点 P_1 处，3 种方案的主频一致，正好是叶频的 2 倍。由此说明，压水室内的压力脉动主要由转频和叶频决定。由 3 种方案周向监测点 P_1，P_2，P_{3a} 和 P_4 主频幅值分析可知，方案 A 在周向 4 个监测点处的压力脉动最强烈，主频幅值最大。除点 P_4 外，方案 B 主频幅值次之，方案 C 主频幅值最小。其中在点 P_4 处，3 种方案压力脉动主频幅值变化最大，而在其他监测点处，3 种方案压力脉动主频幅值变化相对较小。这主要是因为导叶与压水室的轴向相对距离直接决定压水室进流位置，而压水室进流位置又直接影响压水室与出口交接处的流动状态，监测点 P_4 正好位于环形压水室与出口交接处，因此受导叶轴向安放位置的影响较大。而其他监测点均位于离压水室与出口交接处较远的环形流道内，流动较为稳定，因此压力脉动受导叶轴向安放位置的影响较小，其主频幅值变化较小。由以上分析可知，减小导叶与压水室轴向相对距离，可以相应减小周向监测点压力脉动幅值，有效改善压水室内的流动状态。

为了进一步分析压力脉动特性，计算了 3 种方案在最后一个旋转周期内的压力脉动幅值和压力脉动强度，如图 6-25 所示。由图可以看出，3 种方案的压力脉动幅值和脉动强度在周向监测点的变化趋势一致，只是变化幅度不同。方案 B 和方案 C 周向脉动幅值和脉动强度变化比较平缓，而方案 A 变化相对较大,其中在点 P_4 方案 A 的脉动幅值和脉动强度均大幅增大。除点 P_{3a} 外,方案 A 的压力脉动幅值和脉动强度最大,方案 B 次之,方案 C 最小,其中与方案 A 相比,方案 C 的 4 个监测点压力脉动幅值分别降低了 36.6%,43.8%,37.6% 和 42.7%,脉动强度分别降低了 29.1%,39.1%,27.4% 和 42.2%。综上所述,方案 A 周向监测点的压力脉动最大,且方案 C 与方案 A 相比,压力脉动明显减弱,说明导叶轴向安放位置影响周向压力脉动大小,尤其对位于压水室与出口交接处的点 P_4 影响最大。

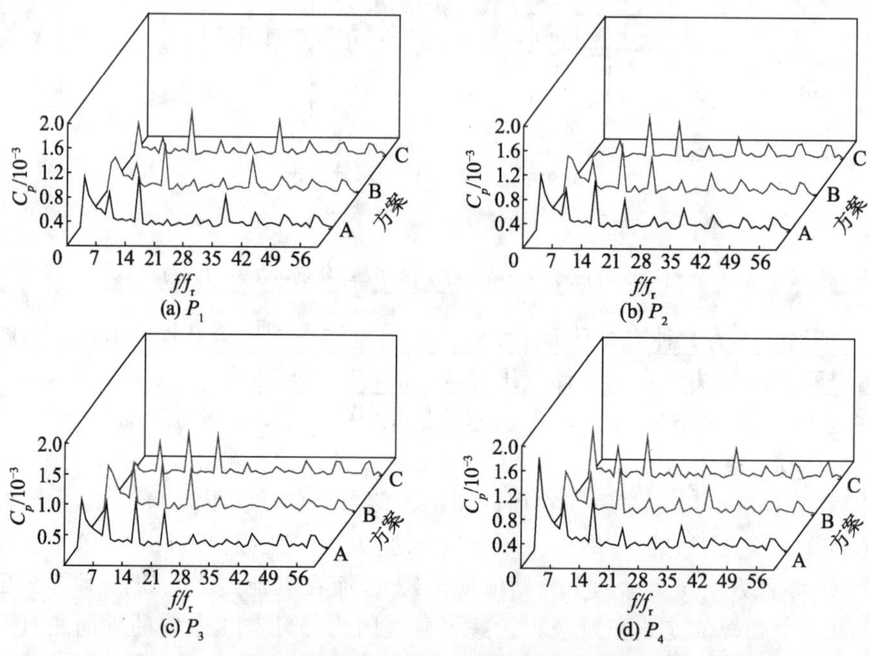

(a) P_1 (b) P_2 (c) P_3 (d) P_4

图 6-24 压水室内周向压力脉动频域图

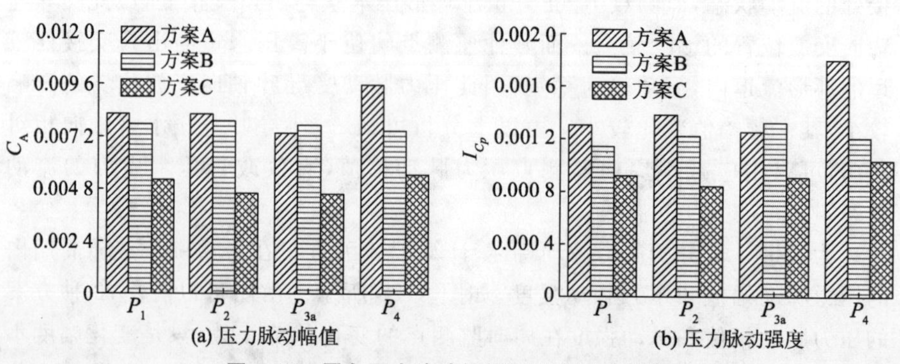

(a) 压力脉动幅值 (b) 压力脉动强度

图 6-25 周向压力脉动幅值和压力脉动强度

6.3.3 导叶轴向安放位置对径向压力脉动的影响

图 6-26 为 3 种方案在 3 个径向监测点的压力脉动频域图。由图可以看出，3 种方案径向监测点的压力脉动主频出现在 f_r，$7f_r$ 或 $14f_r$ 处，且压力脉动波形在叶频倍频处出现明显的波动，在 3 倍叶频后开始变得平缓。在方案 B 和方案 C 中，压水室径向各监测点压力脉动主频幅值呈现距叶轮轴线径向距离越小，其压力脉动主频幅值越大的规律。这是因为当导叶与压水室轴向相对距离减小后，距叶轮轴线径向距离越小的监测点受到叶轮和导叶动静干涉作用的影响越大，所以其脉动主频幅值越大；而方案 A 导叶与压水室的轴向相对距离较大，受动静干涉作用的影响很小，其压力脉动主要与压水室内的流动状态有关，所以脉动幅值变化没有呈现上述规律。由此可知，导叶轴向安放位置的改变影响压水室出口平面径向压力脉动的分布规律，减小导叶与压水室的轴向相对距离对径向距离最小的监测点影响最大。

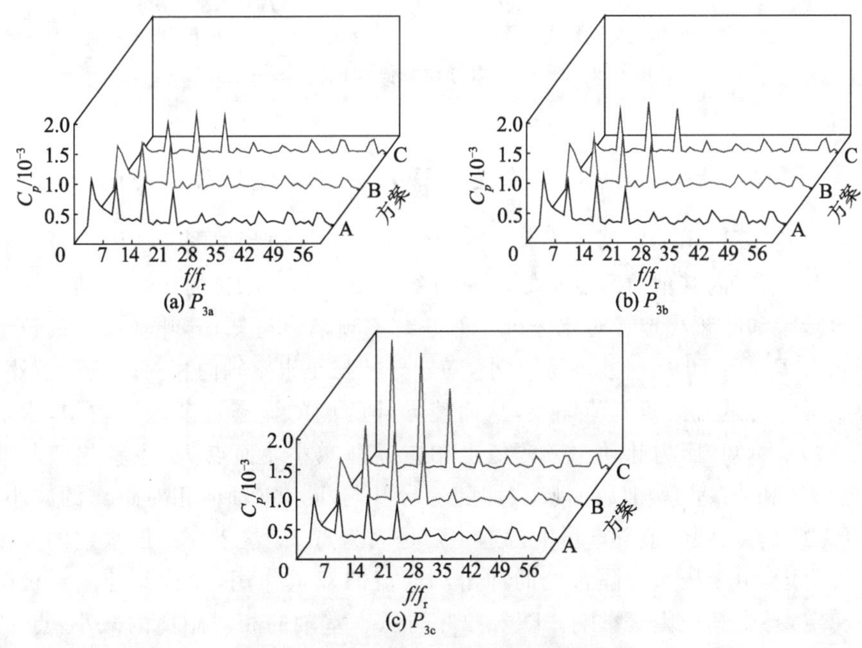

图 6-26 压水室内径向压力脉动频域图

径向压力脉动幅值和压力脉动强度如图 6-27 所示，由图可以看出，方案 A 的压力脉动幅值和脉动强度在 3 个径向监测点均变化很小，而方案 B 和方案 C 的压力脉动幅值和脉动强度随径向距离增大而逐渐增大。就径向不同监测点压力脉动分析可知，点 P_{3a} 和 P_{3b} 处 3 种方案变化规律一致，方案 B 的脉动幅值和脉动强度最大，方案 C 均最小。在点 P_{3c} 处，方案 B 和方案 C 脉动幅值相近，均明显大于方案 A，而 3 种方案脉动强度基本呈线性变化，但方案 C 的脉动幅值和脉动强度均最大，方案 A 均最小。由此可知，导叶轴向安放位置对 3 个径向监测点的压力脉动幅值影响较大，且导叶和压水室轴向相对距离越小，其影响程度越大。

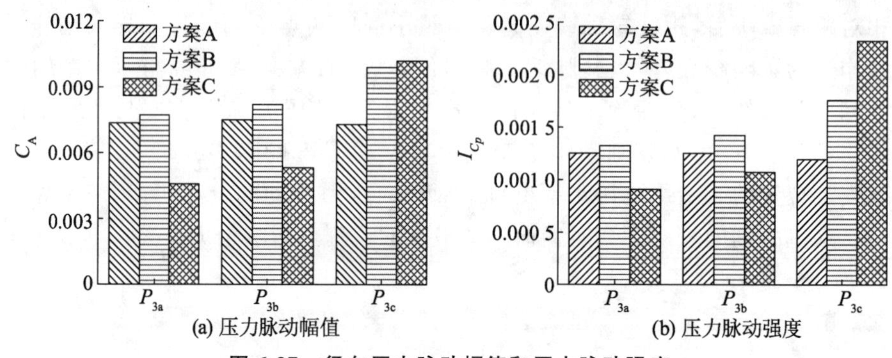

图 6-27　径向压力脉动幅值和压力脉动强度

6.3.4　导叶轴向安放位置对隔舌及出口处压力脉动的影响

图 6-28 所示为监测点 P_5，P_6 和 P_7 的压力脉动频域图。从图中可以看出，与压水室内其他监测点类似，3 种方案点 P_5，P_6 和 P_7 的压力脉动主频主要由转频和叶频决定。对比分析 3 种方案主频幅值可知，导叶轴向安放位置影响点 P_5，P_6 和 P_7 主频幅值大小，随着导叶与压水室轴向相对距离的减小，导叶两侧的过流面积差值缩小，从而使导叶两侧的流态逐渐趋于均匀，由点 P_5 和 P_7 可知，压力脉动主频幅值也相应逐渐减小。而点 P_6 主频幅值与监测点 P_5 和 P_7 呈现相反的规律，即随着导叶与压水室轴向相对距离的减小，其压力脉动主频幅值逐渐增大。这主要是因为点 P_6 位于环形压水室的分流位置附近，由于压水室隔舌处的冲击和回流的双重作用，导致此处流动极为不稳定，易受其他因素影响。随着导叶与压水室轴向相对距离的减小，点 P_6 与导叶出口的距离越来越小，相应地点 P_6 受冲击作用越来越明显，压力脉动幅值增大。从频率脉动波形可以看出，隔舌及出口处压力脉动表现出明显的离散性，叶频倍频的高频成分增加，其中在点 P_6 最为明显。这主要是与点 P_5 和 P_7 相比，点 P_6 离导叶出口距离相对较小，相应地受叶轮倍频作用有所增加。

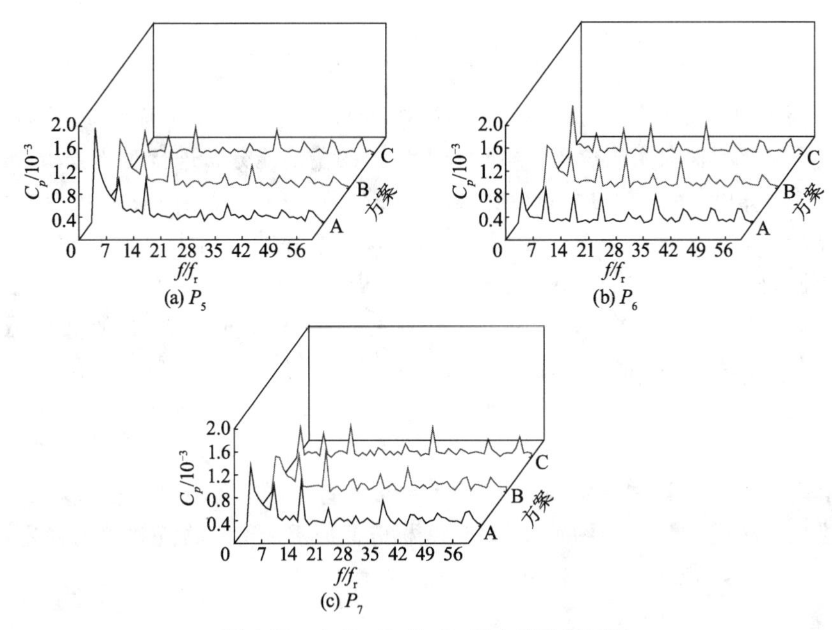

图 6-28 点 P_5,P_6 和 P_7 压力脉动频域图

图 6-29 为隔舌及出口处压力脉动幅值和压力脉动强度。由图可以看出，在点 P_5,3 种方案压力脉动幅值和脉动强度变化均最大,其与点 P_7 的变化趋势一致,脉动幅值和强度均随导叶与压水室轴向相对距离的减小而逐渐减小。在点 P_6,方案 B 脉动幅值和脉动强度均最大,方案 C 最小,其中方案 C 和方案 A 的脉动强度大小相近。由以上分析可知,导叶轴向安放位置影响隔舌及出口处的压力脉动幅值,方案 C 的压力脉动幅值和脉动强度均最小,其压力脉动最小,即当压水室出口轴线与导叶出口中心平面重合时,隔舌及出口处的压力脉动最小。

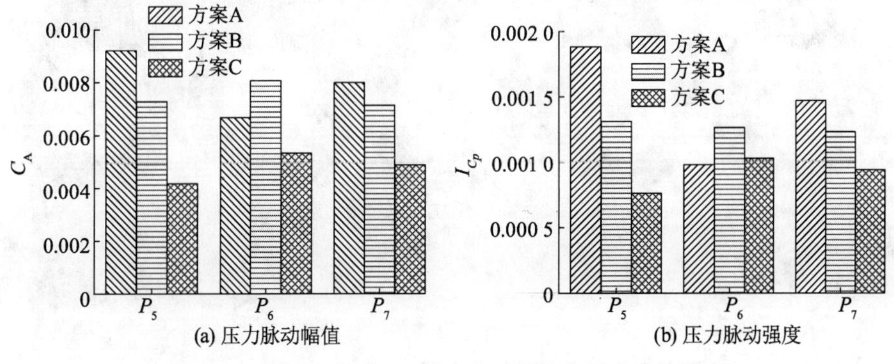

图 6-29 点 P_5,P_6 和 P_7 压力脉动幅值和压力脉动强度

6.3.5 导叶轴向安放位置对内流场的影响

为了研究导叶轴向安放位置对环形压水室内部非定常流动的影响，对3种不同导叶轴向安放位置下截面 $B-B$ 内的湍动能分布进行对比分析。

图6-30所示为3种不同导叶轴向安放位置下一个周期内截面 $B-B$ 内的湍动能随时间的变化情况。由图可以看出，随着导叶与压水室轴向相对距离的不同，截面 $B-B$ 内湍动能分布也不同，其中方案A的湍动能分布最不均匀，方案B次之，方案C最均匀。方案A和方案B截面 $B-B$ 内隔舌附近受冲击和回流影响，其湍动能较大，相应隔舌附近的压力脉动较大。随着时间的变化，流动紊乱区的形态发生变化，其中方案A沿流动方向引起相邻流动失稳。与前2种方案相比，方案C内湍动能较小，环形流道、隔舌及出口处压力脉动均较小。这主要是因为当导叶与压水室轴向相对距离逐渐减小时，压水室内流体受到导叶的约束作用较大，相应截面 $B-B$ 内的流动较为稳定，湍动能变化不大，压力脉动较小。

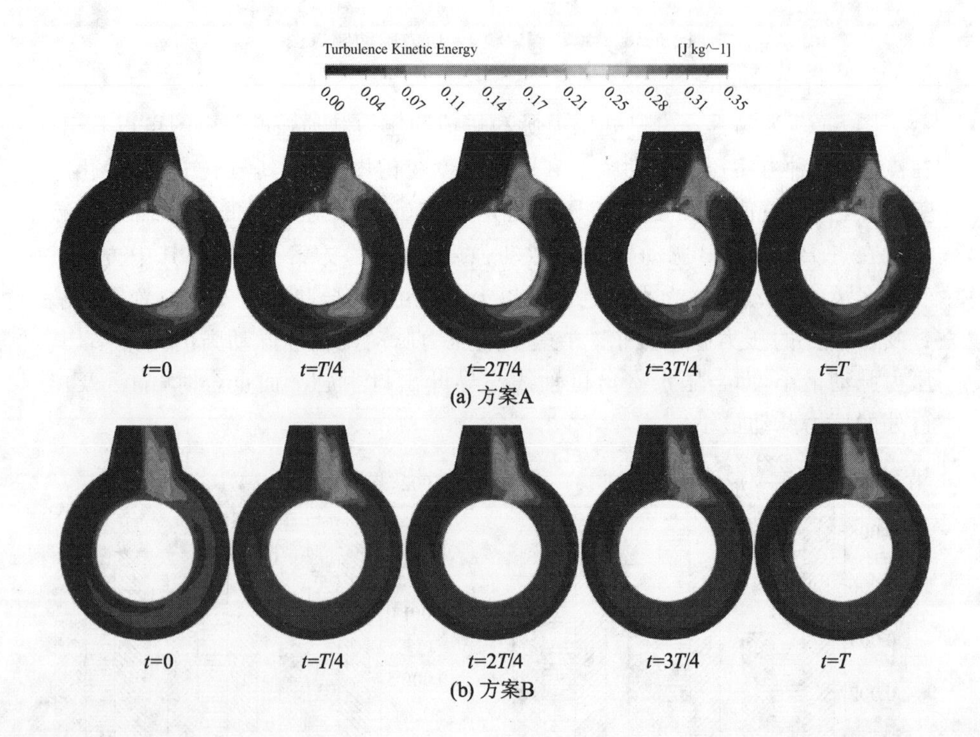

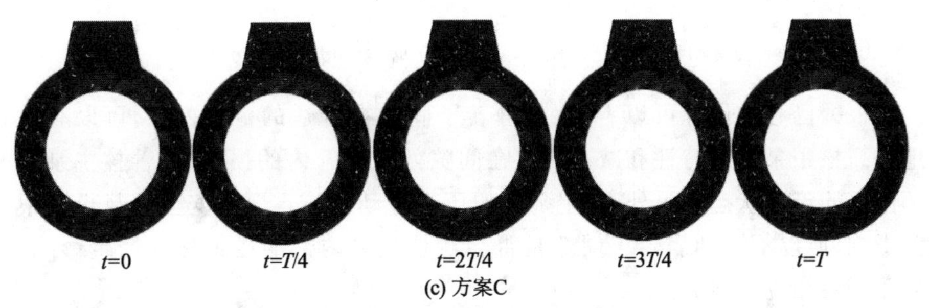

(c) 方案C

图 6-30 不同时刻下截面 *B*–*B* 内湍动能分布

6.4 动静间隙对核主泵动静干涉的影响

核主泵叶轮与导叶及压水室的动静干涉是造成泵内流动诱导振动的重要原因，叶轮与导叶间隙的变化对核主泵压力脉动和内部流动特性的影响较大。本节采用数值计算的方法，研究了不同动静间隙对核主泵压力脉动的影响。

6.4.1 动静间隙及监测点布置

各过流部件(叶轮、导叶、压水室)几何参数均保持不变，只改变动静转子之间的间隙 d，选取 d=6.0，8.5，11.0，13.5，16.0 mm 五个间隙位置进行研究，如图 6-31 所示。

为了研究不同动静转子间隙对核主泵动静干涉的影响，需要对模型泵进行非定常数值计算，监测模型泵在叶轮叶片工作面(P_{1g}～P_{3g})、背面(P_{1b}～P_{3b})、叶轮出口(P_4)、导叶进口(P_6)、动静转子间隙处(P_{5a}～P_{5d})共 12 个监测点的压力脉动，来分析预测模型泵的不稳定特性，图 6-32 所示为模型泵的监测点布置图。

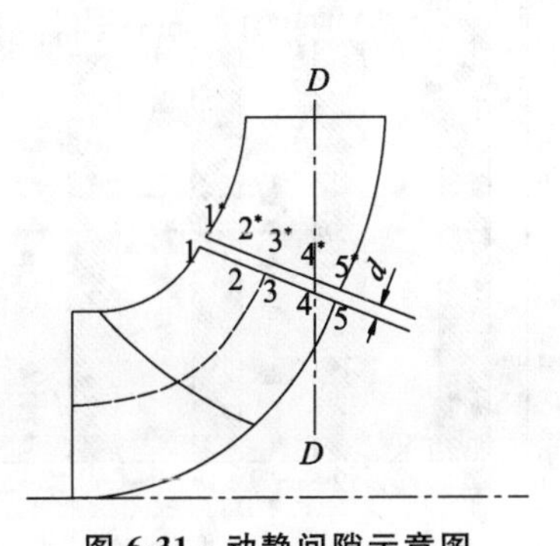

图 6-31 动静间隙示意图

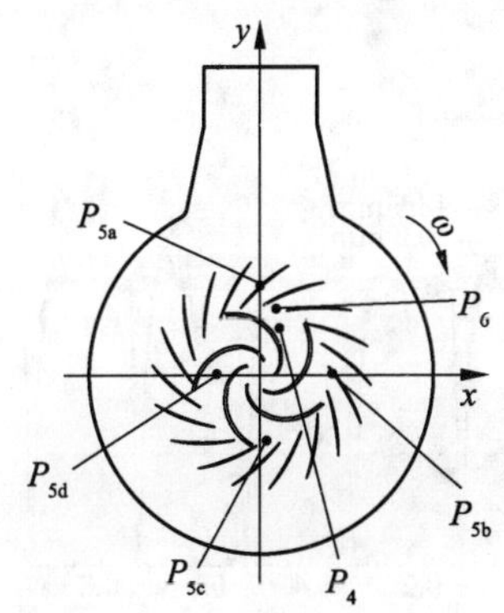

图 6-32 监测点分布图

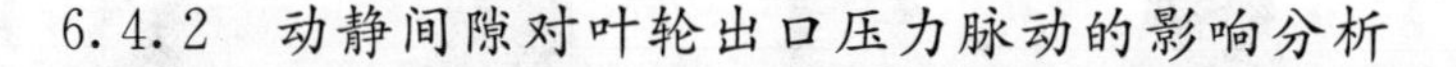

6.4.2 动静间隙对叶轮出口压力脉动的影响分析

根据已有的研究可以看出，动静转子间隙在合适的范围内时，可以有效地提高核主泵的外特性和减小流体在间隙处及导叶内的损失，改善核主泵内部流体的流动状态。另外，核主泵内的压力脉动对核主泵的安全运行也有很大影响，所以不同动静转子间隙是否会对核主泵内部的压力脉动产生影响，需要开展相应的研究。

图 6-33a 所示为不同动静间隙大小时叶轮出口点 P_4 的压力脉动时域图，横坐标为叶轮旋转一个周期内的转频倍数，纵坐标为压力系数 C_p，以下均同。由图可以看出，不同间隙时点 P_4 处压力分布具有明显的周期性，且规律基本相同；压力波动由主波动和次波动两部分组成，一个周期内主波动出现的次数为 5，次波动出现的次数为 1～2，这说明一个周期内主波动数由叶轮叶片数决定，次波动数由叶轮旋转 1/5 个周期时一个叶片扫过的导叶数决定，次波动可能是由叶轮出口的射流-尾迹及动静转子间隙引起的。图 6-33b 为压力波动幅度，从图中可以看出，随着动静转子间隙的增大，叶轮出口处压力波动幅度依次减小，与图 6-33a 时域图所示一致。对 5 种不同动静转子间隙的时域图做 FFT 变换得到压力脉动频域图，图 6-33c 是不同动静转子间隙时点 P_4 的压力脉动频域图，图中纵坐标为各个频域对应的压力脉动能量幅值，可以看出叶轮出口处压力脉动的振动频率是轴频的 $5n$ 倍，这是因为模型泵的叶轮叶片数为 5，脉动能量幅值均出现在叶频的整数倍处，且呈周期性依次降低，动静转子间隙为 6.0 mm 时脉动能量幅值均为最大，随着间隙的增大脉动能量幅值均减小，这和压力随间隙的变化趋势一致，可见，动静转子间隙不仅影响叶轮内的能量转换，还影响叶轮出口压力脉动的波动幅度。

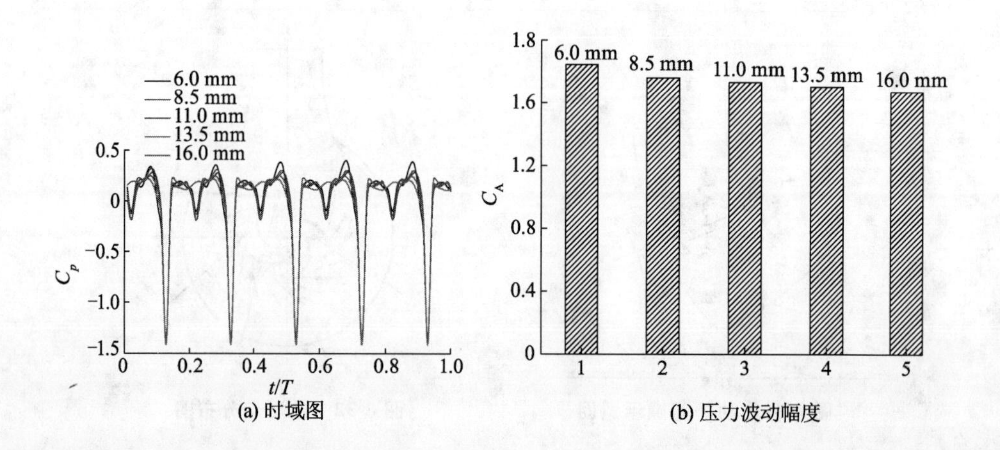

(a) 时域图　　(b) 压力波动幅度

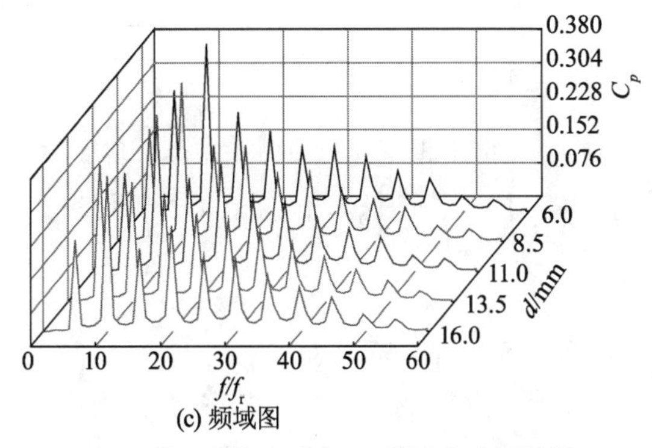

(c) 频域图

图 6-33　叶轮出口点 P_4 处压力脉动特性

6.4.3　动静间隙对叶轮-导叶间隙处压力脉动的影响分析

图 6-34 所示为不同动静转子间隙时间隙处点 P_{5a} 的压力脉动时域图、压力波动幅度和压力脉动频域图。由图 6-34a 可以看出，动静转子间隙处压力脉动也呈周期性变化，在一个旋转周期内出现 5 个波峰和波谷，且压力脉动频率与叶频的通频及其倍频保持一致，表明动静转子间隙点 P_{5a} 处的压力变化规律受叶轮旋转和叶片数及间隙大小的控制，而与静叶无关。由图 6-34b 压力波动幅度可以看出，随着间隙的增大压力波动幅度减小，间隙为 13.5 mm 时叶轮出口处的压力波动幅度最小，较 6.0 mm 时减小约 40%，间隙为 8.5 mm 时次之，减小约为 19%。由图 6-34c 压力脉动频域图可以看出，当间隙为 11.0 mm 时主频处的能量幅值最大，间隙为 16.0 mm 时主频处的能量幅值最小，说明叶轮旋转的扰动是诱发叶轮和导叶间动静干涉作用的主要因素，测点位置和叶轮-导叶间隙的大小对动静转子间的干涉作用也有一定程度的影响。

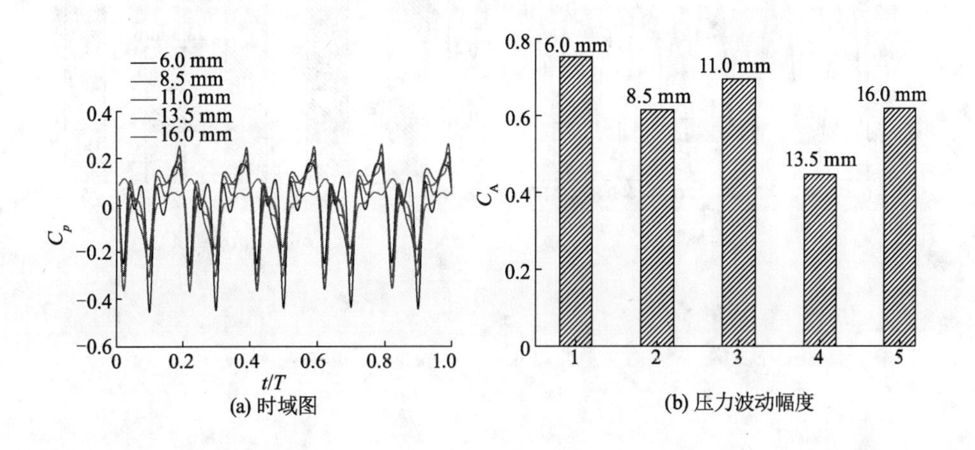

(a) 时域图

(b) 压力波动幅度

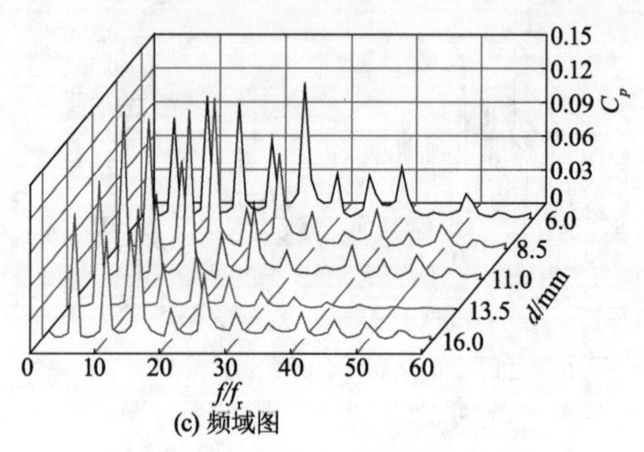

(c) 频域图

图 6-34 间隙点 P_{5a} 处压力脉动特性

图 6-35 所示为不同动静转子间隙时间隙处点 P_{5b} 的压力脉动时域图、压力波动幅度和压力脉动频域图。由图可以看出，在不同间隙时点 P_{5b} 处的脉动频率以主频为主，主频在一个周期内出现的次数与叶轮叶片数相同，压力脉动幅值在 8.5，11.0，13.5 mm 时较 6.0 mm 时依次减小，减小幅度依次约为 18%，35%，52%，但间隙为 16.0 mm 时压力脉动幅值又较 13.5 mm 时有所增加。由频域图可知，脉动能量幅值主要出现在 5 倍、10 倍及 15 倍主频处，其他倍频处脉动能量幅值均较小，动静转子间隙在 6.0 mm 时脉动能量幅值最大，随着间隙的增大脉动能量幅值依次减小，说明动静转子间隙可以使垂直于压水室出口间隙位置的压力脉动减小，有利于核主泵更稳定地运行。

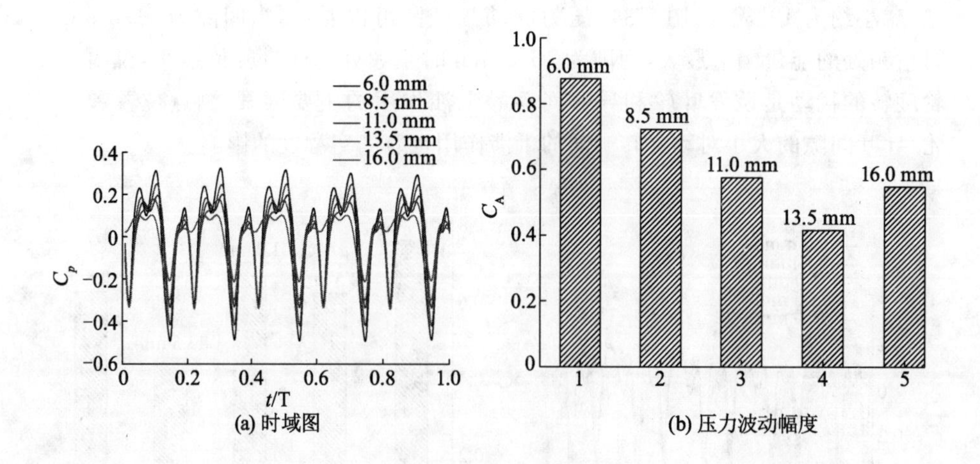

(a) 时域图　　(b) 压力波动幅度

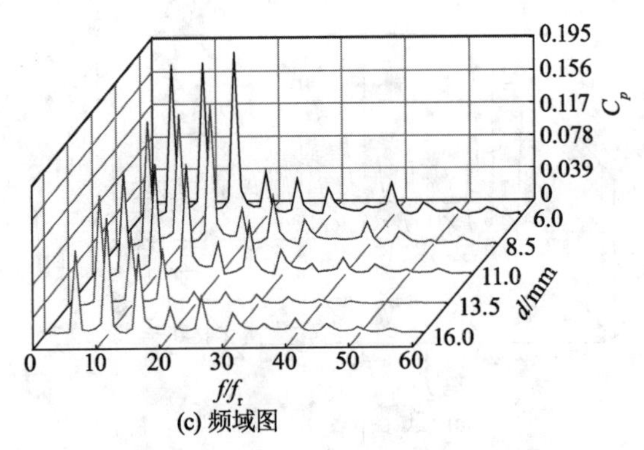

(c) 频域图

图 6-35 间隙点 P_{5b} 处压力脉动特性

图 6-36 所示为不同动静转子间隙时间隙处点 P_{5c} 的压力脉动时域图、压力波动幅度和压力脉动频域图。由图可以看出，不同间隙的压力时域变化和压力波动幅值在点 P_{5c} 的变化趋势与点 P_{5b} 处基本一致，只是脉动能量幅值较点 P_{5b} 处有所不同，其脉动能量幅值主要集中在 5 倍主频处，其他倍频处脉动能量幅值均较小，当间隙为 6.0 mm 时点 P_{5c} 的脉动能量幅值最大，间隙为 13.5 mm 时最小，说明叶轮和导叶间的动静干涉作用随着间隙的增大在一定范围内减小，由叶轮旋转诱发的压力脉动也随间隙的增大在点 P_{5c} 处减弱，这是因为间隙在叶轮和导叶之间起到局部的稳压作用，减弱了流体在进入导叶前对导叶进口的冲击，也减小了能量的损失。

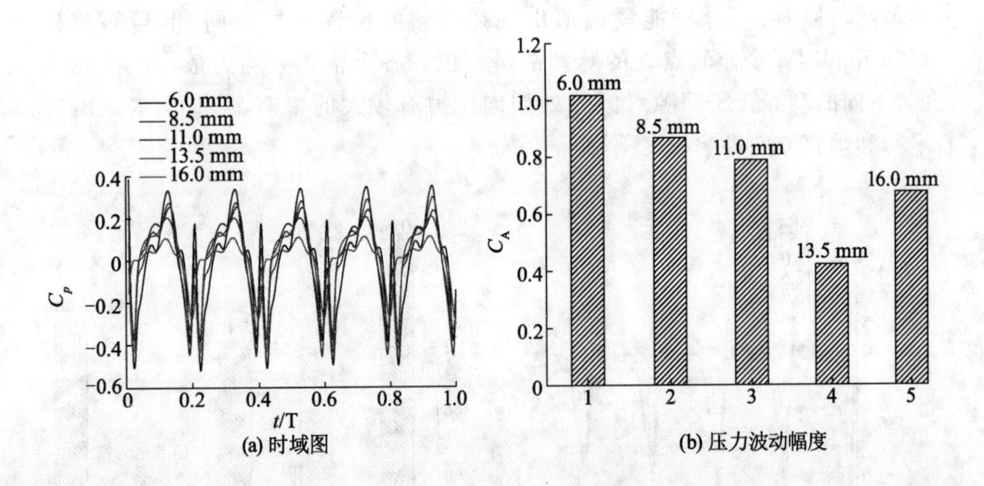

(a) 时域图

(b) 压力波动幅度

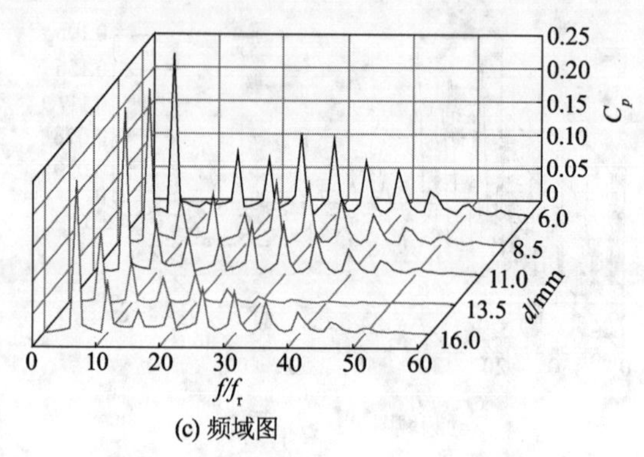

(c) 频域图

图 6-36　间隙点 P_{5c} 处压力脉动特性

图 6-37 所示为不同动静转子间隙时间隙处点 P_{5d} 的压力脉动时域图、压力波动幅度和压力脉动频域图。由图可以看出,间隙处点 P_{5c} 的压力脉动时域图、压力波动幅度和压力脉动频域图与其他 3 点处的基本相似,压力脉动周期数也为 5,与叶轮叶片数一致,压力波动幅度在间隙为 13.5 mm 时最小,11.0 mm时次之,脉动能量幅值主要集中在 5 倍和 10 倍主频处,其他倍频处能量幅值依次减小,间隙为 13.5 mm 时脉动能量幅值在各个倍频处均最小。由这 4 个监测点的压力波动幅度可以看出,间隙为 6.0 mm 和 8.5 mm 时压力波动幅度从点 P_{5a} 到点 P_{5d} 都增大,间隙为 13.5 mm 时几乎保持不变,间隙为 11.0 mm 和 16.0 mm 时压力波动幅度先减小后增大。由这 4 个监测点的频域图可以看出,脉动能量幅值出现在倍频的位置不尽相同,但当间隙为 13.5 mm 时 4 个监测点处的脉动能量幅值在各个倍频处均为最小。由此说明,不同的动静转子间隙对间隙处周向压力有较大的影响,但对压水室出口平行和垂直方向影响程度不同。

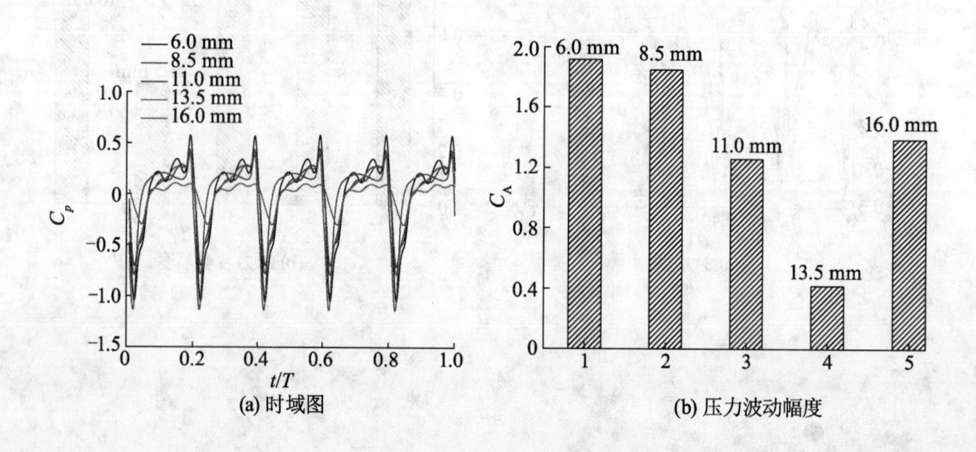

(a) 时域图　　(b) 压力波动幅度

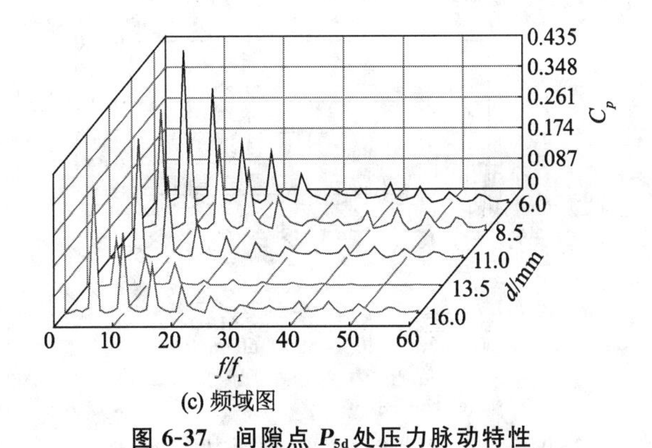

(c) 频域图

图 6-37　间隙点 P_{5d} 处压力脉动特性

6.4.4　动静间隙对导叶处压力脉动的影响分析

图 6-38 所示为不同动静转子间隙时导叶进口点 P_6 的压力脉动时域图、压力波动幅度和压力脉动频域图。由图可以看出，导叶进口处压力的变化与叶轮出口及间隙处的类似，同样呈现明显的周期性，周期数为 5，与叶轮叶片数一致，但与叶轮出口不同的是导叶进口脉动的次波动很明显，比主波动稍弱，且规律性很强，也出现了 5 个周期，这与叶轮-导叶间隙及导叶叶片数有关。随着间隙的增大压力波动幅度在 6.0～13.5 mm 依次减小，16.0 mm 时较 13.5 mm 时增大，在 13.5 mm 时最小。脉动能量幅值出现在 10 倍主频处，其他倍频处能量幅值较小，间隙为 13.5 mm 时各个倍频处脉动能量幅值均最小。这说明间隙能够改变导叶进口处的压力，能使核主泵减小压力脉动，由疲劳破坏原理可知，当最大脉动值小于某一值时，泵的稳定性就会提高，使用寿命就会延长，所以合适的间隙大小对降低脉动幅值有一定的影响，对保证核主泵长时间安全稳定运行有一定的意义。

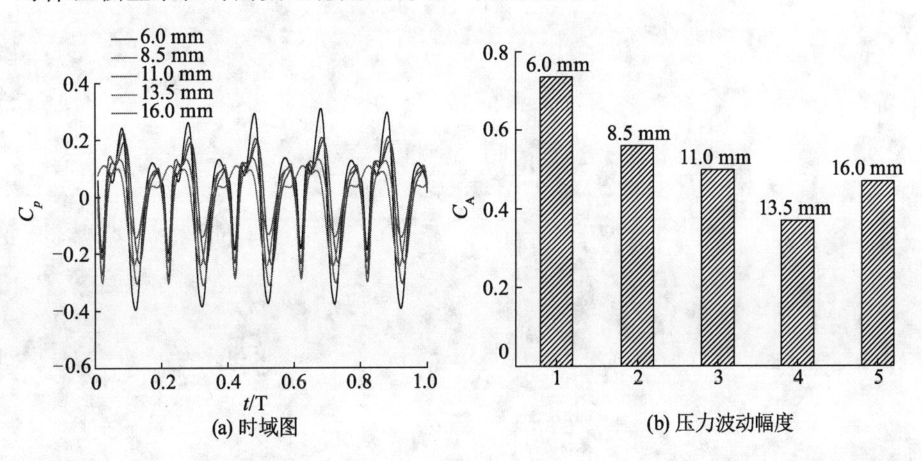

(a) 时域图　　(b) 压力波动幅度

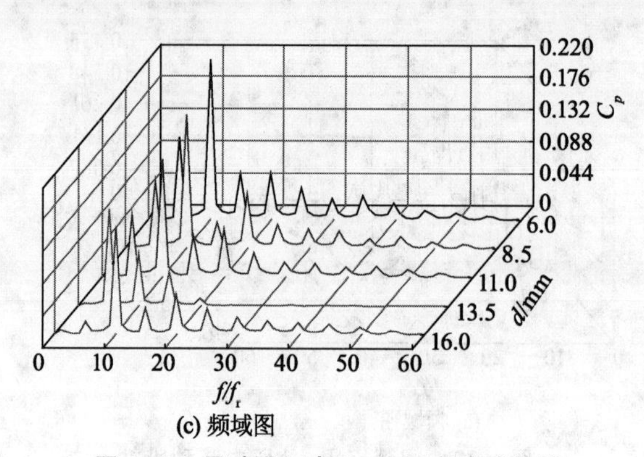

(c) 频域图

图 6-38 导叶进口点 P_6 处压力脉动特性

7 核主泵水力结构参数的匹配对叶轮载荷的影响

7.1 核主泵叶轮能量转换与叶片载荷的关联性研究

核主泵水力设计直接影响叶片载荷与叶轮内流动特性，已有学者进行了大量研究。目前对泵的叶片载荷的研究多从反问题出发，但是对于核主泵叶轮能量转换规律与叶片载荷分布规律之间的关联性的研究却不多见。本节运用 FLUENT 对不同工况下的核主泵模型泵进行全流道定常数值计算，通过计算结果分析，得出了不同工况下的叶片载荷分布规律与核主泵叶轮内的流动特性，并分析了叶轮叶片载荷分布规律与能量转换规律之间的关系。

7.1.1 变流量工况下叶轮内流动特征

(1) 理论基础

叶片载荷是指同一叶片相同半径处压力面与吸力面的压力差。在叶片设计中，压力面和吸力面压力的大小及分布形式是衡量叶轮内流动性能的一个重要指标，通过分析叶轮叶片压力面、吸力面的压力分布可以获得叶片表面的载荷分布及其变化规律。假设叶轮内流体做无旋运动，并且每个叶轮流道内沿径向流体的速度呈线形分布，可以得到叶片载荷为

$$p_p - p_s = \int_{\theta_p}^{\theta_s} \rho w_m \frac{d(v_\theta r)}{dm} d\theta \tag{7-1}$$

$$\theta = \int_{m_{out}}^{m} \frac{(v_\theta r) - r^2 \omega}{r^2 w_m} dm + \theta_{out} \tag{7-2}$$

式中：p_p，p_s 分别为叶片压力面压力、吸力面压力；ρ 为流体密度；w_m 为叶轮流道内子午面相对速度；m 为沿着子午流线（即流线在子午面上的投影）方向上的长度；θ_p，θ_s 和 θ_{out} 分别为叶片压力面、吸力面与叶片出口边的角坐标；$v_\theta r$ 为速度矩；ω 为叶轮旋转角速度。

(2) 变流量工况下速度与压力沿流线变化规律

为探究核主泵变流量工况下速度、压力沿流线的变化规律,如图 7-1 所示选取流线 1 和流线 2 进行研究,其中流线 1 是叶片压力面与中间流面的交线,流线 2 是叶片吸力面与中间流面的交线。

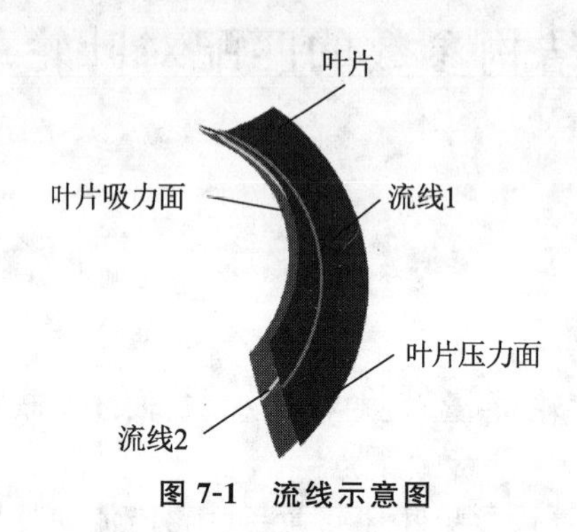

图 7-1　流线示意图

图 7-2 为不同流量工况下速度、压力沿流线变化的曲线。横坐标表示叶片流线的相对位置,其中 0 代表叶片进口,1 代表叶片出口。根据曲线可以看出:① 圆周速度沿流线逐渐增大,这是由于随着叶片流线上任意一点处的半径的增大,其圆周速度也增大,且流线 1 与流线 2 圆周速度的最大值、最小值相同,如图 7-3 叶轮叶片出口速度三角形所示,圆周速度的方向与大小保持不变。另外,不同工况下,圆周速度沿流线变化趋势一致。可见,流量变化对叶轮内流体圆周速度没有影响。② 相对速度沿叶片流线 1 呈先减小后增大的趋势,沿叶片流线 2 也呈现出先减小后增大的趋势,且在小流量工况下,叶片进口附近相对速度会出现陡降,这是由于小流量工况下流体液流角小于叶片安放角形成正冲角,把流体挤到叶片压力面上而在吸力面上形成涡流区,如图 7-4a 所示;与小流量工况相比,大流量工况下,叶片进口边相对速度下降幅度更小,如图 7-4b 所示在叶片进口边没有形成涡流区。在叶轮中后段,沿流线 2 的相对速度比沿流线 1 大,这说明,从叶片吸力面到压力面,流体质点所获能量逐渐增大。另外,由叶轮叶片出口速度三角形(见图 7-3)可知,随着流量逐渐增大,相对速度的方向保持不变,其值逐渐增大。③ 绝对速度沿流线整体呈逐渐增大的趋势,从叶片进口到叶片出口,由于叶轮旋转对流体做功,使得绝对速度沿叶片从进口到出口逐渐增大,且在叶片进口附近出现突增现象,这是由于叶轮对进口处流体的诱导,叶轮会使其进口周围的流体绝对速度增加。另外,由叶轮叶片出口速度三角形(见图 7-3)可知,随着流量增大,绝对速度逐渐减小,其变化趋势逐渐趋于平稳。④ 静压和总压沿流线呈现逐

渐增大趋势，这符合泵的做功原理。就变工况而言，沿流线叶轮叶片上静压与总压的最大值随着流量增大呈现出逐渐下降的变化趋势，这是根据泵基本方程 $gH_{\mathrm{th}}=u_2v_{u2}-u_1v_{u1}$ 得出的，由于核主泵的吸水室形状为直锥形，法向进口，流体在其中的流动没有圆周分量，故 $v_{u1}=0$，根据叶轮叶片出口速度三角形(见图 7-3)，v_{u2} 随着流量的增大而逐渐减小，泵的理论扬程逐渐降低，流体获得的能量大大减弱。

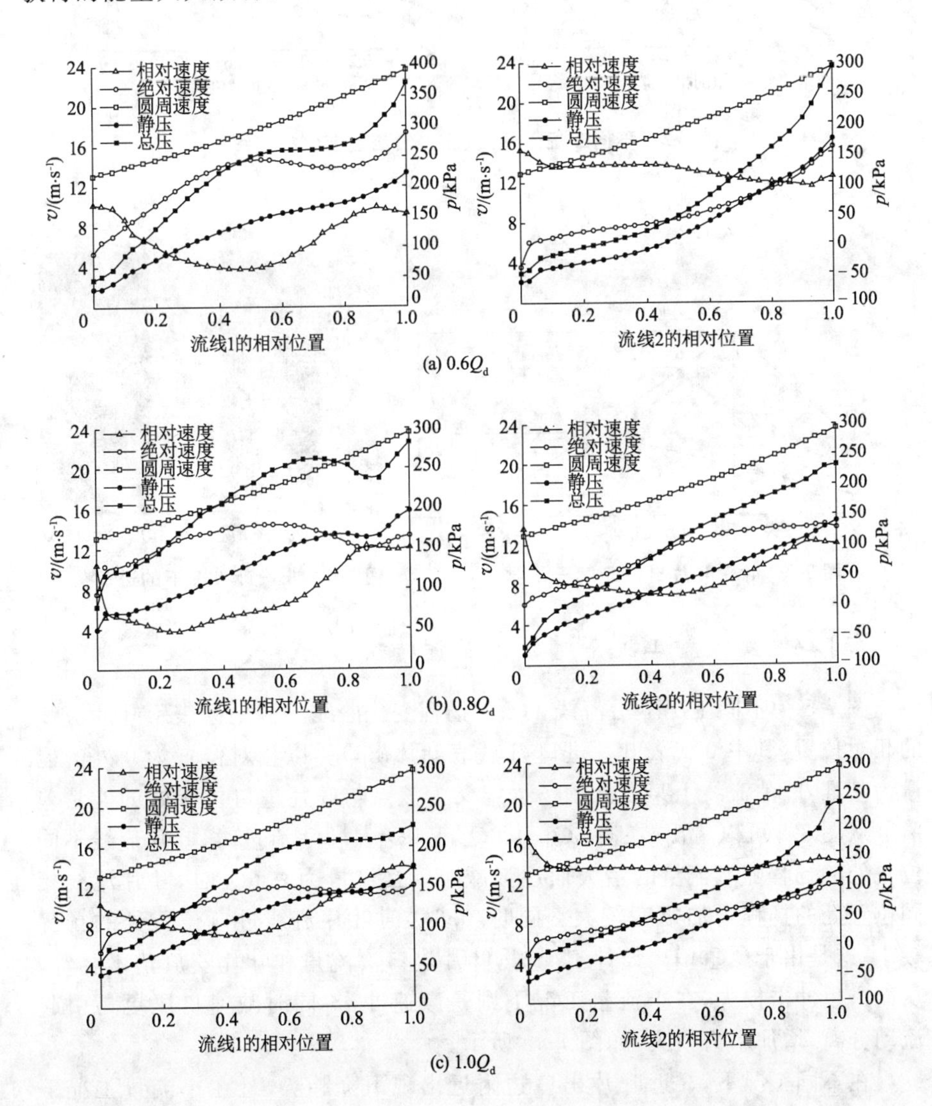

(a) $0.6Q_{\mathrm{d}}$

(b) $0.8Q_{\mathrm{d}}$

(c) $1.0Q_{\mathrm{d}}$

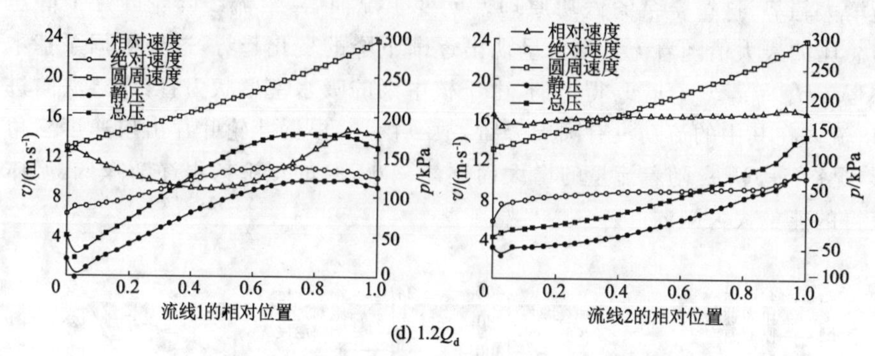

(d) $1.2Q_d$

图 7-2　不同工况下速度、压力沿流线变化的曲线

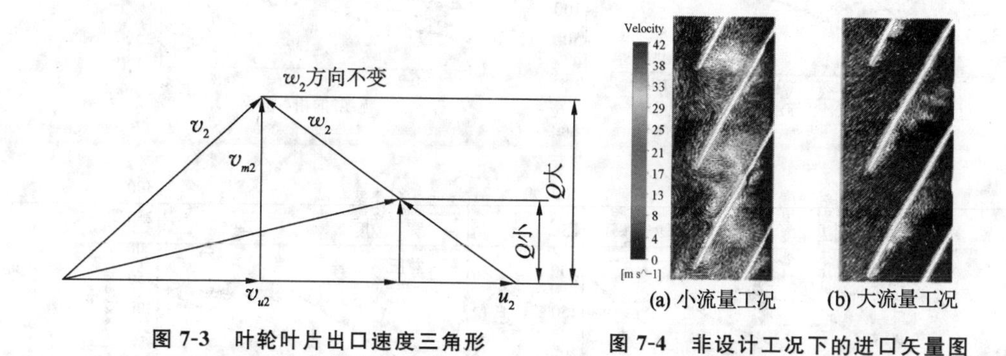

图 7-3　叶轮叶片出口速度三角形

(a) 小流量工况　(b) 大流量工况

图 7-4　非设计工况下的进口矢量图

7.1.2　变流量工况下叶轮内能量转换

图 7-5 为不同工况下沿流线 1,2 的扬程变化曲线。横坐标表示叶片流线的相对位置,其中 0 代表叶片进口,1 代表叶片出口。以相对位置为 0 处的能量为基准,叶片流线上某点处的扬程定义为该点与叶片进口位置处的能量差值。从图 7-5 可以看出,在 $0.6Q_d$,$0.8Q_d$,$1.0Q_d$,$1.2Q_d$ 流量时,叶片流线不同位置处的扬程随着流量的增大而逐渐减小。当流量为 $0.6Q_d$ 时,叶片流线相同位置处的扬程增加幅度较大。同时,$0.6Q_d$ 时叶片流线进口位置处的扬程较小,这是由于严重偏离设计工况时,叶片进口液流角和叶片安放角不相等,从而产生冲击损失,在小流量工况下则是减速冲击,同时减速扩压更易引起流动分离,增加水力损失,如图 7-4a 所示。

在不同工况下,靠近叶片出口边附近出现下降趋势,且在小流量工况下下降幅度较大,这主要是由于叶轮叶片宽度在靠近叶片出口位置处逐渐减小,在小流量工况下叶轮与导叶间隙处压力的增大使得叶轮出口流体回流加剧,从而导致该区域流体损失急剧加大,其损失加剧幅度已经超过了叶片对流体做功的增加值。

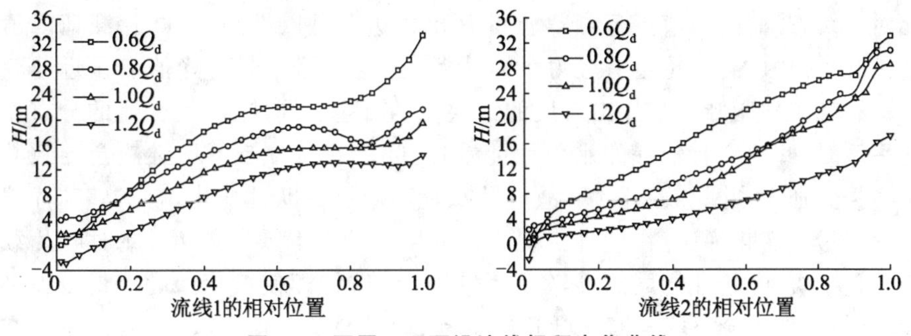

图 7-5 不同工况下沿流线扬程变化曲线

如图 7-6 所示,通过对比不同工况下叶轮效率与泵效率的差异,可看出从 0.6Q_d～1.2Q_d,随着流量的增加,泵效率先增加后减小,叶轮效率的变化趋势与其一致。0.6Q_d～0.8Q_d时,叶轮效率的增加幅度较大;0.8Q_d～1.0Q_d时,叶轮效率的增加趋于平缓。但在达到设计流量之后,两者的变化规律产生较大差异,泵效率急剧下降,叶轮效率缓慢下降。很显然,这是由于导叶、压水室的存在以及压水室的复杂几何形状使其在流量增加时水力损失大幅增加,导致泵效率急剧下降。

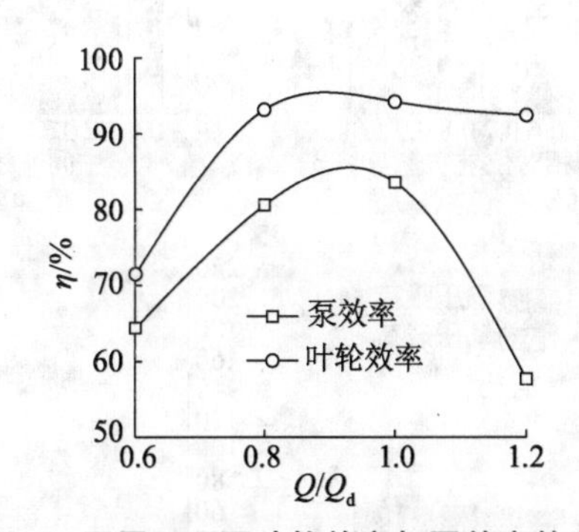

图 7-6 不同工况下叶轮效率与泵效率的对比

7.1.3 变流量工况下叶片载荷分布规律

由图 7-7 可以看出,叶片中间流线上的动、静压载荷在不同工况下的变化规律基本一致,从叶片进口边到叶片出口边,动、静压载荷先增大后减小。随着流量的增大，叶片中间流线不同位置处的动、静压载荷均有所减小，且叶片载荷的变化梯度逐步递减。从 0.6Q_d 到 0.8Q_d，叶片载荷有突跃性变化，载荷的峰值点位于叶片流线的中间位置；从 1.0Q_d 到 1.2Q_d，叶片载荷的分布变化相对平缓，载荷的峰值点逐渐靠近叶片出口边。可以推测，将叶片载荷峰值置于叶轮出口处，叶轮会有较好的水力性能，这是因为载荷峰值点靠近叶轮出口有利于抑制叶轮叶片出口处的二次流的产生。同时，叶片载荷的分布变化平缓时，叶轮会有较好的水力性能，因此叶片载荷分布不均必然会导致其水力损失加大，叶轮效率降低，故叶片载荷不应有突跃性变化。另外，叶片载荷存在最优变化梯度，在设计工况下叶片载荷有最优变化梯度，此时叶片载荷变化平缓，叶轮性能最优；偏离最优变化梯度时，即使载荷梯度变得更加平缓，叶轮性能也会下降。对于叶轮叶片动、静压载荷总值，其动压载荷总值在 0.6Q_d，0.8Q_d，1.0Q_d，1.2Q_d 不同流量时所占叶片总载荷的比重分别为 29.3%，25.6%，24.69%，22.35%，呈现出单调下降的趋势；其静压载荷总值占叶片总载荷的比重呈现出单调上升的趋势，与动压载荷恰好相反，且不同流量工况下动压载荷较静压载荷的变化幅度更加明显。

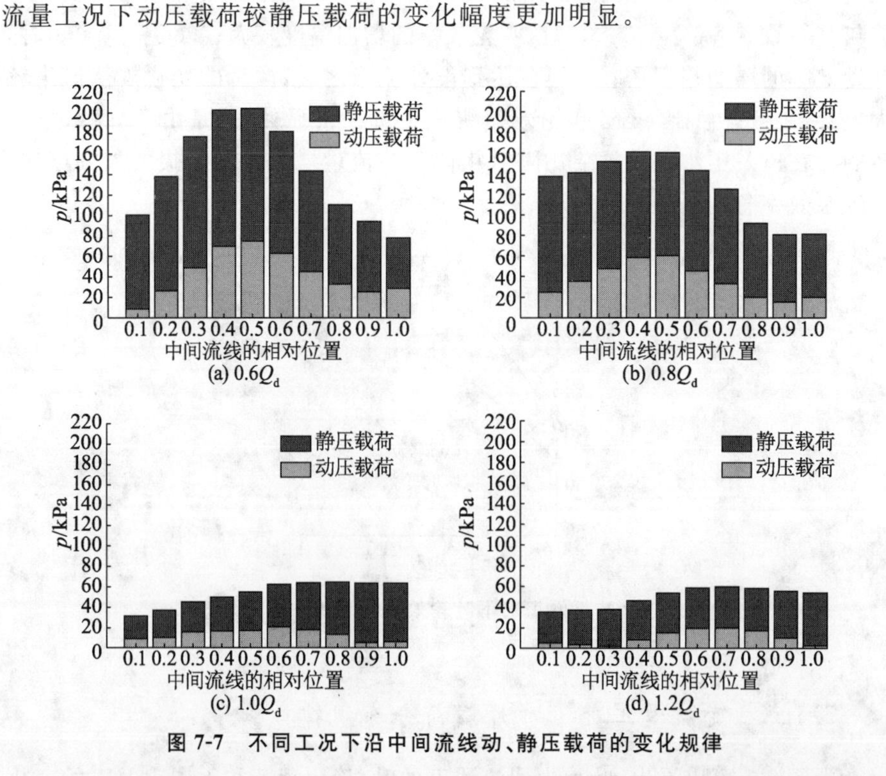

图 7-7　不同工况下沿中间流线动、静压载荷的变化规律

图 7-8 是不同流量时叶轮叶片动压载荷和叶轮效率的变化规律，图 7-9

是不同流量时叶轮叶片静压载荷和叶轮效率的变化规律，可以看出叶轮效率随着流量增大逐渐增大，其增加的幅度与叶片动、静压载荷下降的幅度基本一致，叶片动、静压载荷在小流量工况时下降速度明显加快，而在大流量工况时下降速度比较缓慢。结合图 7-7 的数据可知，不同流量工况下叶片动压载荷较叶片静压载荷下降速度更快，可以得出叶轮叶片动压载荷占叶片总载荷的比重越低叶轮效率越高的结论，根据之前的分析，由于叶片动压载荷是叶片压力面与吸力面的动压差，这就说明了动能在总能量中所占的比重决定了叶轮的做功能力。

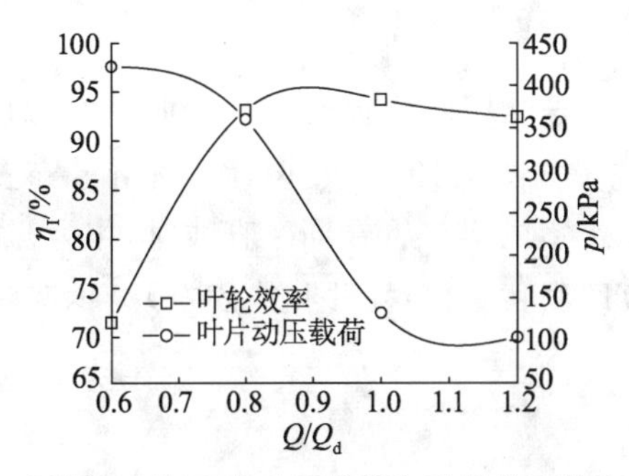

图 7-8　不同工况下叶片动压载荷和叶轮效率的变化规律

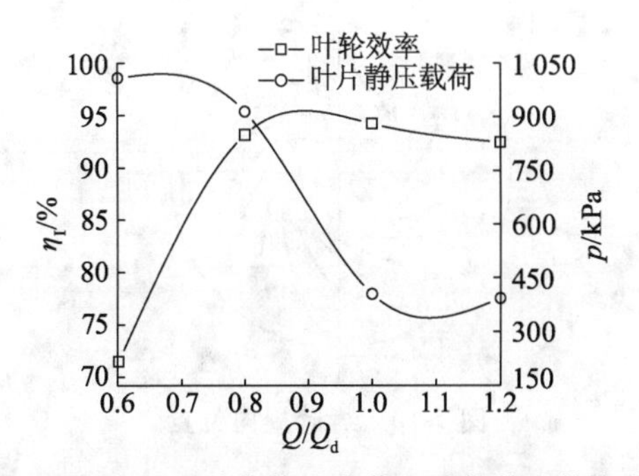

图 7-9　不同工况下叶片静压载荷和叶轮效率的变化规律

7.2　导叶周向位置对核主泵叶轮径向力的影响

核主泵的过流部件主要由压水室、叶轮和导叶 3 部分组成。压水室设计成环形结构，叶轮采用混流式叶轮，对于采用导叶结构的核主泵而言，导叶不仅可以将流体的动能转换为压能，而且可以减小压水室内的能量损失，同时导叶在提高核主泵水力性能方面也发挥着重要作用。对于离心泵内的径向力问题，已有学者进行了大量研究，但是仅仅针对导叶对核主泵径向力的影响的研究还比较少。本节主要针对导叶式环形压水室的核主泵，设计不同导叶周向布置方案，采用 FLUENT 对模型泵进行全流场非定常计算，以叶轮转过 3°为一个时间步长，其时间步长设为 0.000 336 7 s，并连续计算 5 个周期以保证数值解的稳定性，采用最后一个周期的计算结果分析导叶和环形压水室不同周向相对位置时核主泵叶轮径向力的变化，为其优化提供一定的参考。

7.2.1 导叶周向布置方案

为了能够准确描述导叶周向位置对叶轮径向力的影响，定义导叶周向安放角 α，导叶的详细位置如图 7-10 所示，设计 4 种导叶布置方案，当导叶叶片工作面出口与环形压水室的出口管在同一直线时，作为初始位置 α，导叶从初始位置开始顺时针方向旋转安放，导叶叶片数为 18，依次取 $\alpha=0°$, $5°$, $10°$, $15°$ 四个位置进行研究。

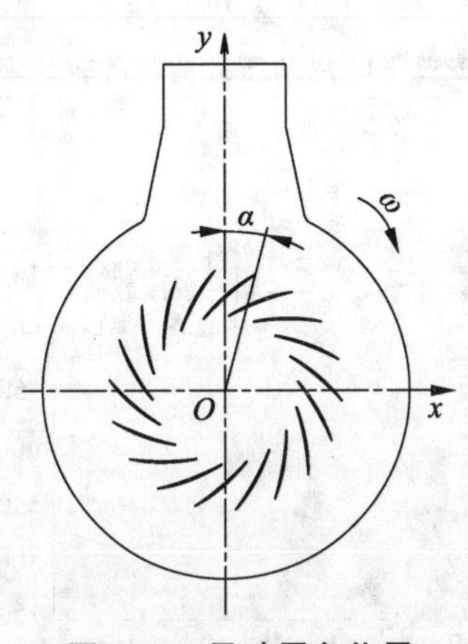

图 7-10 导叶周向位置

7.2.2 导叶周向位置对核主泵外特性的影响

图 7-11 为在设计工况下，不同导叶周向位置对核主泵外特性的影响情况，可以看出，导叶周向位置对核主泵的外特性有较大影响。在设计工况下，不同的导叶周向位置 α，扬程的最大变化率为 2.47%，效率的最大变化率为 1.52%，而扬程的最大值出现在 $\alpha=5°$，效率的最大值也出现在 $\alpha=5°$，这说明

导叶周向位置 $\alpha=5^\circ$ 时，核主泵的性能最优。在小流量工况下，泵的扬程与其他位置相差不大，但其高效范围却比 $\alpha=5^\circ$ 时效率所涵盖的范围要小，这说明导叶周向位置 $\alpha=5^\circ$ 时，泵性能相对较好。在大流量工况下，扬程和效率的最大值出现在 $\alpha=0^\circ$。

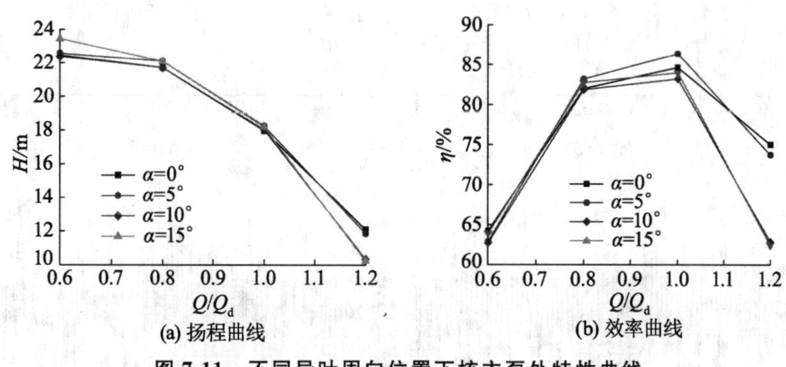

(a) 扬程曲线　　(b) 效率曲线

图 7-11　不同导叶周向位置下核主泵外特性曲线

7.2.3　导叶周向位置对叶轮径向力的影响

(1) 叶轮径向力的时域特性分析

图 7-12 为不同导叶周向位置叶轮径向力脉动时域特性图，以叶轮旋转最后一个周期的计算结果进行分析，横坐标为一个周期，纵坐标为叶轮所受的合力，定义开始时刻为 0。由图可以看出，在设计工况下，导叶处于不同周向位置时，叶轮在一个周期内所受的径向力脉动随时间呈现一定的周期性变化，且变化趋势大致一致，叶轮所受径向力的波形呈现 5 次波峰和波谷，与叶轮叶片数有关。随着导叶周向角度的增加，叶轮所受径向力变化各不相同，当 $\alpha=0^\circ$ 时，叶轮所受径向力先减小后增大；而当 $\alpha=10^\circ$ 和 $\alpha=15^\circ$ 时，叶轮所受径向力基本趋势不变。这表明导叶周向位置的改变，不仅会对径向力脉动的波形产生影响，也会对径向力的幅值产生影响。当 $\alpha=5^\circ$ 时，叶轮所受的径向力总体幅值相对变化较小，且其脉动幅值变化呈减小趋势。这说明导叶周向位置 $\alpha=5^\circ$ 时，核主泵处于最佳受力状态，更有利于核主泵的运行，同时也能相对延长其使用寿命。

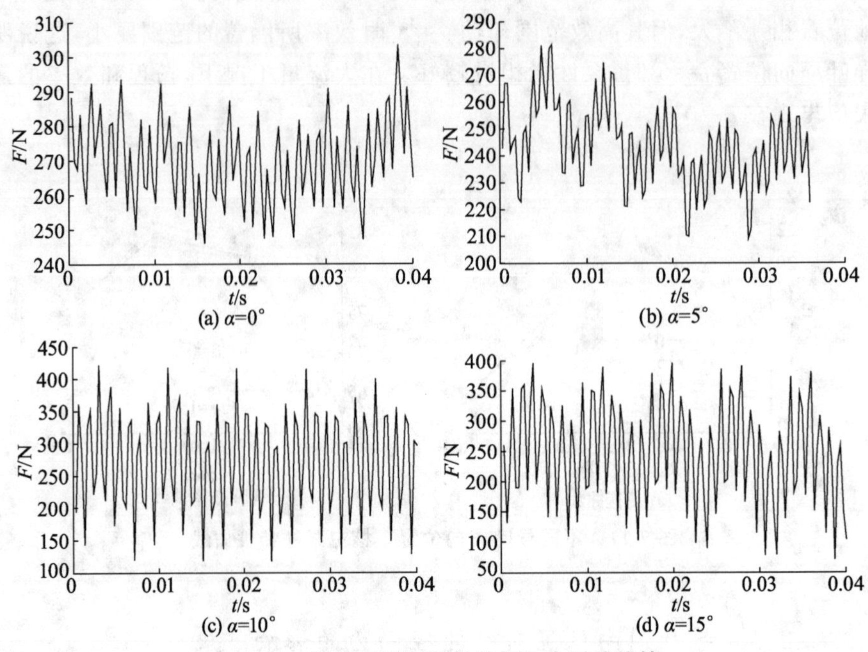

图 7-12　设计工况下叶轮的径向力时域特性

(2) 叶轮径向力的频域特性分析

叶轮转速为 1 485 r/min，叶片数为 5，经计算其转频 f_r＝29.17 Hz，叶片通过频率 T＝204.17 Hz，对叶轮径向力时域图做傅里叶变换(FFT)得到叶轮径向力频域图。图 7-13 是不同导叶周向位置时叶轮径向力频域特性图，可以看出，在设计工况下，随着导叶周向位置的变化，其径向力频域分布各不相同，通过对比可知，当导叶周向位置 α＝5°时，叶轮所受的径向力脉动较小；随着 α 的增大，叶轮径向力脉动在 1 倍叶频处达到最大，其他脉动幅值都以叶频(T＝204.17 Hz)整数倍为主，同时在小于叶频的低频频段出现很强的脉动，这说明叶轮所受的径向力脉动主要受叶频影响，转频对它的影响较小；导叶处于其他周向位置，叶轮的径向力脉动幅值都较大，这可能是旋转过程中导叶和叶轮的干涉造成的，以及转子在旋转过程中，静止部件会对过流部件径向力产生一定的影响。

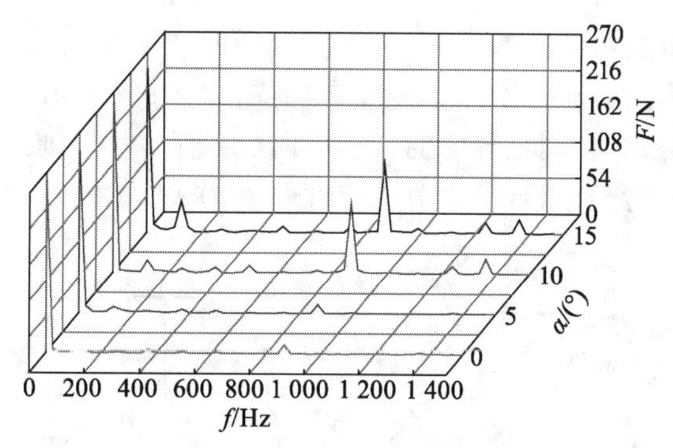

图 7-13 叶轮的径向力频域特性图

(3) 叶轮径向力的矢量分析

图 7-14 是导叶在不同周向位置下叶轮径向力矢量图,图中每个点的矢量坐标代表每一个时刻叶轮所受径向力的大小和方向。从进口方向看,在设计工况下,叶轮旋转一个周期内,随着导叶周向位置的改变,径向力分布均在环形压水室出口中心 $\theta_1=90°$ 到 $\theta_2=180°$ 范围内变化,方向与叶轮旋转方向一致,且整体径向力变化范围及分布规律各不相同,这说明导叶周向位置的改变,不仅影响径向力的大小和方向,而且影响其波动范围。从进口方向看,当 $\alpha=0°$ 时,作用在叶轮上的径向力分布与环形压水室出口中心大致在 $\theta_1=110°$ 到 $\theta_2=124°$ 范围内变化,分布比较集中;当 $\alpha=5°$ 时,作用在叶轮上的径向力分布与环形压水室出口中心大致在 $\theta_1=105°$ 到 $\theta_2=118°$ 范围内变化,分布更加集中;当 $\alpha=10°$ 时,作用在叶轮上的径向力分布与环形压水室出口中心大致在 $\theta_1=93°$ 到 $\theta_2=182°$ 范围内变化,分布比较分散;当 $\alpha=15°$ 时,作用在叶轮上的径向力分布与环形压水室出口中心大致在 $\theta_1=88°$ 到 $\theta_2=169°$ 范围内变化,分布也比较分散。通过对比可以得出,当 $\alpha=5°$ 时,叶轮所受的径向力矢量分布相对最集中,且只在 $\Phi=13°$ 内变化,这表明导叶周向位置 $\alpha=5°$ 时,核主泵在运行过程中可以有效减小核主泵的振动,进而使核主泵处于最优工作状态。

(4) 叶轮径向力的幅值分析

图 7-15 是叶轮在不同导叶周向位置所受径向力的最大值和最小值。从图中可以看出,当 $\alpha=5°$ 时,叶轮所受径向力由 208.99 N 增加到 281.34 N;而 $\alpha=0°$ 时,叶轮所受径向力由 245.94 N 增加到 303.46 N;$\alpha=10°$ 时,叶轮所受径向力由 116.6 N 增加到 421.33 N;$\alpha=15°$ 时,叶轮所受径向力由 70.18 N 增加到 396.33 N。故 $\alpha=5°$ 时,叶轮所受的径向力幅值变化相对较小,更有利于核主泵在设计工况下的运行,也能减小其振动。图 7-16 是叶轮在不同导叶

周向位置所受径向力的平均值，可以得出，随着导叶周向角度的增加，径向力的平均值先减小后增大再减小，在 $\alpha=5°$时，径向力的平均值相对最小。通过对比图 7-15 和图 7-16 可以得出，随着导叶周向位置的变化，通过对比叶轮径向力的最值和平均值，确定导叶的最佳周向位置是 $\alpha=5°$，此时叶轮所受的径向力变化幅值相对最小，且平均值也相对最小，可以改善核主泵的振动性能。

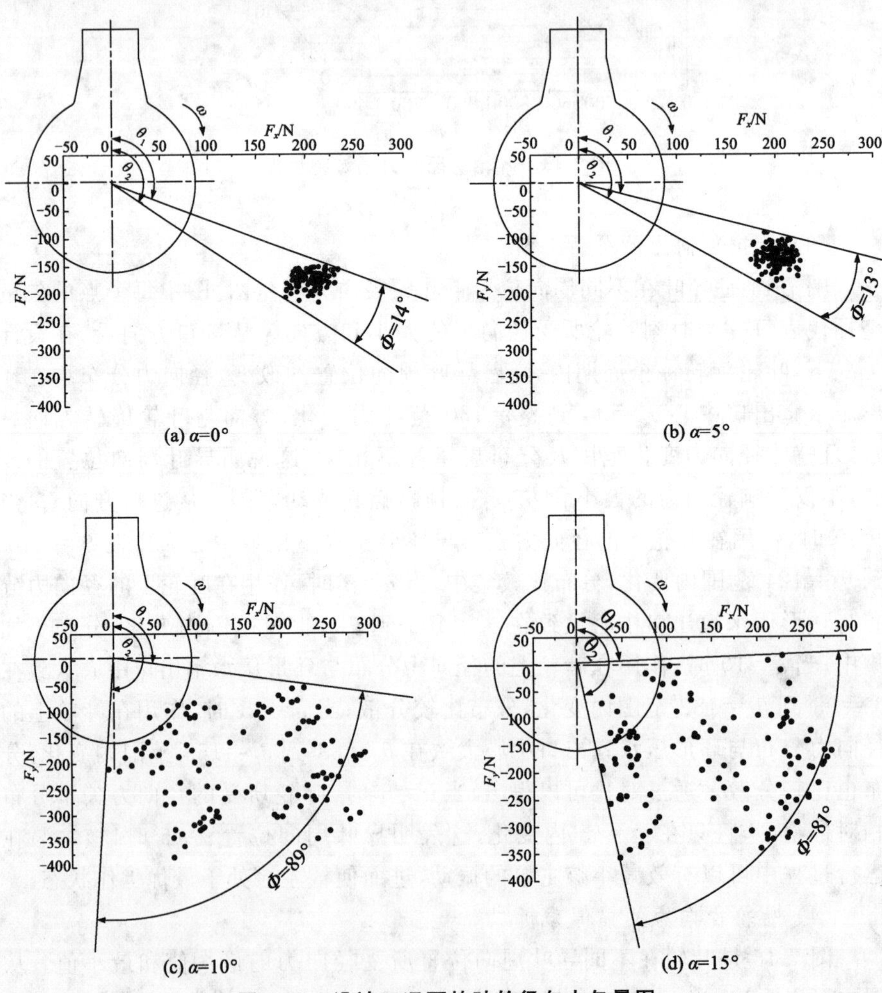

图 7-14　设计工况下的叶轮径向力矢量图

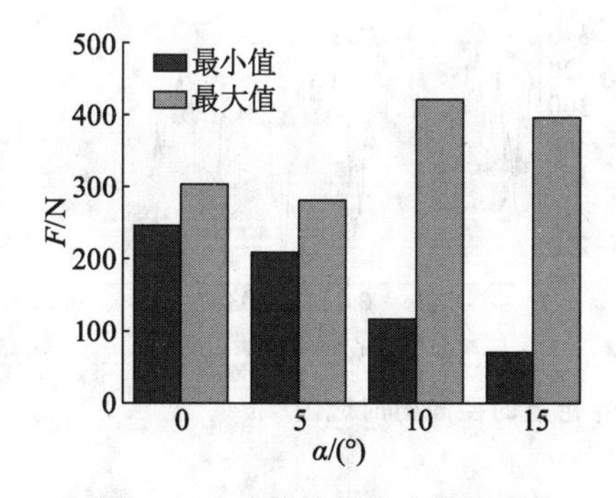

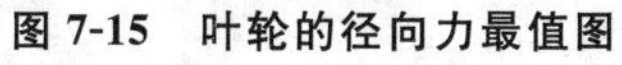
图 7-15 叶轮的径向力最值图

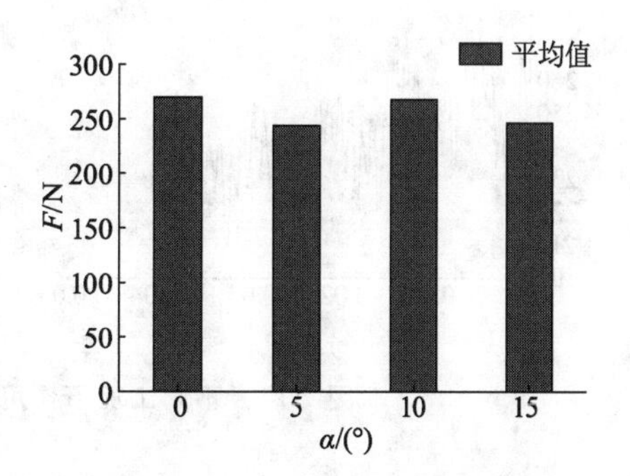

图 7-16 叶轮的径向力平均值图

7.2.4 同一周向位置不同工况对叶轮径向力的影响

(1) 叶轮径向力的时域特性分析

图 7-17 是导叶周向位置为 $\alpha=5°$ 时不同工况下作用在叶轮上的径向力时域特性图，以叶轮旋转最后一个周期计算结果进行分析，横坐标为一个周期，纵坐标为叶轮所受的合力，定义开始时刻为 0。由图可以看出，在小流量工况下，叶轮所受径向力的波形出现明显的波峰，且波动幅值变化较大；在大流量工况下，径向力波形的变化范围和设计工况相差不大，且幅值变化较小，没有出现明显的波峰。这说明在设计工况下，叶轮所受的径向力较佳，能够改善叶轮的受力情况。

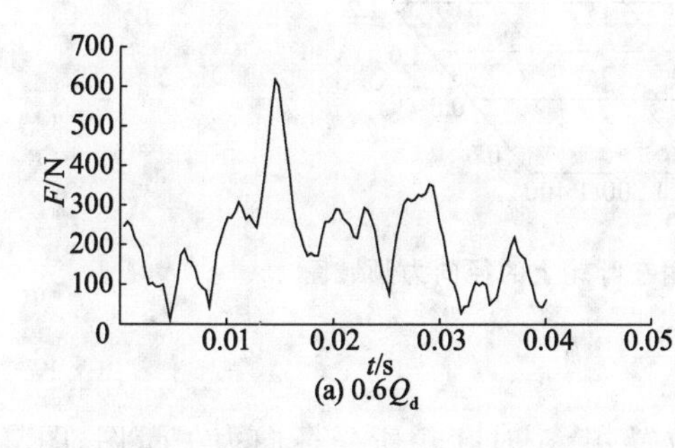

(a) $0.6Q_d$

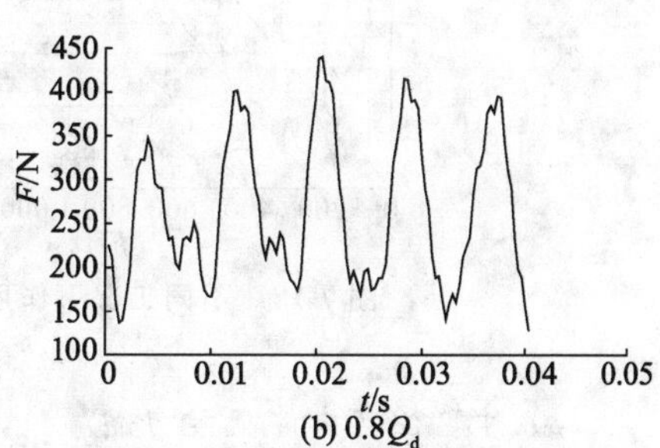

(b) $0.8Q_d$

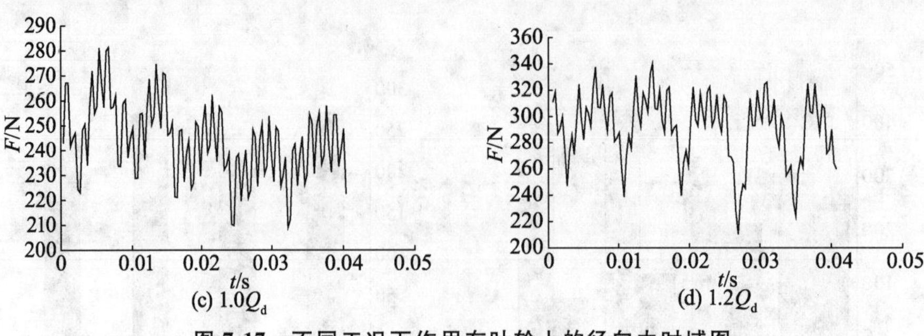

图 7-17　不同工况下作用在叶轮上的径向力时域图

(2) 叶轮径向力的频域特性分析

图 7-18 是不同工况下作用在叶轮上的径向力频域图,可以看出,在小流量工况下,作用在叶轮上的径向力最大脉动与叶轮转频 $f_r=29.17$ Hz 相一致,其他脉动幅值均出现在转频倍数处,且径向力脉动比较强;在大流量工况下,作用在叶轮上的径向力脉动也发生在转频倍数处,只是没有出现较强的脉动;相比而言,在非设计工况下,径向力脉动出现的次数相对较多。这说明在设计工况下,作用在叶轮上的径向力脉动较小,有利于核主泵的运行。

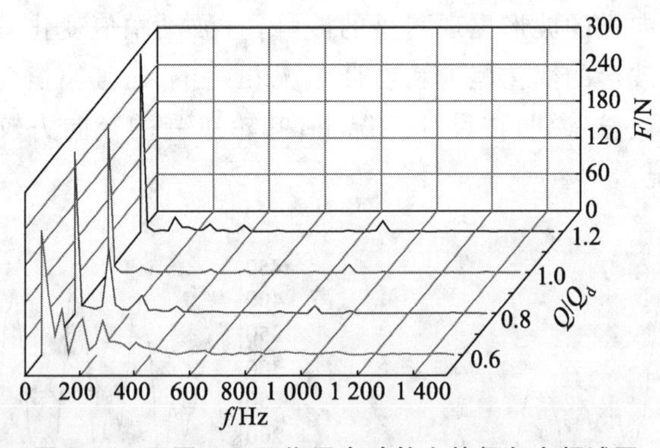

图 7-18　不同工况下作用在叶轮上的径向力频域图

(3) 叶轮径向力的矢量分析

图 7-19 是不同工况下导叶周向位置 $\alpha=5°$时叶轮所受径向力矢量图,图中每个点的矢量坐标代表每一个时刻叶轮所受径向力的大小和方向。由图可以看出,叶轮旋转一个周期内,随着不同工况下的运行,同一导叶周向位置下径向力矢量分布各不相同,故流量变化不仅影响径向力的大小和方向,而且影响其波动范围;从叶轮进口方向看,在 $0.6Q_d$ 工况下,作用在叶轮上的径向力分布与环形压水室出口中心大致在 $\theta_1=20°$到 $\theta_2=50°$范围以外变化,方

向与叶轮旋转方向一致，整体分布比较分散，变化趋势规律性较差。在 $0.8Q_d$ 工况下，作用在叶轮上的径向力分布与环形压水室出口中心大致在 $\theta_1=15°$ 到 $\theta_2=100°$ 范围内变化，整体分布相对集中。在 $1.0Q_d$ 工况下，作用在叶轮上的径向力分布与环形压水室出口中心大致在 $\theta_1=115°$ 到 $\theta_2=139°$ 范围内变化，整体分布最为集中。在 $1.2Q_d$ 工况下，作用在叶轮上的径向力分布与环形压水室出口中心大致在 $\theta_1=130°$ 到 $\theta_2=168°$ 范围内变化，整体分布也相对集中。综上对比可以得出，导叶处于同一周向位置 $\alpha=5°$ 时，随着流量的变化，径向力在夹角为 $\Phi=24°$ 范围内变化，波动范围较小。这说明设计工况下径向力分布最优，可以有效降低泵内的振动，有利于核主泵安全运行。

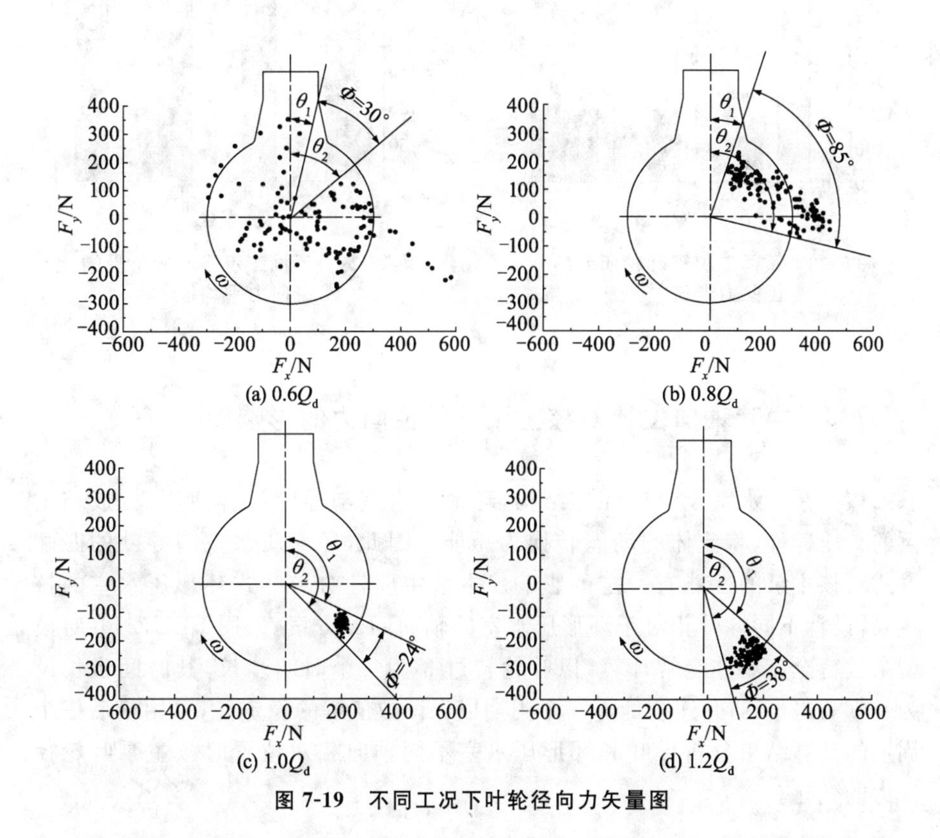

(a) $0.6Q_d$ (b) $0.8Q_d$

(c) $1.0Q_d$ (d) $1.2Q_d$

图 7-19 不同工况下叶轮径向力矢量图

(4) 叶轮径向力的幅值分析

图 7-20 是不同工况下叶轮所受径向力最值变化规律，可以看出，随着流量的变化，作用在叶轮上的径向力先减小后增大；在小流量工况下，作用在叶轮上的力从最小值($F=9.57$ N)变化到最大值($F=617.90$ N)，变化范围较大；在大流量工况下，叶轮所受径向力的最小值($F=210.8$ N)和设计工况下

(F=208.99 N)差不多,但最大值却比设计工况下大,变化范围略微较大。图7-21是不同流量下叶轮所受径向力的平均值,可以看出,随着流量的增加,径向力平均值先增加后减小再增大;与大流量工况下相比,叶轮在设计工况下径向力的平均值相对较小。通过对比图7-20和图7-21可以得出,核主泵在设计工况下,叶轮所受径向力达到了相对最优值,更加能使核主泵安全稳定地运行。

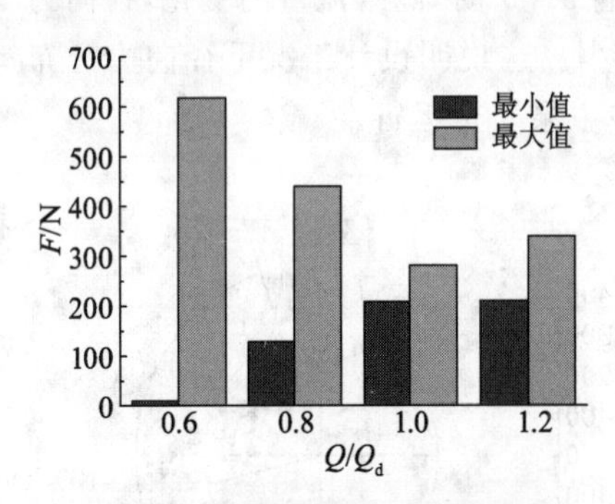

图 7-20　不同工况下叶轮所受的径向力最值

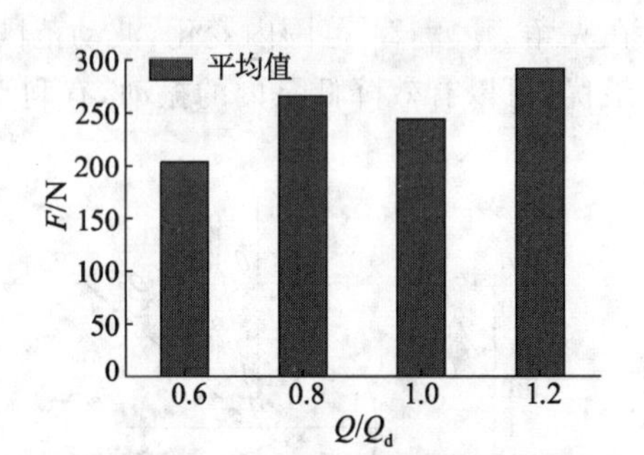

图 7-21　不同工况下叶轮所受的径向力平均值

7.3　导叶轴向位置对核主泵叶轮径向力的影响规律

核主泵压水室设计成环形结构,环形压水室与导叶配合使用,构成核主泵的扩压部件,将流体的动能转换为压能。因此,环形压水室与导叶的匹配方式对核主泵的性能有一定的影响。本节主要针对导叶式环形压水室的核主泵,设计不同导叶相对于环形压水室的轴向匹配方案,采用FLUENT对模型泵进行全流场非定常计算,以叶轮转过3°为一个时间步长,其时间步长设为0.000 336 7s,并连续计算5个周期以保证数值解的稳定性,采用最后一个周期的计算结果分析导叶和环形压水室不同轴向相对位置时核主泵叶轮径向力的变化。

7.3.1　导叶轴向布置方案

在保证环形压水室面积不变的情况下,且模型核主泵结构允许的基础上,设定了5种不同核主泵导叶轴向位置方案,导叶和压水室的轴向匹配关系如图7-22所示。

首先,定义模型泵压水室出口中心线与导叶出口中心线的距离为Δb,规定压水室出口中心线在导叶左侧为“+”，在右侧为“－”。令 $x=\Delta b/b$，其中 b 为导叶出口宽度，设计了 5 种导叶轴向位置匹配方案，分别是 $x=1$，$x=0.5$，$x=0$，$x=-0.5$，$x=-1$。

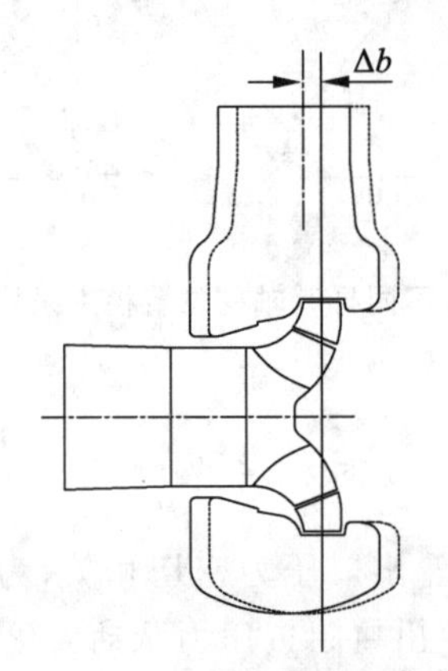

图 7-22　导叶轴向匹配方案图

7.3.2　导叶轴向位置对核主泵外特性的影响

图 7-23 是核主泵在 5 种不同导叶轴向安放位置时的扬程、效率变化曲线，其中 Q 为实际流量，Q_d 为设计流量。由图可以看出，在设计工况下，随着导叶轴向位置变化，扬程最大变化率为 4.1%，效率最大变化率为 4.0%，在 $x=0$ 时模型核主泵扬程和效率同时达到最大值，这说明当模型核主泵压水室出口中心线与导叶出口中心线重合时，核主泵性能达到相对最优。在 $0.6Q_d$ 和 $0.8Q_d$ 工况下，扬程和效率变化趋势与设计工况下非常相似，即随着压水室出口中心线从左侧向右侧变化，泵扬程和效率呈现先增大后减小再增大的规律，且在压水室出口中心线与导叶出口中心线重合时，扬程和效率同时达到最大值。在流量低于 $0.4Q_d$ 工况下，模型核主泵扬程和效率变化较小，即导叶和压水室出口相对轴向位置对泵的性能影响较小；在 $1.2Q_d$ 工况下，模型核主泵扬程和效率变化较大，即导叶轴向位置的改变对泵性能的影响较大。

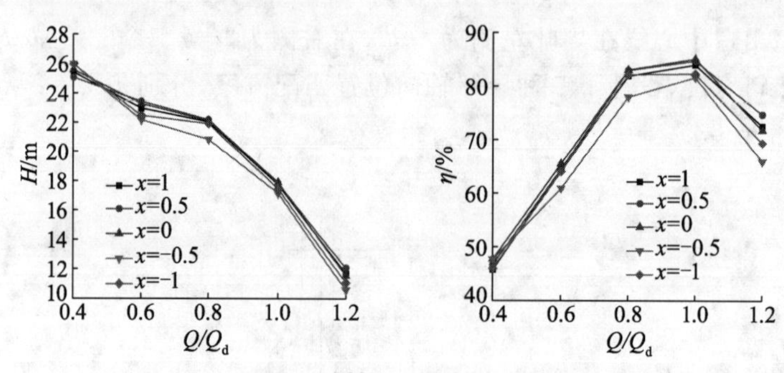

图 7-23 不同导叶轴向位置核主泵外特性曲线

7.3.3 导叶轴向位置对核主泵叶轮出口压力脉动的影响

叶轮所受径向力与叶轮出口压力密切相关，为了准确描述叶轮径向力矢量分布规律，需要分析叶轮出口附近压力脉动变化规律。P_0 是叶轮出口平均中径处的监测点，如图 7-24 所示，分析当导叶处于 5 种不同轴向安放位置时，模型核主泵叶轮出口压力脉动变化规律。为了保证数据的准确性，使叶轮旋转 6 圈，取其最后一圈的数据进行分析，定义压力脉动系数 C_p 为

$$C_p=\frac{p-\bar{p}}{\frac{1}{2}\rho u_2^2} \tag{7-3}$$

$$u_2=\frac{\pi Dn}{60} \tag{7-4}$$

式中：p 为监测点瞬态压力；$\bar{p}$ 为叶轮旋转一周的平均压力；ρ 为工作介质的密度；u_2 为叶轮出口中间流线的圆周速度。定义压力波动幅度 $C_A=C_{p_{max}}-C_{p_{min}}$。

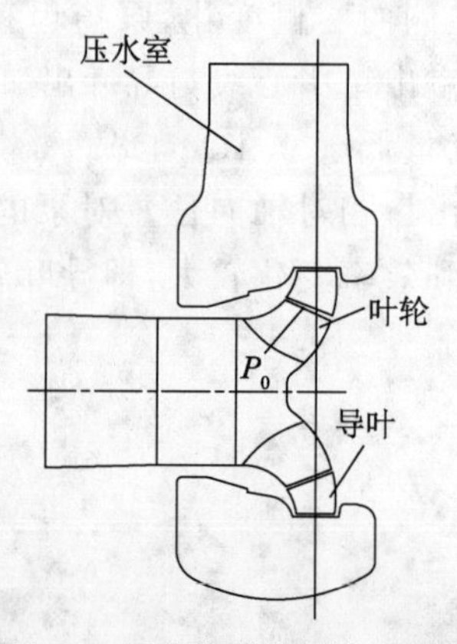

图 7-24 压力脉动监测点布置图

图 7-25 所示是导叶在不同轴向安放位置下叶轮出口点 P_0 压力脉动时域图，横坐标为一个周期，纵坐标为压力系数 C_p。由图可以看出，点 P_0 压力分布规律基本相同，且具有明显的周期性；脉动主要由主波动和次波动两部分构成，主波动周期数为 5，次波动周期数为 1～2，这表明主波动周期数由叶轮叶片数决定，次波动周期数由叶轮和导叶共同决定；随着模型泵导叶沿泵轴向位置从 $x=1$ 方案变化到 $x=-1$ 方案，叶轮出口压力脉动幅值发生变化，主波动脉动幅值依次为 1.364，1.359，1.340，1.383，1.382，其中导叶在 $x=0$ 方案时波动幅值最小，这说明适当减小模型泵压水室出口中心线与导叶出口中心线的距离，可以相应减小叶轮出口压力脉动幅值，改善核主泵内部流动和降低泵内的振动，有利于核主泵的安全可靠运行。

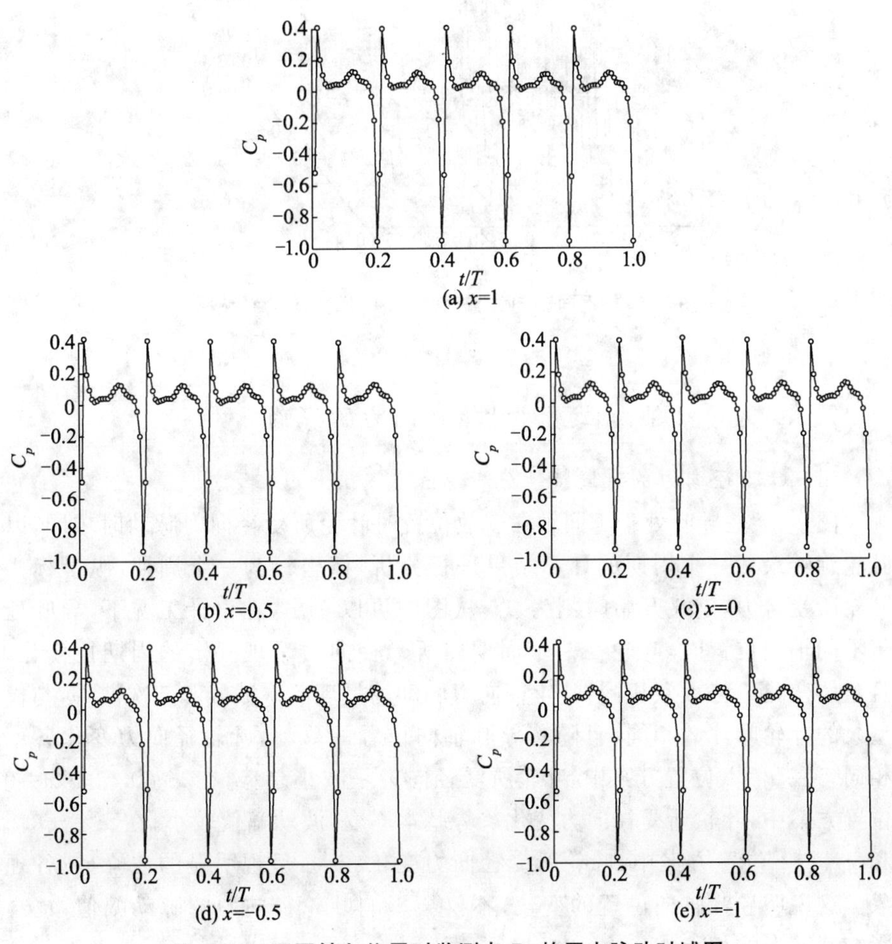

图 7-25　不同轴向位置时监测点 P_0 的压力脉动时域图

对5种不同导叶轴向位置的时域图做傅里叶变换(FFT)得到压力脉动频域图,频域图纵坐标为各个频域对应的压力脉动能量幅值。图7-26是导叶在不同轴向位置时点 P_0 的压力脉动频域图。由图可以看出,导叶在不同轴向位置时点 P_0 脉动主频均为123.75 Hz,是转频 $f_r=24.75$ Hz的5倍,恰好与叶频123.75 Hz一致,且其他脉动能量幅值均出现在叶频的整数倍处,呈现周期性降低,这说明随着导叶轴向位置的变化,叶轮出口的压力脉动主要由叶频决定,且导叶的轴向位置只影响压力脉动的幅值,也可以得出叶频是模型核主泵压力脉动的主要激振频率,而压力脉动与叶轮所受径向力有关。

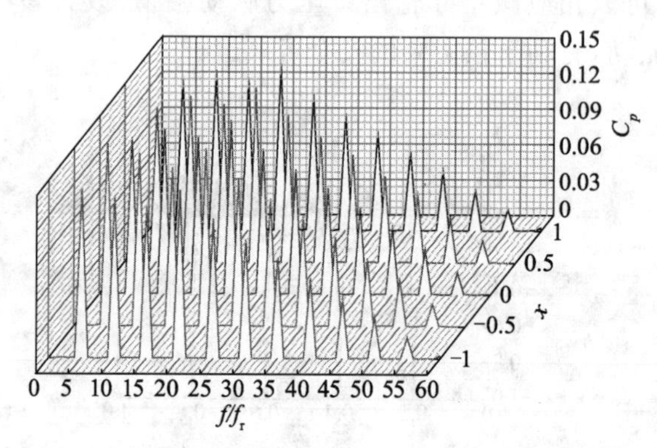

图7-26 不同轴向位置时点 P_0 的压力脉动频域图

7.3.4 导叶轴向位置对叶轮径向力的影响

(1) 叶轮径向力的时域特性分析

图7-27是导叶处于不同轴向安放位置时叶轮所受径向力脉动时域图,以叶轮旋转最后一个周期的计算结果进行分析,横坐标为一个周期,纵坐标为叶轮所受合力,定义开始时刻为0。从图中可以看出,在设计工况下,导叶处于不同轴向位置时,叶轮在一个周期内所受径向力呈现一定的周期性变化,且整体变化趋势大致相同,叶轮径向力脉动均呈现5次波峰和5次波谷,与模型泵的叶轮叶片数相同,且随着导叶轴向位置的移动,叶轮径向力变化各不相同。在 $x=1$ 位置方案中,叶轮所受径向力呈减小趋势;在 $x=0.5$ 和 $x=0$ 位置方案中,叶轮所受径向力变化趋势基本不变,波动幅值较小;在 $x=-0.5$ 和 $x=-1$ 位置方案中,叶轮所受径向力变化较大,呈现明显的波峰-波谷现象。这说明导叶轴向位置的变化,不仅会影响叶轮径向力的脉动幅值,也会影响其波形的相位。

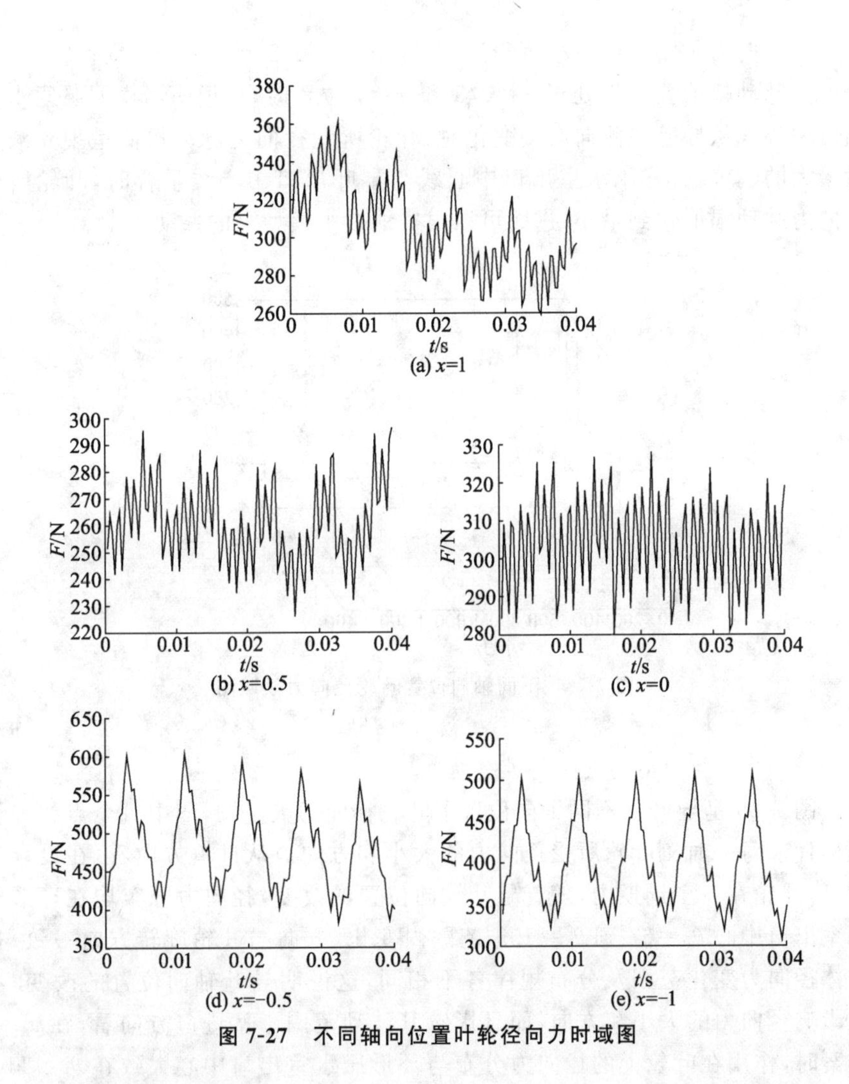

图 7-27　不同轴向位置叶轮径向力时域图

(2) 叶轮径向力的频域特性分析

叶轮转速为 1 485 r/min，叶片数为 5，经计算其转频 $f_r=24.75$ Hz，叶片通过频率 $T=5f_r=123.75$ Hz，对叶轮径向力时域图做傅里叶变换(FFT)得到叶轮径向力频域图。图 7-28 是导叶在不同轴向位置时的叶轮径向力频域图。由图可以看出，随着模型泵压水室出口中心线与导叶出口中心线的距离从 $x=-1$ 到 $x=1$ 变化时，径向力脉动的峰值大多发生在叶频($T=123.75$ Hz)的整数倍处，且在叶频的 1 倍处叶轮径向力脉动相对最大。这说明叶轮径向力脉动主要受叶频影响，转频对其影响较小。通过对比 5 种不同轴向位置的叶轮频域图发现，当模型泵压水室出口中心线与导叶出口中心线重合时，叶轮所受径向力脉动幅值最小，而导叶处于 $x=-0.5$ 和 $x=-1$ 位置时，叶轮径向力脉动幅值要大于处于 $x=0.5$ 和 $x=1$ 位置时，这说明当模型泵压水室出口中心线从导叶左侧向右侧变化时，叶轮所受径向力脉动幅值呈现先减小后增大的趋势，且在压水室出口中心线与导叶出口中心线重合时，叶轮所受径向力脉动幅值达到最小，进而可以很好地减小模型泵的振动。

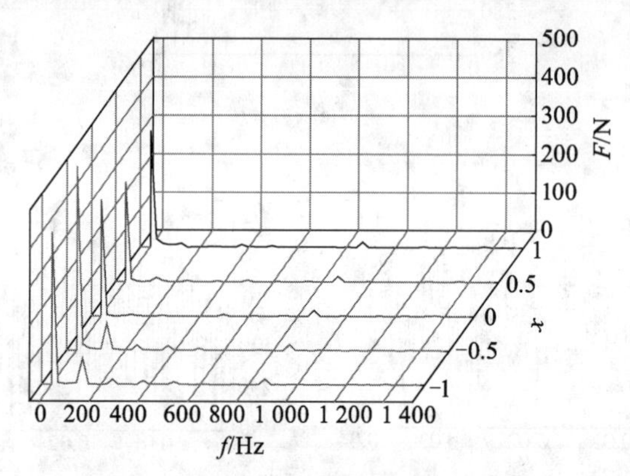

图 7-28　不同轴向位置叶轮径向力频域图

(3) 叶轮径向力的矢量特性分析

图 7-29 是导叶在不同轴向位置下叶轮径向力矢量图，图中每个点的矢量坐标代表每一时刻叶轮所受径向力的大小和方向。从进口方向看，在设计工况下，叶轮在一个周期内，随着导叶轴向位置的改变，径向力分布均在环形压水室出口中心 $\theta_1=67°$ 到 $\theta_2=109°$ 范围内变化，方向与叶轮旋转方向一致，且整体径向力变化范围及分布规律各不相同，这说明导叶轴向位置的改变，不仅影响径向力的大小和方向，而且影响其波动范围。从进口方向看，在 $x=1$ 方案时，作用在叶轮上的径向力分布与环形压水室出口中心大致在 $\theta_1=110°$ 到 $\theta_2=123°$ 范围内变化，分布比较集中；在 $x=0.5$ 方案时，作用在叶轮上的径向力分布与环形压水室出口中心大致在 $\theta_1=85°$ 到 $\theta_2=97°$ 范围内变化，分布更加集中；在 $x=0$ 方案时，作用在叶轮上的径向力分布与环形压水室出口中心大致在 $\theta_1=88°$ 到 $\theta_2=97°$ 范围内变化，分布最为集中；在 $x=-0.5$ 方案时，作用在叶轮上的径向力分布与环形压水室出口中心大致在 $\theta_1=67°$ 到 $\theta_2=90°$ 范围内变化，分布比较分散；在 $x=-1$ 方案时，作用在叶轮上的径向力分布与环形压水室出口中心大致在 $\theta_1=90°$ 到 $\theta_2=109°$ 范围内变化，分布也比较分散。通过对比可以得出，在 $x=0$ 方案时，也就是模型核主泵压水室出口中心线与导叶出口中心线重合时，叶轮所受径向力矢量分布相对最集中，且只在

$\Phi=9^{\circ}$内变化，这表明当导叶出口中心线与压水室出口中心线重合时，模型核主泵所受径向力波动范围最小，进而可以有效减小核主泵的振动，使核主泵处于最优工作状态。随着导叶出口中心线与压水室出口中心线轴向距离的增加，叶轮所受径向力在叶轮旋转一周时数值波动逐渐增加，径向力方向变化范围更大。

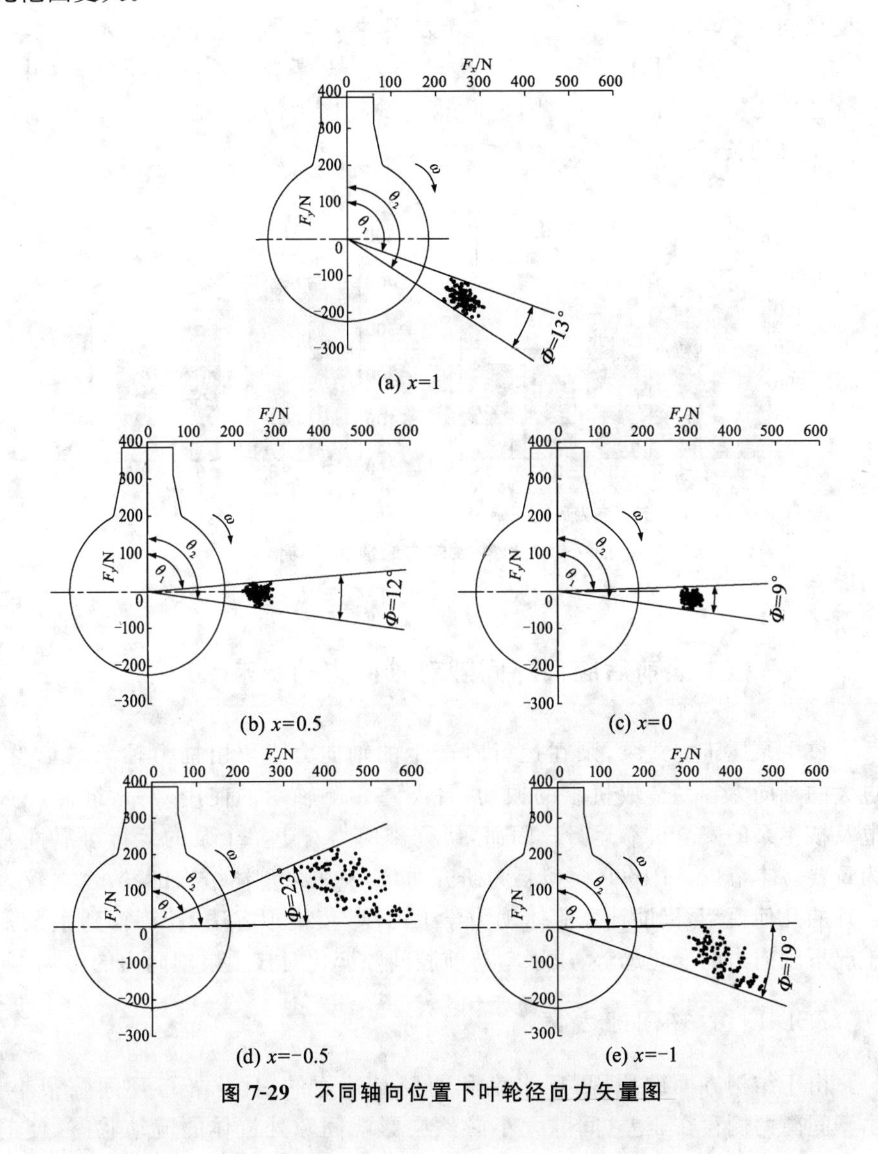

图 7-29 不同轴向位置下叶轮径向力矢量图

（4）叶轮径向力的幅值分析

图 7-30 是叶轮在不同轴向位置下所受径向力最值和平均值图。由图 7-30a

可知，在 $x=-1$ 方案时，叶轮所受径向力由 307.83 N 增加到 509.25 N；在 $x=-0.5$ 方案时，叶轮所受径向力由 367.98 N 增加到 604.30 N；在 $x=0$ 方案时，叶轮所受径向力由 279.93 N 增加到 328.01 N；在 $x=0.5$ 方案时，叶轮所受径向力由 226.03 N 增加到 296.23 N；在 $x=1$ 方案时，叶轮所受径向力由 258.85 N 增加到 361.63 N。由图 7-30b 可知，在 $x=-0.5$ 方案时，叶轮所受径向力平均值最大；而在 $x=0.5$ 方案时，叶轮所受径向力平均值最小；其次是 $x=0$ 方案时，叶轮所受径向力较小。可以看出，在 $x=0$ 方案时，叶轮所受径向力平均值相对大一些，但叶轮所受径向力波动范围较小，更加有利于核主泵的长期运行。

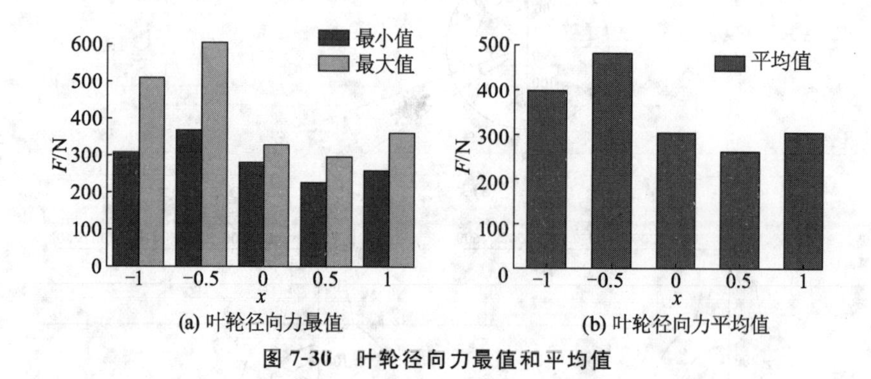

(a) 叶轮径向力最值　(b) 叶轮径向力平均值

图 7-30　叶轮径向力最值和平均值

7.4　核主泵前后腔口环间隙对轴向力的影响

核主泵属于立式泵，泵在运行时产生的轴向力主要由推力轴承来承受，过大的轴向力容易造成机组的振动，且严重影响轴承的使用寿命，继而严重危及核主泵的安全可靠运行。因而，研究轴向力对于整个泵的运行可靠性尤为重要。本节以 AP1000 模型泵为研究对象，从主泵整体结构出发，建立较为合理的几何模型，借助计算流体动力学 CFD 数值模拟方法，计算得到主泵多工况下轴向力的变化趋势、压水室与前腔间隙变化对核主泵轴向力的影响。

7.4.1　口环间隙方案

由于结构方面的原因，压水室和前腔是连通的，且此处口环间隙很小。由于间隙两侧存在压差，间隙大小必然会影响间隙处流体的流动状态，使前腔压力发生变化，叶轮受到的盖板力发生变化，进而影响转子轴向力。设计出 4 种方案来改变间隙大小，间隙 d 分别取 0.6，1.2，1.8，2.4 mm。模型泵计算方案示意图如图 7-31 所示。

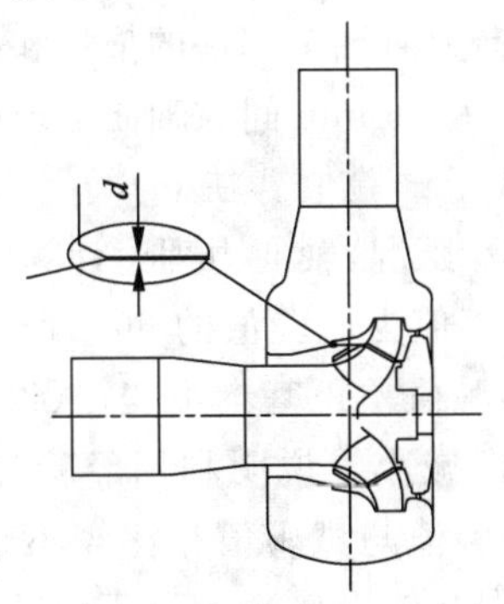

图 7-31　模型泵计算方案示意图

7.4.2　轴向力理论计算

对于核主泵而言,转子轴向力由以下各分力组成(选取从叶轮进口到泵进口为轴向力的正方向):① 叶轮前盖板外表面产生的盖板力,用 F_1 表示;② 叶轮后盖板外表面产生的盖板力,用 F_2 表示;③ 流体对叶片的动反力,用 F_3 表示;④ 叶轮前盖板内表面产生的盖板力,用 F_4 表示;⑤ 叶轮后盖板内表面产生的盖板力,用 F_5 表示。转子重量引起的轴向力不考虑(由于本节所用模型泵试验时采取卧式布置,故转子重量引起的轴向力为 0)。另外,传统上把叶轮内表面轴向力视为内力,并认为内力的合力为 0,这在理论上是正确的。但相比之下,将叶轮内表面轴向力作为轴向力分力更容易理解。转子轴向力 F 为上述各项分力的矢量和,即

$$F=F_1+F_2+F_3+F_4+F_5 \tag{7-5}$$

7.4.3　不同口环间隙下轴向力变化规律

(1) 4 种口环间隙下轴向力模拟值、0.6 mm 间隙时轴向力试验值和理论计算值对比

从图 7-32 可以看出,压水室与前腔间隙在不同取值时,轴向力有相同的变化趋势,轴向力随着流量的增加基本呈单调递减趋势。在设计工况,$d=$ 0.6 mm 时,轴向力最大;$d=2.4$ mm 时,轴向力最小,0.6 mm 间隙轴向力比 2.4 mm 间隙轴向力增加了 4.5%。$d=0.6$ mm 时,在 $1.0Q_d \sim 1.4Q_d$,轴向力从 7 582 N 减小到 2 118 N,出现急剧下降。这主要是由于从 $1.0Q_d \sim 1.4Q_d$,泵扬程从 20.68 m 减小到 5.34 m,严重影响了流道内静压分布,导致轴向力锐减。从图 7-32 可以看出,轴向力从设计工况到大流量工况的变化速率远大

于从小流量工况到设计工况的变化速率。因此，应该尽可能避免泵在大流量工况运行时急速变化的轴向力对轴承部件的损坏和对主泵稳定运行的影响。

从图 7-32 可以看出，$d=0.6$ mm 间隙轴向力理论计算值与试验值相差较大，且轴向力理论计算值低于试验值。在 $0.6Q_d$ 工况，轴向力理论计算值为试验值的 78.76%；在 $1.0Q_d$ 工况，轴向力理论计算值为试验值的 79.13%；在 $1.4Q_d$ 工况，轴向力理论计算值为试验值的 66.24%。可见，从小流量工况到设计工况，理论计算值与试验值差距基本不变；从设计工况到大流量工况，理论计算值与试验值差距逐渐减小。说明利用经验公式来确定混流式核主泵轴向力有一定的局限性，经验值与试验值相比较小。这主要是因为在动反力计算中叶轮出口轴面速度在叶轮出口边上是不同的，而经验公式中却用同一速度来计算动反力，因而是不准确的。此外，在计算作用于前盖板内侧上的轴向力分力时，近似用静扬程表达也不够准确。

从图 7-32 可以看出，随着流量增加，数值计算值和试验值都逐渐减小，且变化趋势大体一致。轴向力计算值曲线与试验值曲线在 $1.2Q_d$ 工况附近相交。当 $Q<1.2Q_d$ 时，轴向力计算值大于试验值；当 $Q>1.2Q_d$ 时，轴向力计算值小于试验值。当 $Q<0.7Q_d$，轴向力试验值和计算值随流量增加而逐渐减小，这是由于随着流量增加叶轮扬程下降，叶轮内流体压力降低。在 $0.7Q_d$～$1.2Q_d$，轴向力试验值和计算值随流量增加变化很小，这主要是由于在此流量范围内液流角与叶轮、导叶安放角匹配较好，使得叶轮内流体压力变化较小。在 $1.2Q_d$～$1.4Q_d$，轴向力试验值和计算值随流量增加迅速减小，这主要是由于大流量工况下，叶轮进口安放角以及叶轮与导叶、压水室之间匹配性恶化，使得泵内流动失稳，叶轮内流体压力降低，导致轴向力急剧下降。

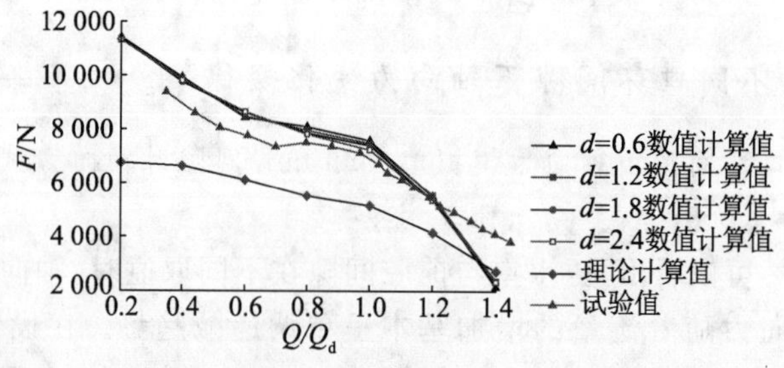

图 7-32　不同间隙时轴向力的计算值和理论值、试验值曲线

(2) 不同口环间隙下轴向力各分力随流量的变化规律

图 7-33 为不同间隙下轴向力各分力随流量的变化情况。从图中可以看出，在不同间隙下，轴向力各分力随着流量增加具有相同的变化规律。其中，

F_2, F_3, F_4 方向始终相同，指向叶轮吸入口方向，与 F_1, F_5 方向相反。从数值大小上看，F_1, F_2 的数值大于其他轴向力分力。随着流量变化，F_1, F_2, F_4, F_5 的绝对值逐渐变小，这主要是由于叶轮内压力随着流量增加逐渐减小；F_3 随着流量增加先增加后减小，这是由于偏离设计工况时流动失稳，流体对叶片的动反力减弱。

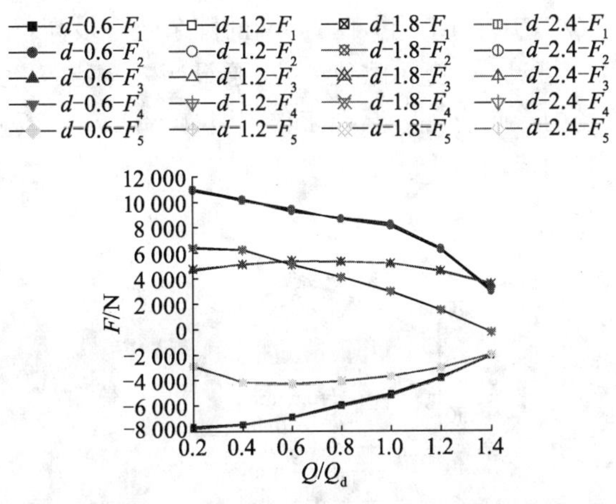

图 7-33　不同间隙时各部分轴向力随流量的变化曲线

7.4.4　口环间隙变化对核主泵外特性的影响

从图 7-34 可以看出，不同间隙值时，从 $0.6Q_d \sim 1.4Q_d$，扬程出现了相似的变化曲线。在 $1.2Q_d$ 工况，1.2 mm 间隙扬程比 2.4 mm 间隙高 3.3%。在设计工况，0.6 mm 间隙扬程比 1.8 mm 间隙高 1.8%。在 $0.8Q_d$ 工况，1.8 mm 间隙扬程比 1.2 mm 间隙高 0.5%。可见，泵在工作流量（$0.8Q_d \sim 1.2Q_d$）运行时，间隙大小对泵扬程的影响逐渐增加。这主要是由于间隙值增加加剧了间隙处流动对流场影响的程度。

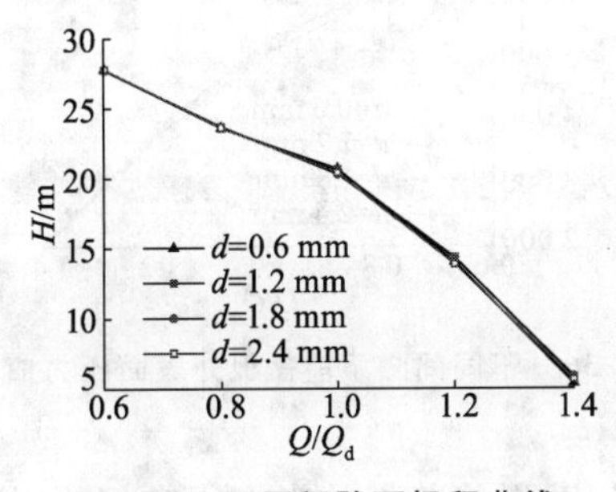

图 7-34　不同间隙下扬程曲线

如图 7-35 所示，在不同间隙值时，随着流量增加泵效率变化趋势基本保持一致，尤其在小流量工况十分吻合。从 $1.0Q_d$～$1.4Q_d$，随着间隙值增加泵效率陡降。在 $0.8Q_d$ 工况下，1.8 mm 间隙泵效率最高，相比 0.6 mm 间隙提高了 0.5%。在设计工况下，0.6 mm 间隙泵效率最高，相比 1.8 mm 间隙提高了 1.66%。在 $1.2Q_d$ 工况下，1.8 mm 间隙泵效率最高，相比 2.4 mm 间隙提高了 2.17%。在 $1.4Q_d$ 工况下，1.8 mm 间隙泵效率最高，相比 0.6 mm 间隙提高了 1.28%。可见，随着间隙值变化，泵最高效率点发生了改变。这与间隙值变化对流场的影响有关。泵在工作流量（$0.8Q_d$～$1.2Q_d$）运行时，间隙大小对泵效率的影响逐渐增加。

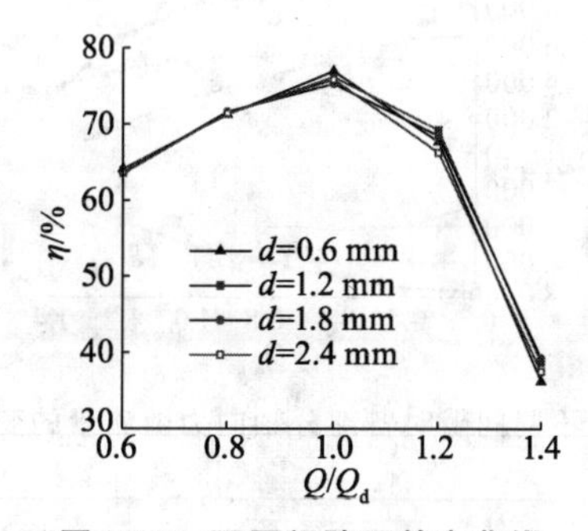

图 7-35　不同间隙下效率曲线

7.4.5　口环间隙变化对核主泵内流场的影响

(1) 不同口环间隙下前后盖板外表面压力分析

从图 7-36 可以看出，随着流量增加，不同间隙下前盖板外表面压力有相似的变化趋势。

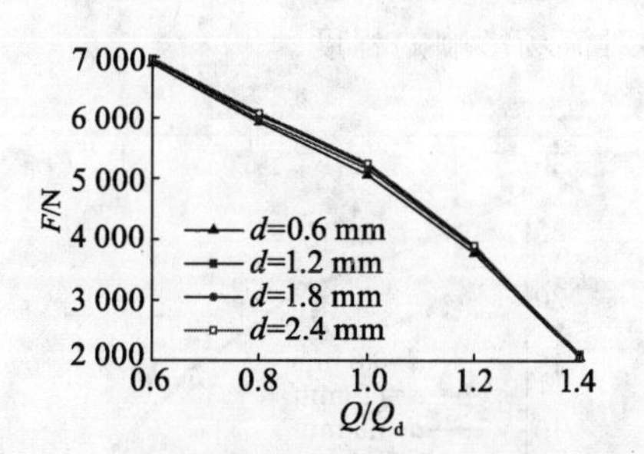

图 7-36　不同间隙下前盖板外表面压力曲线

在各个工况，不同间隙下前盖板外表面压力相差很小。从多工况角度来看，2.4 mm 间隙前盖板外表面压力较大，0.6 mm 间隙前盖板外表面压力较小。这是由于随着间隙增加，从压水室内流入前腔的高压流体流量增加，而从叶轮出口与导叶进口之间间隙处流入的低压流体减少，使得前腔内流体压力增加。从 $0.6Q_d$～$1.4Q_d$ 工况，前腔外表面压力变化速率基本一致。

从图 7-37 中可以看出，不同间隙下后盖板外表面压力变化趋势相似，均随着流量增加逐渐减小。从小流量工况到设计工况，后盖板外表面压力变化速度较为平缓；从设计工况到大流量工况，后盖板外表面压力变化速度陡增。可以看出，取不同间隙值时，后盖板外表面压力有所变化，这主要是由于间隙变化对压水室内流动状态的改变间接影响了后腔内流体的流动状态，使得后盖板外表面压力发生变化。

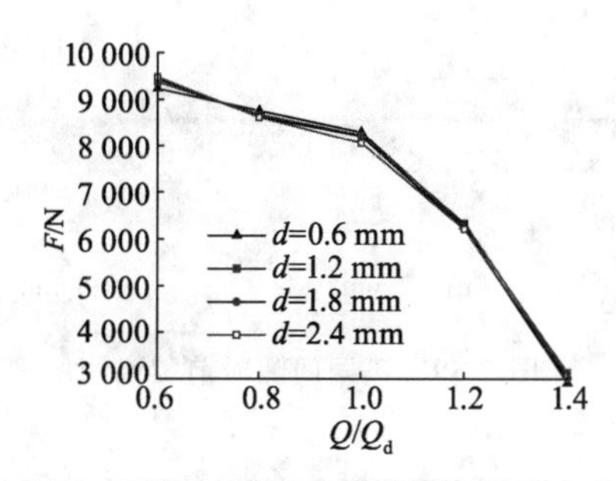

图 7-37　不同间隙下后盖板外表面压力曲线

(2) 不同口环间隙下前腔流场分析

由图 7-38 可以看出，随着间隙值增加前腔内流体压力逐渐增大。由于间隙的存在，从叶轮流入前腔的流体受到来自压水室流体的冲击，使得其压力在相对密闭的空间里增加。同时，随着间隙增加，压水室内高压流体越来越多地流入前腔，使得叶轮前盖板外表面压力增加。在 1.2 mm 间隙和 1.8 mm 间隙时，间隙处靠近前腔的一段出现相对低压区。这是由于压水室内的流动是复杂的，出现了压力脉动，从压水室流入前腔的流体也具有脉动性。前腔内流体与来自压水室的流体混合，使得前腔内流体的流动出现压力脉动。在压力脉动的影响下，前腔内的高压流体又反向流向压水室，直至前腔内的相对高压得到释放。在这一过程中，间隙处出现高低压区域混合的状态。可以得出，由于间隙的作用，前腔内流体与压水室内流体在压力脉动的影响下进行着双向复杂流动。

从图 7-39 中可以看出，前腔内流动出现了很多漩涡。特别地，在黏性的作用下，由于前盖板的旋转带动作用，在前盖板外表面处出现了一系列附着涡。此外，在前腔末端部分，由于边界的封闭性，也出现了大小各异的漩涡。

可以看出，随着间隙增大，从压水室流入前腔的流体不断增加，这些流体与来自叶轮、导叶之间间隙处的流体相互作用，使得前腔间隙与前腔连接处的流动更加舒缓，进而使得整个前腔内流动随着间隙增大而逐渐稳定。在2.4 mm间隙时，只在前盖板外表面处出现较小的漩涡。

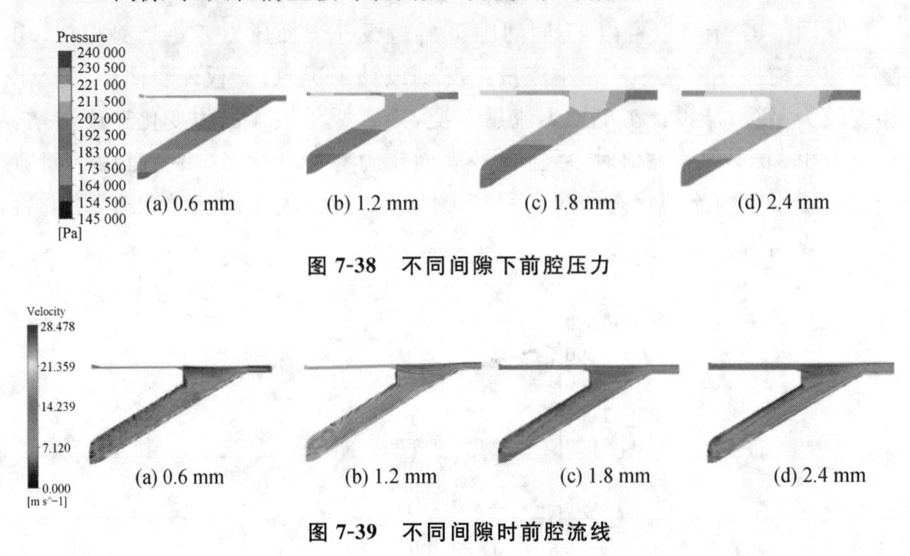

图 7-38　不同间隙下前腔压力

图 7-39　不同间隙时前腔流线

(3) 不同间隙下压水室内的流场特性

从图7-40中可以看出，在不同间隙值时，压水室内都出现了明显的涡带。压水室与后腔连接部分的流线也存在一定的差异。在设计工况下，由于间隙变化对压水室流动的影响，压水室流线有一定差异。不同间隙值时，导叶出口流线也有一定差异，这主要是由于间隙变化引起前腔压力的改变，影响了导叶入口处的流动状态，从而影响了导叶内流体的流动状态。

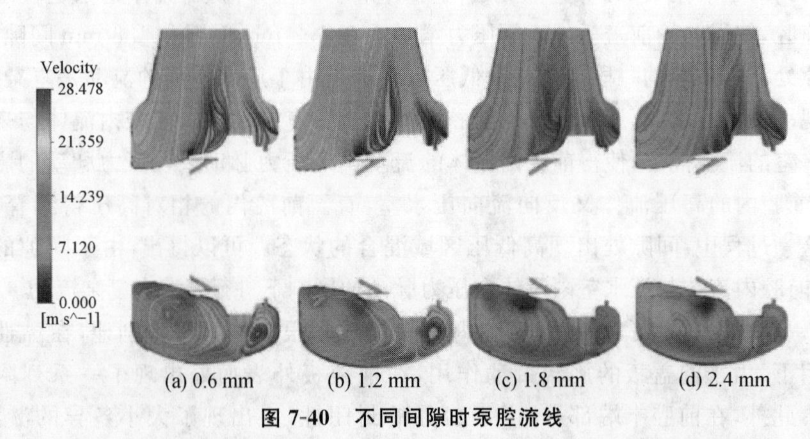

图 7-40　不同间隙时泵腔流线

从图 7-41 可以看出，随着流量增加，压水室损失的效率逐渐增加，不同间隙值时压水室损失的效率有相似的变化趋势。在小流量工况下，不同间隙压水室损失的效率相差很小。从设计工况到大流量工况，不同间隙压水室损失的效率差距逐渐增大。在设计工况下，0.6 mm 间隙压水室损失效率为 7.361%，1.8 mm 间隙压水室损失效率为 8.436%；相比 1.8 mm 间隙，0.6 mm 间隙压水室效率提高了 1.075%。在 1.2Q_d 工况下，1.8 mm 间隙压水室损失效率为 13.571%，2.4 mm 间隙压水室损失效率为 15.219%；相比 2.4 mm 间隙，1.8 mm 间隙压水室效率提高了 1.648%。

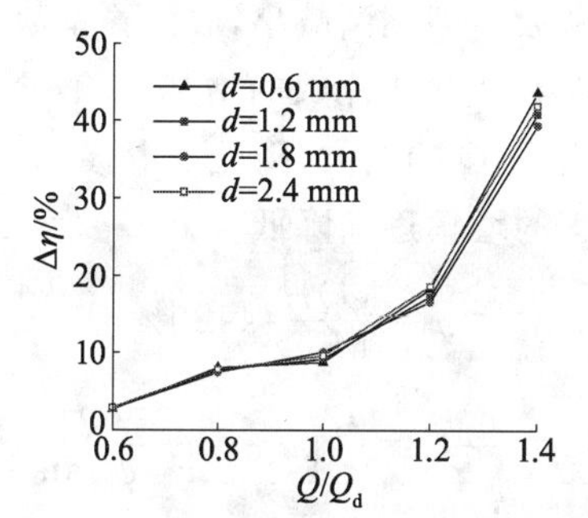

图 7-41 不同间隙下压水室损失的效率

7.5 核主泵叶轮叶片数与叶片载荷的关联性分析

核主泵的设计和核主泵的性能改善往往都以叶轮的设计作为出发点，叶轮作为核主泵最重要的做功部件，对核主泵叶轮叶片数的正确选择，可以显著提高核主泵的水力性能。叶轮叶片数的不合理选择会造成流动介质与叶轮之间的摩擦损失增大，叶片对流动介质的作用变弱，从而使叶片所受的负荷变大。此外，水动力、离心力及激振力等交变载荷的作用也会使得核主泵运行不稳定，故深入分析核主泵叶轮叶片数与叶片载荷的关联性将有助于核主泵的优化设计和运行。因此，采用 FLUENT 对模型泵进行全流场定常计算，分析叶轮叶片数对核主泵性能的影响，并得到中心平面上的压力变化规律、湍动能变化规律、流场分布规律及速度矢量分布规律，通过分析不同叶轮叶片数下叶片载荷的变化规律，建立动压载荷系数与静压载荷系数 2 个无量纲系数，为核主泵叶轮的优化设计提供一定的参考。

7.5.1 叶轮叶片数对核主泵外特性的影响

为分析叶轮叶片数对核主泵性能的影响，保持导叶叶片数为 18 不变，比

较叶轮叶片数 $Z=4,5,6,7$ 时核主泵性能的变化规律。

如图 7-42 所示，随着叶轮叶片数的增加，从小流量工况到设计工况再到大流量工况，泵的扬程都呈现出逐渐增大的趋势，其增大的幅值分别为 2.95，3.35，1.19 m。小流量工况下，叶轮叶片数从 5 增加到 6 时泵扬程的增加幅度较其他 2 种叶片情况更为明显；设计工况下，叶轮叶片数从 4 增加到5 时泵扬程有明显增幅，之后随着叶轮叶片数的增加泵扬程增加幅度逐渐降低；大流量工况下，随着叶轮叶片数的增加泵扬程增幅甚微。通过对理论扬程使用斯托道拉公式进行修正，根据式(7-6)～式(7-9)，滑移系数 σ 随着叶轮叶片数的增加而逐渐增大，排挤系数 ψ 则逐渐减小，故滑移系数 σ 较排挤系数 ψ 而言对扬程的影响更为显著，随着叶轮叶片数的增加，扬程逐渐增大，变化趋势与图 7-42 相同。同时，随着流量 Q 的增大，降低了滑移系数 σ 对扬程的影响，随着叶轮叶片数的增加，扬程的增幅逐渐降低。

$$\eta=\frac{\rho gQH}{M\omega}\times 100\% \tag{7-6}$$

$$H_{\mathrm{th}}=\frac{u_2 v_{u2}}{g}=\frac{u_2}{g}\left(u_2\sigma-\frac{Q}{F_{02}\psi_2\tan\beta_2}\right) \tag{7-7}$$

$$\sigma=1-\frac{\pi}{Z}\sin\beta_2 \tag{7-8}$$

$$\psi=1-\frac{ZS_{u2}}{\pi D_2} \tag{7-9}$$

式中：η 为泵效率，%；ρ 为介质密度，kg/m^3；M 为作用于叶轮的转矩，N·m；ω 为叶轮的旋转角速度，rad/s；v_{u2} 为叶轮出口处绝对速度的圆周分速度，m/s；u_2 为叶轮出口圆周速度，m/s；σ 为滑移系数；ψ_2 为叶片出口排挤系数；F_{02} 为叶轮出口轴面流线的过水断面面积，m^2；β_2 为叶轮出口安放角，(°)；D_2 为叶轮出口直径，m。

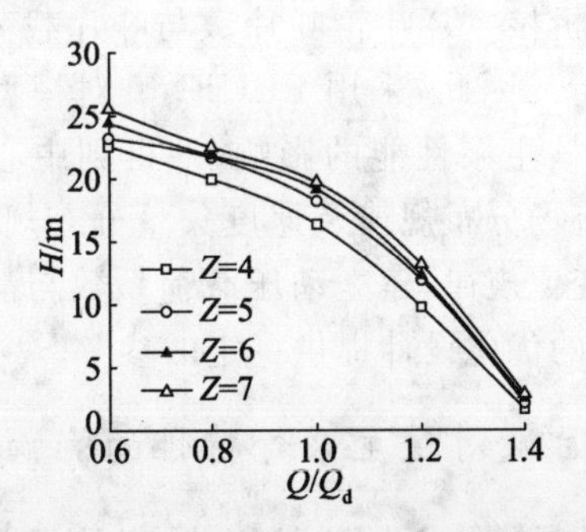

图 7-42　叶轮叶片数对泵扬程的影响

如图 7-43、图 7-44 所示，随着叶轮叶片数的增加，从小流量工况到大流量工况，泵效率先增大后减小，轴功率变化趋势与泵效率变化趋势保持一致。在叶轮叶片数由 5 增至 7 时，泵效率逐渐降低，这是因为随着叶轮叶片数的增加，叶轮的做功能力逐渐增强，根据式(7-6)及图 7-44，所对应的轴功率变化程度越大，此时泵所消耗的功率要大于主机所能提供的功率，同时叶片数的增多也会带来叶片表面摩擦损失的增大，使得泵效率逐渐下降。当叶轮叶片数 Z=4 时，由于叶轮叶片数过少，会造成叶轮做功不足。当叶轮叶片数 Z=5 时，由于奇数叶片能有效地减少共振的发生，同时较多叶片数减少了叶片的排挤，保证了液流的稳定性，提高了叶轮对流体的控制能力和能量转换能力，因此从小流量工况到大流量工况，5 枚叶片叶轮的泵效率均最高。

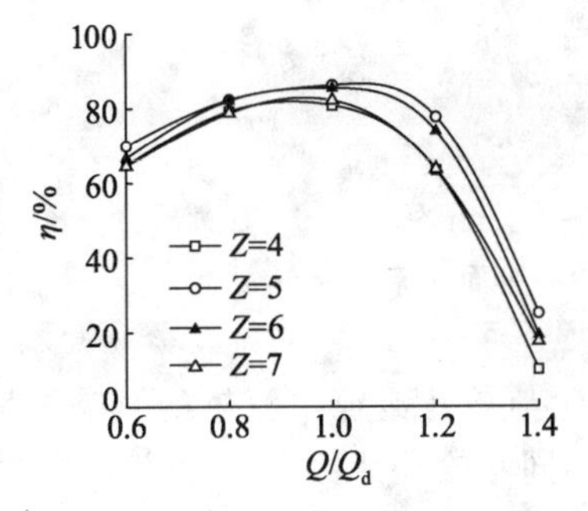

图 7-43　叶轮叶片数对泵效率的影响

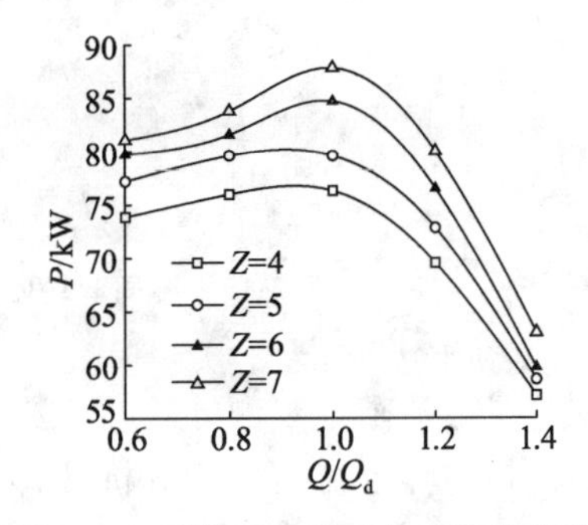

图 7-44　叶轮叶片数对轴功率的影响

7.5.2　叶轮叶片数对核主泵内流场的影响

根据图 7-45 可以清晰地观察到不同叶轮叶片数下中心平面的流线分布，叶轮叶片数 $Z=5$ 时流线相对顺畅，叶轮、导叶和压水室内流动状态良好，没有出现漩涡和流动方向突变。其余叶轮叶片数的模型泵中，流动紊乱区域主要集中在压水室与出口交接处的右侧区域(图中椭圆区域)，这主要是由隔舌对流体的强制分离并引起回流所导致的，此时从压水室左侧流出流体的一部分通过绕流左侧隔舌进入出口扩散段而从泵内流出，另一部分则流向压水室右侧，重新流入环形流域的流体被迫改变了速度方向，从而导致流动漩涡的产生；同时，右侧隔舌冲击区所产生的漩涡会对流道形成阻塞作用，并对流体在环形压水室内的流动规律产生很大影响。在叶轮叶片数 $Z=4$ 和 $Z=7$ 时，部分导叶流道内部分布着不同形状和强度的漩涡。

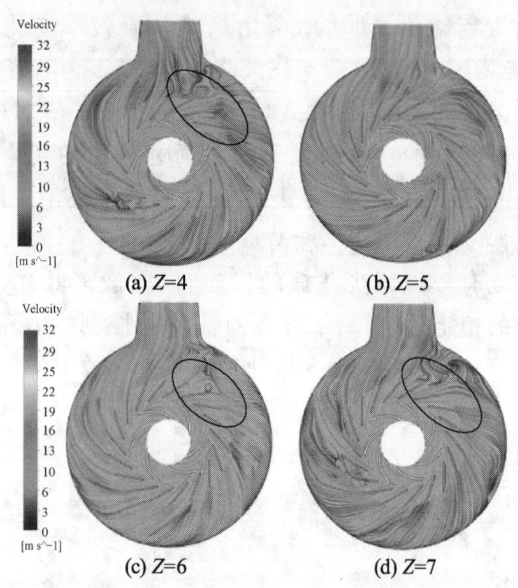

(a) Z=4　(b) Z=5

(c) Z=6　(d) Z=7

图 7-45　不同叶轮叶片数下中心平面的流线分布

为了更清晰地观测叶轮叶片数对于叶轮与导叶流道内流体的影响,仅取叶轮流道与导叶流道进行分析,图 7-46 为不同叶轮叶片数下叶轮流道与导叶流道中心平面的压力、相对速度矢量图。对比导叶流道处的压力、速度矢量图,在叶轮叶片数 $Z=4$ 和 $Z=7$ 时,从部分导叶流道处可以看到明显的二次回流现象,且此处压力梯度变化不均匀并明显突增;在叶轮叶片数 $Z=5,6$ 时,导叶流道内流体流动稳定,没有回流现象,且压力梯度变化均匀,导叶同一位置 5 枚叶片叶轮的压力分布要低于 6 枚叶片叶轮。故流线的紊乱分布、流体的回流及压力的不均匀分布导致了水力损失的增大,降低了泵的效率,5 枚叶片叶轮是综合呈现出的最佳叶轮。

湍动能是指时均流通过雷诺切应力做功给湍流提供以能量,湍流涡的剧烈程度通过湍动能来表示,湍动能的值越大,就代表此处流体速度脉动越剧烈,说明此处流体的能量损失越大,流体流动越不稳定。图 7-47 为不同叶轮叶片数下中心平面的湍动能分布图,可以看出,不同叶轮叶片数下,在环形压水室右侧隔舌处的流动极不稳定,此处湍动能值明显增大,表明此时的流动极不稳定,水力损失较大。不难看出,当叶轮叶片数 $Z=5$ 时,导叶叶片数与叶轮叶片数的合理匹配能够明显改善导叶及环形压水室的内部流动,可以有效地减少水力损失,使流动更加稳定;当叶轮叶片数 $Z=4,6$ 时,此时导叶叶片数与叶轮叶片数的匹配并不互质,会增大叶轮与导叶间动静干涉的波动,引起湍动能的增大；当叶轮叶片数 $Z=7$ 时，在叶轮出口与导叶流道内湍动能明显增大，这是因为叶片数的增多增加了叶片对流体的排挤，不利于流体能量的转换。

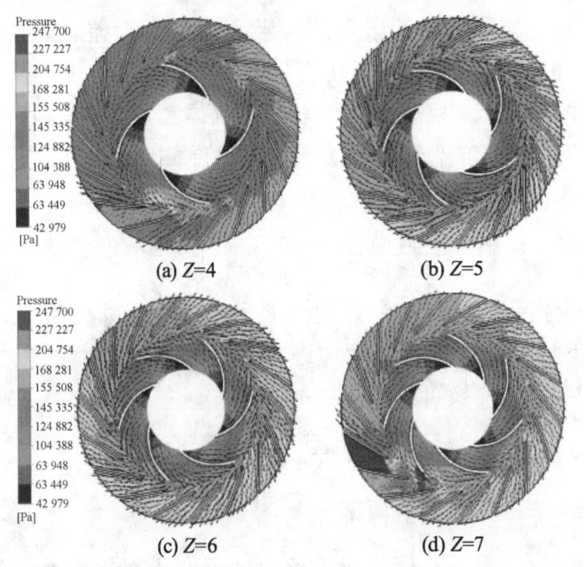

图 7-46 不同叶轮叶片数下中心平面的压力、相对速度矢量图

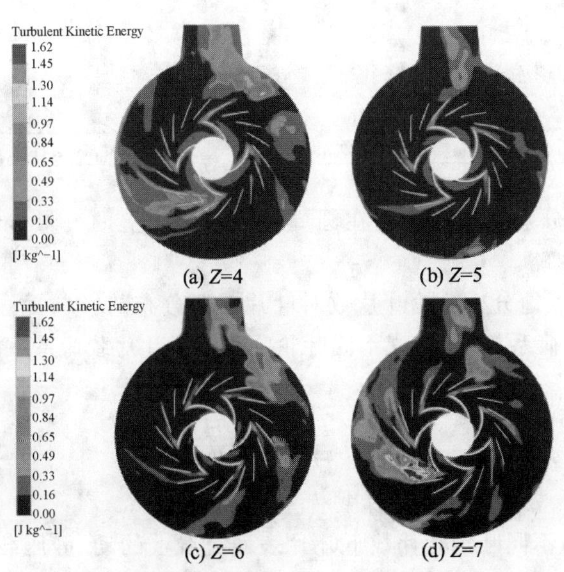

图 7-47 不同叶轮叶片数下中心平面的湍动能分布图

7.5.3 叶轮叶片数对核主泵叶片载荷的影响

(1) 理论基础

在叶片设计中，叶片载荷的分布形式是衡量叶轮性能的重要指标，叶片载荷是指同一叶片相同半径处压力面与吸力面的压力差，通过分析叶轮叶片吸力面、压力面的压力分布，可以获得叶片表面的载荷分布及其变化规律。对于运动的流体而言，认为总压是作用在与流体流动方向垂直的过流断面上的压力；静压是作用在与流体流动方向平行的面上的压力；总压与静压之差称为动压。根据流体机械的欧拉方程：

$$H_{th}=\frac{u_2 v_{u2}-u_1 v_{u1}}{g}=\frac{v_2^2-v_1^2}{2g}+\frac{u_2^2-u_1^2}{2g}+\frac{w_1^2-w_2^2}{2g} \tag{7-10}$$

式中：H_{th}为理论扬程，m；u,v,w 分别为流场中某点的圆周速度、绝对速度、相对速度，m/s；下标 1,2 分别表示叶片进、出口。

将式(7-10)进行变换可得：

$$\rho g H_{th}=\rho\left(\frac{v_2^2-v_1^2}{2}+\frac{u_2^2-u_1^2}{2}+\frac{w_1^2-w_2^2}{2}\right)=\rho H_d+\rho H_p \tag{7-11}$$

由此可以将总压分为以下两部分：

第一部分，$\rho\frac{v_2^2-v_1^2}{2}=\rho H_d$ 表示由绝对速度变化引起的动压。

第二部分，$\rho\left(\frac{u_2^2-u_1^2}{2}+\frac{w_1^2-w_2^2}{2}\right)=\rho H_p$ 表示由圆周速度、相对速度变化引起的静压。

根据斯托道拉公式进行修正：

$$\rho\frac{v_2^2-v_1^2}{2}=\rho\frac{v_{u2}^2+v_{m2}^2-v_{u1}^2-v_{m1}^2}{2}=\rho\frac{v_{u2}^2}{2}=\rho\frac{\left(u_2\sigma-\frac{Q}{F_{02}\psi_2\tan\beta_2}\right)^2}{2} \tag{7-12}$$

式中：v_u 和 v_m 分别为绝对速度在圆周方向和轴向上的分量，m/s；$v_{m2}=v_{m1}$；v_{u1}很小，可以忽略。

为了更深入地分析叶轮叶片数对叶片载荷分布的影响，引入静压载荷系数 λ_p 和动压载荷系数 λ_d，建立不同叶轮叶片数下叶片载荷系数沿流线的变化曲线。

$$\lambda_p=\frac{H_p}{H_{th}},\lambda_d=\frac{H_d}{H_{th}} \tag{7-13}$$

(2) 不同叶轮叶片数下叶片载荷分布规律

图 7-48 为不同叶轮叶片数下叶片表面流线上的动、静压载荷变化规律，横坐标表示叶片流线的相对位置，其中 0 代表叶片进口，1 代表叶片出口。由

图 7-48 可以看出，叶片流线上的动、静压载荷在不同叶轮叶片数下的变化规律基本一致，从叶片进口边到叶片出口边，动、静压载荷先增大后减小。随着叶轮叶片数的增多，叶片流线不同位置处的动、静压载荷均有所减小，载荷的峰值点逐渐靠近叶片出口边，且叶片载荷的变化梯度逐步递减。当叶轮叶片数 $Z=4$ 时，叶片载荷的峰值点位于叶片流线的中间位置 0.5 处，且此位置处叶片载荷有突跃性变化，这是由于叶轮叶片数过少时，叶轮对流体的控制能力不足，同时此时的叶片个数为偶数，无法很好地减少共振的发生，因而造成了叶片载荷的突跃性变化；当叶轮叶片数 $Z=5$ 时，叶片载荷的峰值点位于叶片流线位置的 0.7 处，此时叶片载荷变化平缓，泵性能最优，叶片载荷存在最优变化梯度；当叶轮叶片数 $Z=6,7$ 时，叶片载荷的峰值点靠近叶片出口边位于叶片流线位置的 0.8 处，随着叶轮叶片数的增多，叶轮对流体的控制能力增强，此时叶片载荷的变化更加平缓，但泵性能却逐步下降，说明偏离最优变化梯度时，即使载荷梯度变得更加平缓，泵性能也会进一步下降。

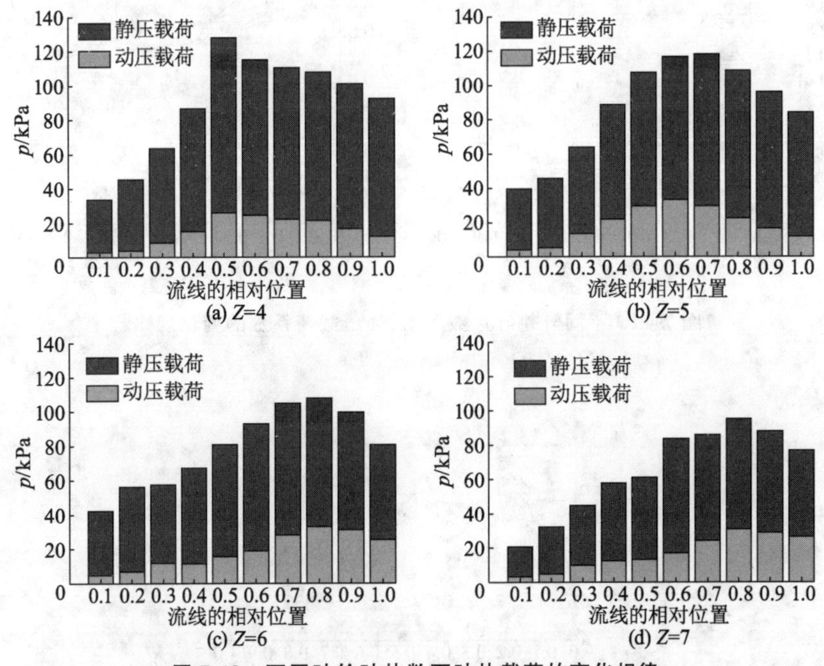

图 7-48 不同叶轮叶片数下叶片载荷的变化规律

如图 7-49 所示，随着叶轮叶片数的增多，动压载荷系数的峰值点逐渐向叶片出口边移动，动压载荷系数均逐渐增大，静压载荷系数均逐渐减小，所以动压载荷系数对泵性能的影响更为显著。当叶轮叶片数 $Z=4,5$ 时，动压载荷系数先增大后减小，动压载荷系数的峰值点位于叶片流线的中间位置 0.5 处；当叶轮叶片数 $Z=6,7$ 时，动压载荷系数逐步增大，动压载荷系数的峰值点位于叶片流线出口边位置 1.0 处。静压载荷系数的变化规律与动压载荷系数恰好相反。当叶轮叶片数从 4 变化到 7 时，动压载荷系数所占比例分别为 0.21，0.28，0.30，0.36，动压载荷系数所占比例逐渐增大。如图 7-50 所示，随着叶轮叶片数的增多，绝对速度在圆周方向上的分量逐渐增大，这导致了动压载荷逐渐增大，然而此时泵性能却逐步下降，产生此现象的主要原因是：当速度从进口至出口呈现急剧增大的分布时，不利于限制边界层的增长和避免叶片尾部的边界层分离，由此增大了摩擦损失和脱流损失，造成泵性能下降。综上，当叶轮叶片数 $Z=5$ 时，泵性能最优，此时动压载荷系数先增大后减小，动压载荷系数的峰值点位于叶片流线的中间位置 0.5 处，所占比例为 0.28。

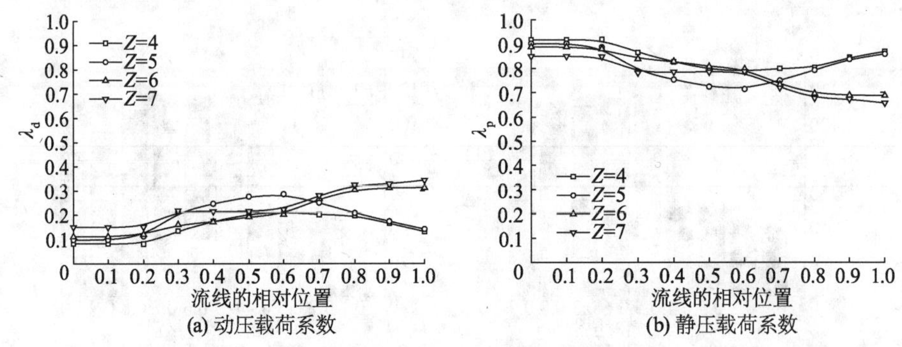

(a) 动压载荷系数　　(b) 静压载荷系数

图 7-49　不同叶轮叶片数下动、静压载荷系数的变化规律

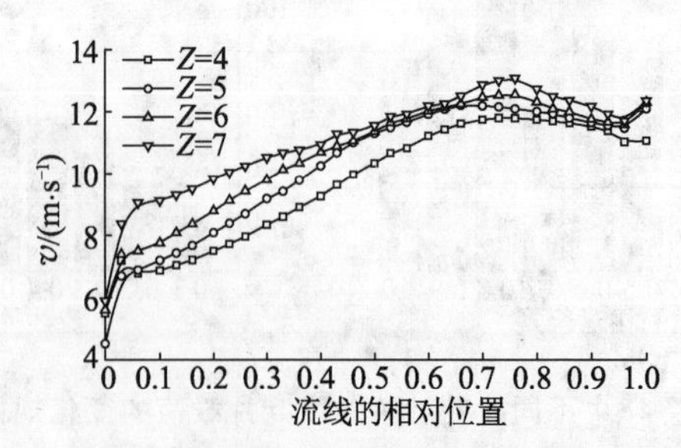

图 7-50　不同叶轮叶片数下叶轮流道内绝对速度的变化规律

8

核主泵动静叶栅内部空化流动特性研究

核主泵的稳定运行对整个核电系统的发电能力与安全至关重要。在核电站中,一回路中任一管路破裂引发的失水事故,核主泵的密封破坏引起的泄漏,二、三回路故障引起的一回路温度上升,以及核电站的启停、断电等瞬态工况都会导致冷却剂发生相变,形成水气两相状态。此状态对核主泵的性能影响极大,使其输送冷却剂的能力大幅度降低。如果不及时处理,气泡继续堆积会引起流道内断流和反应堆芯过热,对核主泵性能和安全运行造成严重影响。本章从弱空化状态下核主泵空化流动特性与能量转换关系,弱空化状态下空化发展对核主泵性能的影响,空化状态下核主泵叶轮内流场分布规律,以及叶片进口边几何形状对核主泵空化流动特性的影响等几个方面对核主泵空化特性进行研究。

8.1 弱空化状态下核主泵空化流动特性与能量转换关系

目前,有关空化对核主泵内能量转换的影响研究较少。本章采用 ANSYS CFX 对核主泵进行全流场空化流动数值模拟。从不同空化状态下叶轮对流体做功的变化出发,研究空化发展对核主泵内能量转换的影响机理。通过数值计算,首先预测核主泵空化性能曲线,得出空化发展规律;其次分析不同空化状态下压力、速度等参数沿流线的变化规律;最后结合泵基本方程,对空化状态下核主泵内动、静扬程变化规律进行分析,得出空化发展对能量转换的影响。

8.1.1 空化模型计算方法

(1) 控制方程

空化流可以看作一种均匀气液混合物,其各相具有相同的速度和压强,

且相间满足无滑移条件。此种均匀平衡流模型的连续性方程和动量方程为

$$\frac{\partial \rho}{\partial t}+\frac{\partial(\rho u_j)}{\partial x_j}=0 \tag{8-1}$$

$$\frac{\partial(\rho u_j)}{\partial t}+\frac{\partial(\rho u_i u_j)}{\partial x_j}=\rho f_i-\frac{\partial \rho}{\partial x_i}+\frac{\partial}{\partial x_i}\left[(\mu+\mu_t)\left(\frac{\partial u_i}{\partial x_j}+\frac{\partial u_j}{\partial u_i}-\frac{2}{3}\frac{\partial u_k}{\partial x_k}\delta_{ij}\right)\right] \tag{8-2}$$

$$\rho=\rho_v\alpha_v+\rho_l(1-\alpha_l) \tag{8-3}$$

式中：ρ 为密度；α 为体积分数；u_i，u_j 为速度分量；δ_{ij} 为克罗内克数；μ，μ_t 分别为混合介质动力黏度、湍流黏度；下标 v 和 l 分别表示气体和液体。

(2) 空化模型

空化模型采用基于 Rayleigh - Plesset 提出的气泡生长方程，即

$$R_B\frac{d^2R_B}{dt^2}+\frac{3}{2}\left(\frac{dR_B}{dt}\right)^2+\frac{2S}{R_B}=\frac{p_v-p}{\rho_f} \tag{8-4}$$

式中：R_B 为气泡半径；S 为表面张力系数。

8.1.2 试验验证

为了验证数值计算的可靠性，将模型泵数值计算结果与试验结果进行对比。

图 8-1 为模型泵水力性能模拟与试验结果，其中 Q_d 为模型泵设计流量。从图 8-1 中可以看出，数值计算结果与试验结果吻合较好。核主泵模型泵设计工况点的扬程模拟值为 17.8 m，试验值为 17.3 m，两者相对误差为 2.8%；设计工况点的效率模拟值为 84.4%，试验值为 82.5%，两者相对误差为 2.25%。在小流量和大流量工况下，由于偏离设计工况时液流角与叶轮、导叶安放角不匹配造成计算精度下降，扬程和效率计算误差有所增大，但扬程误差不超过 5.7%，效率误差不超过 7.2%。

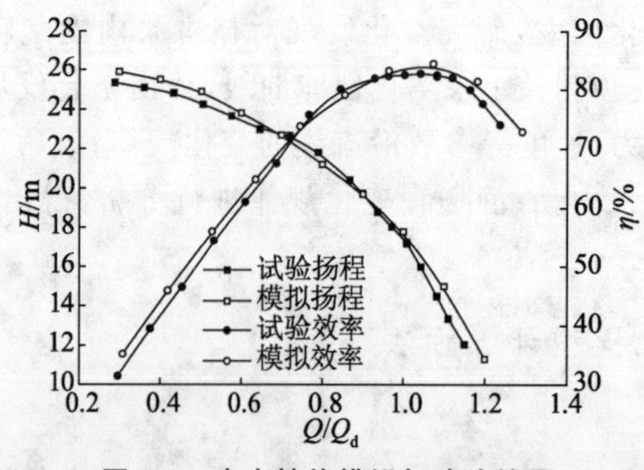

图 8-1 水力性能模拟与试验结果

图 8-2 为核主泵空化模拟与试验数据，其中 NPSHa 为有效空化余量（又称装置空化余量）。由图 8-2 可知，空化数值模拟结果与试验结果较为吻合，变化趋势一致。核主泵模型泵必需空化余量模拟值为 4.87 m，试验值为 5.2 m，两者均小于设计要求的 8 m，其相对误差为 4.1%。

基于本研究只是针对设计工况下核主泵发生弱空化时的空化流动与能量转换关系，综合水力性能试验和空化试验数据，根据对模型的误差分析可知，该数值模拟具有一定精度，能够适用于本研究工作。

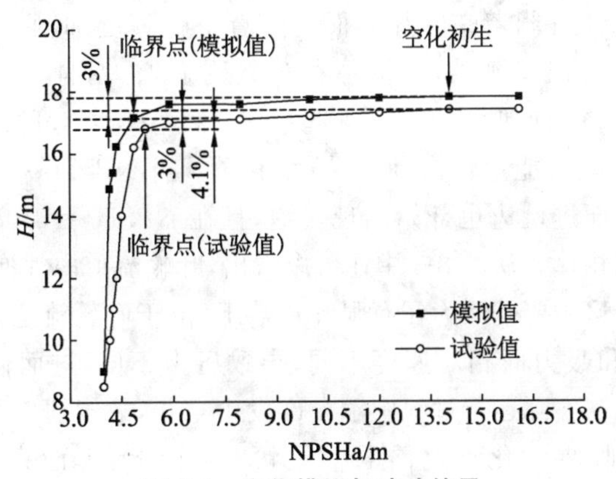

图 8-2　空化模拟与试验结果

8.1.3　计算结果及分析

(1) 核主泵空化特性曲线预测方法

通常以装置空化余量与扬程的关系曲线（NPSHa－H）来描述泵的空化性能。以泵扬程下降 3%时的装置空化余量为泵的临界空化余量，即泵的必需空化余量。在泵空化特性试验测量中，有效空化余量 NPSHa 定义为泵进口断面流体能量与饱和蒸汽压力之差：

$$\mathrm{NPSHa}=\frac{p_{\mathrm{in}}}{\rho g}+\frac{v_{\mathrm{in}}^{2}}{2g}-\frac{p_{\mathrm{v}}}{\rho g} \tag{8-5}$$

式中：p_{in} 为泵进口压力，Pa；v_{in} 为泵进口处的平均速度，m/s；p_{v} 为饱和蒸汽压力，在本研究中水在 20 ℃时的饱和蒸汽压力为 2 338 Pa。

在试验验证了数值计算可靠性的前提下，将叶轮空化分为以下几种状态，如图 8-2 所示。NPSHa＝16.11 m 时，泵内未发生空化，为无空化状态；NPSHa－9.98 m 时，泵扬程开始波动但未发生明显变化，为初生空化状态；NPSHa＝5.89 m 时，泵扬程略有下降，为发展空化状态；NPSHa＝4.87 m 时，泵扬程下降 3%，为临界空化状态；NPSHa=4.36 m 时，泵扬程下降 8.7%，为严重空化状态；NPSHa=4.26 m 时，泵扬程下降 13.5%，为断裂空化状态。

(2) 核主泵空化发展规律

① 叶片间气泡分布规律

图 8-3 为不同有效空化余量下靠近前盖板处 $0.3l_{span}$ 流面展开图上叶片间气泡体积分布图，其中 l_{span} 定义为叶轮入口径向流道宽度。从图 8-3 中可以看出空化发生过程中叶轮流道内气泡分布规律。当 NPSHa=14.06 m 和 9.98 m 时，叶轮流道内没有气泡出现。当 NPSHa=7.93 m 时，在叶片吸力面进口边处有明显气泡产生并附着在叶片表面。随着空化程度加剧，叶片吸力面流道内气泡逐渐向叶片出口延伸，气泡体积分数明显增大，且气泡体积分数最大值从叶片进口边逐渐向叶片出口边移动。当 NPSHa=4.87 m 时，空化的发展已经影响了叶轮内能量转换，使泵扬程下降。当 NPSHa=4.36 m 时，叶轮流道内叶片压力面进口边也开始出现气泡，且在 NPSHa=3.98 m 时与相邻叶片吸力面处气泡相接。从图 8-3 中还可以看出，叶轮流道内气泡分布不均匀，但不均匀度较低。这主要是因为在有限叶片数下，由于叶轮流道内轴向漩涡的作用，叶片压力面和吸力面相对速度不同，导致压力不同，进而使得空化程度不同。由于核主泵在实际运行过程中不允许发生空化，故本研究只针对弱空化状态进行研究，即临界空化点之前的空化状态。因此，下面只选取 NPSHa 为 9.98，7.93，5.89，4.87 m 的情况进行研究。

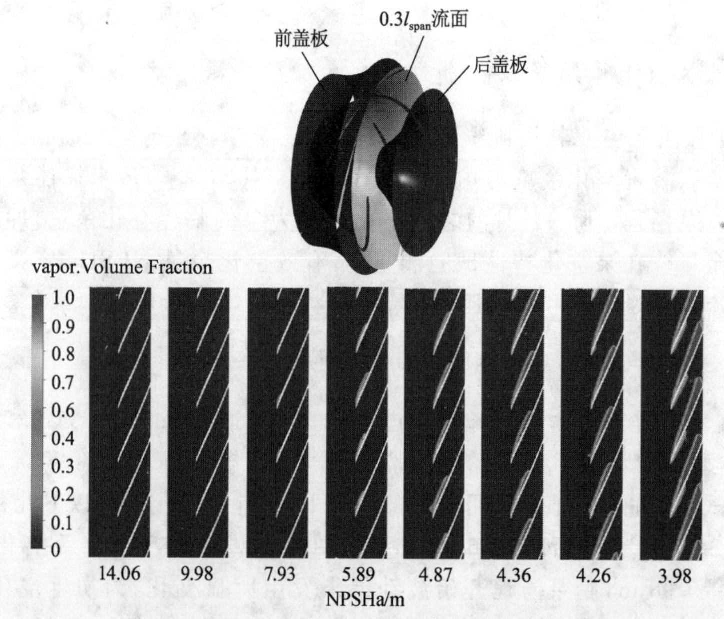

图 8-3　不同 NPSHa 下叶片间气泡体积分数分布

② 叶片表面气泡分布规律

图 8-4 为初生空化、发展空化及临界空化状态下叶轮叶片上气泡分布云图。在 NPSHa＝9.98 m 和 NPSHa＝7.93 m 时，叶片压力面均未产生气泡，故只展示其吸力面气泡分布。由图 8-4 可知，在空化初生状态 NPSHa＝9.98 m 时，叶片吸力面进口边靠近前盖板处有少量气泡产生，气泡体积分数大多都在 0.4 以下。在发展空化状态 NPSHa＝7.93 m 时，气泡逐渐向叶片出口及后盖板处延伸，部分叶片整个吸力面进口边全部空化；气泡体积分数也有所增加，且气泡体积分数最大区域主要位于叶片吸力面靠近前盖板处。在发展空化状态 NPSHa＝5.89 m 时，气泡迅速向叶片出口边延伸，气泡体积分数大幅增加，其中气泡区域面积最大的叶片上接近完全气相，其他叶片气泡体积分数也几乎都在 0.7 以上。叶片压力面也开始产生气泡，此时泵扬程略有下降。在临界空化状态 NPSHa＝4.87 m 时，叶片前盖板处气泡区域面积已经占据流道长度的一半，后盖板处气泡区域面积也有所增大，所有叶片空化区域接近完全气相。叶片压力面气泡区域面积逐渐增大，此时泵扬程下降 3%，气泡的产生、发展与溃灭已经对泵内能量转换产生较大影响。

(a) NPSHa=9.98 m　(b) NPSHa=7.93 m　(c) NPSHa=5.89 m

(d) NPSHa=5.89 m,压力面　(e) NPSHa=4.87 m　(f) NPSHa=4.87 m,压力面

图 8-4　不同有效空化余量下叶片表面空泡分布

③ 叶轮流道内沿流线方向气相体积分数分布

图 8-5 为叶轮流道内气相体积分数沿流道方向分布图，横坐标为沿流道的相对位置，其中 0 代表叶轮进口，1 代表叶轮出口。由图 8-5 可知，在空化初生状态 NPSHa＝9.98 m 时，气泡主要集中在叶轮流道相对位置 0.16～0.31 之间，流道内最大气相体积分数仅为 0.15%。在发展空化状态 NPSHa＝7.93 m 时，气泡沿流道方向延伸到相对位置 0.22～0.52 之间，叶轮流道内最大气相体积分数为 0.42%，气泡区域面积及气相体积分数均有所增加。在发展空化状态 NPSHa＝5.89 m 时，气泡沿流道方向延伸到相对位置 0.22～0.65 之间，叶轮流道内最大气相体积分数为 3%，气相体积分数大幅增加。在临界空化状态 NPSHa＝4.87 m 时，气泡沿流道方向延伸到相对位置 0.21～0.69 之间，最大气相体积分数高达 7.65%，气泡区域面积增大，气相体积分数也大幅度增加。可见，在弱空化状态下，随着空化程度加剧气相体积分数逐渐增大，并向叶轮出口移动。

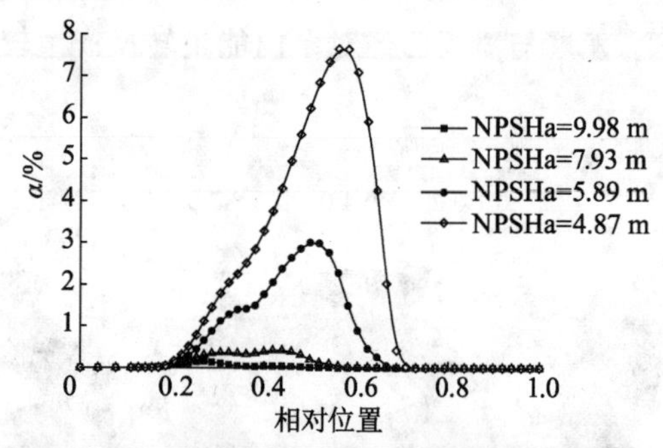

图 8-5　叶轮流道内气相体积分数沿流道方向分布

(3) 弱空化状态下核主泵叶轮内空化流动与能量转换

① 理论基础

叶轮带动流体旋转，并对其做功，将叶轮的机械能通过力矩传递给流体，使流体获得压力能和动能。泵的理论总扬程等于圆周速度、相对速度变化引起的静扬程（流体势能）和绝对速度变化引起的动扬程（流体动能）之和。流体机械的欧拉方程可以表征这种能量变化。

$$H_{th}=\frac{u_2 v_{u2}-u_1 v_{u1}}{g}=\frac{u_2^2-u_1^2}{2g}+\frac{v_2^2-v_1^2}{2g}+\frac{w_1^2-w_2^2}{2g} \tag{8-6}$$

式中：H_{th} 为理论扬程，m；u，v，w 分别为流场中某点的圆周速度、绝对速度、相对速度，m/s；下标 1，2 分别表示叶片进、出口。

② 不同空化状态下各参数沿流线变化曲线

在弱空化状态下，气泡主要产生于叶片吸力面。选取流线 1 和流线 2，研究不同空化状态下速度、压力沿流线的变化规律。其中，流线 1 是叶片 1 吸力面与前盖板的交线，流线 2 是叶片 1 吸力面与后盖板的交线，如图 8-6 所示。基于叶轮内气泡及压力分布相对比较均匀，导叶及压水室对叶轮流道内特别是叶片头部空化影响很小，对叶片相对位置的关联程度很小；且吸入室为直锥形，叶轮进口流动充分发展，故任选一个叶片进行研究。

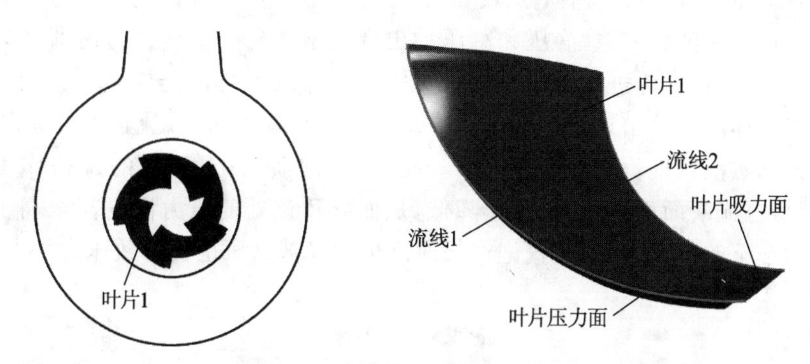

图 8-6　叶片位置和流线示意图

图 8-7 为不同空化状态下各参数沿流线变化曲线，横坐标为沿流线的相对位置，其中 0 代表叶片进口，1 代表叶片出口。由图 8-7 可知：a. 沿流线圆周速度逐渐增大，且沿流线 2 的增大速度及幅度均比沿流线 1 的大，流线 1 上圆周速度的最大值和最小值均比流线 2 大，这是因为流线上任意一点的圆周速度仅与该点的半径有关，故圆周速度与其半径变化趋势保持一致。另外，不同空化状态下，沿流线圆周速度变化一致。可见，弱空化对叶轮内流体圆周速度没有影响。b. 沿流线 1 相对速度整体呈减小趋势，且在叶片进口附近出现陡降，这与叶片进口边气泡分布有关。相对速度沿流线 2 呈现先减小后增大的变化规律，且沿流线 1 的相对速度比沿流线 2 的大。这说明，从叶片前盖板到后盖板，叶片做功能力逐渐减弱。另外，在空化初生和发展状态下，相对速度几乎一致。在临界空化状态下，空化区域相对速度增大，且保持平稳过渡。这是因为在临界空化状态下气泡的产生对叶轮流道的排挤作用明显增大，使过流断面面积减小，从而增大了流体速度。在临界空化状态下，无空化区域，即叶轮出口处相对速度减小，且在空化区域末端相对速度出现陡降。这是由空化区域末端气泡溃灭导致排挤作用突然消失引起的。同时，随着空化程度加剧，在空化区域末端相对速度陡降程度加剧。相对速度变化规律说

明，在空化初生和发展状态，叶片的做功能力几乎不变；在临界空化状态时，气泡的产生开始对叶片做功能力产生影响，且在空化区域，叶片几乎不做功。c. 绝对速度沿流线整体呈逐渐增大趋势，且在叶片进口附近出现突增现象，这与叶片进口边气泡分布有关。在空化初生和发展状态下，绝对速度随着空化余量的降低变化较小。在临界空化状态下，沿流线的绝对速度在无空化区域是增大的，在空化区域是减小的，且在气泡临界面处出现突增。d. 沿流线静压和总压均呈现逐渐增大趋势，这符合泵的做功原理。随着空化程度加剧，静压及总压均呈现整体减小趋势。在空化区，静压值几乎为0，总压值也很小。在空化区域末端，静压和总压均出现突增现象。这是因为逐渐降低泵进口压力，使得叶轮进口处压力低于液体饱和蒸汽压时，就会产生气泡；在气泡随着流体向叶轮出口扩散的过程中，叶轮对流体做功，当流体获得的压力高于饱和蒸汽压时，气泡内蒸汽重新凝结，气泡溃灭，对流体的排挤作用消失，使得过流断面面积增大，流速降低，从而导致该处的压力恢复甚至高于无空化状态下的压力。另外，气泡溃灭时产生的局部高压也会导致压力增大。

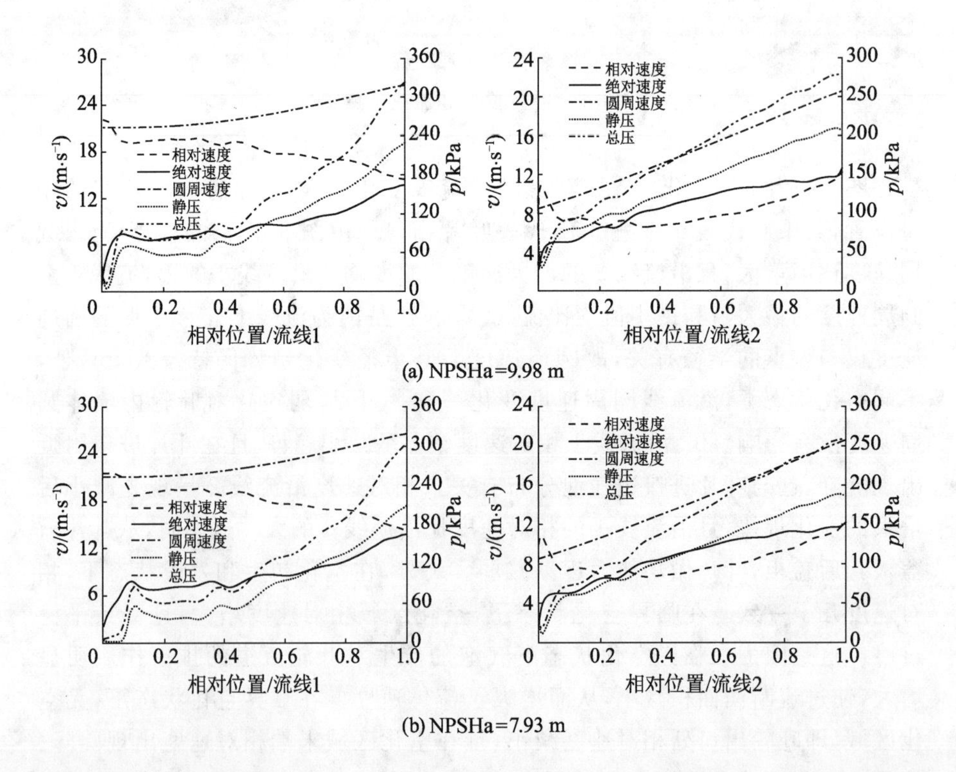

(a) NPSHa=9.98 m

(b) NPSHa=7.93 m

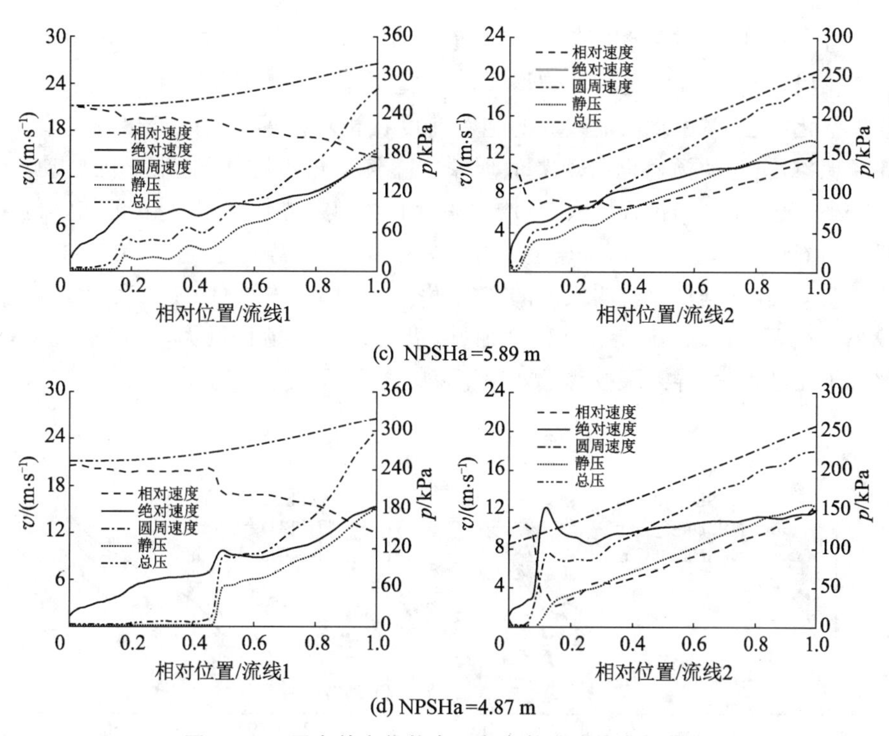

(c) NPSHa = 5.89 m

(d) NPSHa = 4.87 m

图 8-7　不同有效空化状态下各参数沿流线变化曲线

③ 弱空化状态下核主泵叶轮能量转换分析

图 8-8 为不同空化状态下沿流线 1,2 动静扬程变化曲线,横坐标为沿流线的相对位置,其中 0 代表叶片进口,1 代表叶片出口。由图 8-8 可知,在空化初生状态下,沿流线 1 静扬程和动扬程在叶片进口附近突增后出现小幅下降,然后平稳过渡,在相对位置 0.5 附近以后几乎均匀增大,且静扬程增大幅度高于动扬程。沿流线 2 静扬程和动扬程都保持均匀增大,且静扬程增大幅度高于动扬程。在叶片出口处,动扬程有增大趋势,静扬程有减小趋势。这说明从叶片进口到出口叶片做功能力逐渐增强,也就是说叶片的做功部分主要为叶片中后段。

从图 8-8a 中可以看出,在空化区域内动扬程很小。随着空化程度加剧,在无空化区域动扬程逐渐增大,且增大程度有加剧趋势。这是由于空化的加剧使沿流线的绝对速度在空化区域减小、在无空化区域增大而造成的。从图 8-8b 可知,沿流线 1 静扬程随有效空化余量减小而降低,且降低幅度逐渐减弱,在空化区域静扬程为 0。这是因为静扬程由相对速度和圆周速度共同决定,而空化对圆周速度没有影响;随着空化程度加剧,相对速度在空化区域内增大且平稳过渡，在无空化区相对速度减小。从图 8-8c 可知，在空化初生和发展阶段，沿流线 2 动扬程均匀增大，不同空化余量下动扬程值相差很小。在临界空化状态下，由于沿流线 2 的绝对速度在相对位置 0.1 附近出现突增后陡降现象，引起动扬程也出现类似现象。随着空化程度加剧，空化区域动扬程很小，无空化区动扬程增大，且增大幅度有加剧趋势。从图 8-8d 可知，沿流线 2 的静扬程随空化程度加剧逐渐减小，在空化区域静扬程为 0。沿流线1 和流线 2 动、静扬程变化说明气泡的产生使空化区域流体的相对速度增大，压力减小。在无空化区，随着空化程度加剧，沿流线的动扬程增大，静扬程减小，增大了流动损失，导致泵扬程及效率下降。

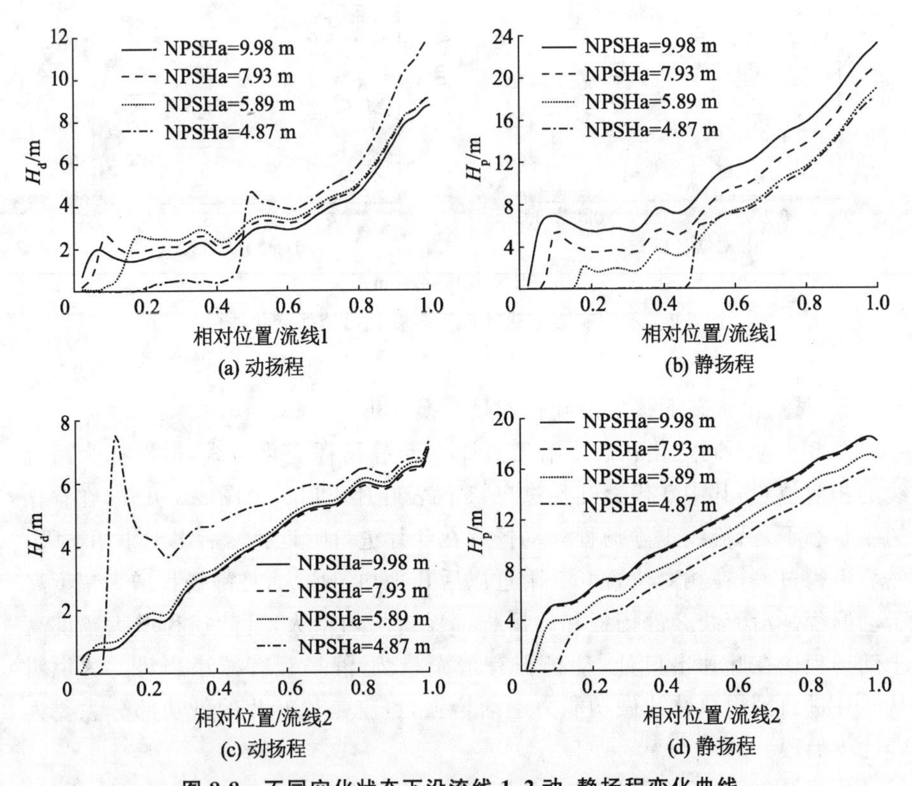

图 8-8　不同空化状态下沿流线 1,2 动、静扬程变化曲线

8.2　弱空化状态下空化发展对核主泵性能的影响

空化发生后，水流中将出现大量充满气体和蒸汽的空穴，这些空穴会导

致核主泵内部流场发生变化。本节通过数值模拟，深入研究不同空化工况下核主泵扬程、效率、功率与各个过流部件损失及流道内压力场等的变化规律，得出空化发展对核主泵流场的影响。

8.2.1 空化流动对核主泵外特性的影响

通过 ANSYS CFX 对核主泵模型泵各个空化工况下的内流场进行数值模拟，待数值模拟迭代计算收敛后，提取泵进、出口处压力，叶轮、导叶和压水室的进、出口压力，以及叶轮转矩。根据计算结果预测模型泵能量特性。泵功率计算如公式(8-7)所示。泵功率为

$$P=M\omega \tag{8-7}$$

式中：ω 为叶轮的旋转角速度，rad/s；M 为作用于叶轮叶片的转矩，N·m。

图 8-9 为不同空化状态下泵性能曲线。从图 8-9 可知，随着空化程度加剧，泵扬程、效率及功率变化趋势基本相同。在空化初生和发展状态下，泵扬程和效率略有下降，功率几乎不变。在临界空化，即 NPSHa＝4.87 m 时，泵扬程下降 3%，效率下降 2.3%，功率下降 1.3%；在严重空化状态下，泵扬程、效率及功率均出现陡降趋势。可见，核主泵发生空化时，其扬程、效率和功率的变化对有效空化余量降低的敏感程度不同。随着空化程度加剧，扬程变化率最大，效率次之，功率变化率最小。

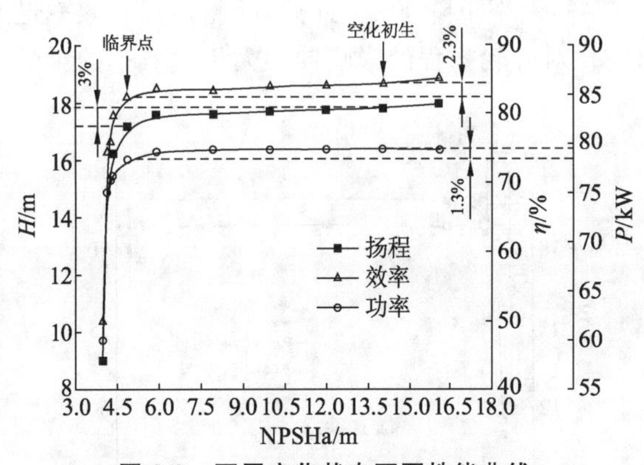

图 8-9 不同空化状态下泵性能曲线

8.2.2 空化流动对过流部件性能的影响

根据计算结果预测模型叶轮扬程、效率及导叶与压水室损失。

叶轮扬程为

$$H_{\mathrm{I}}=\frac{p'_{\mathrm{out}}-p'_{\mathrm{in}}}{\rho g} \tag{8-8}$$

式中：p'_{in}，p'_{out}分别为叶轮进、出口截面上单位面积的平均总压，Pa；ρ 为介质密度，$\mathrm{kg/m^3}$；g 为重力加速度，$\mathrm{m^2/s}$。

叶轮效率为

$$\eta_{\mathrm{I}}=\frac{\rho g Q H_{\mathrm{I}}}{M\omega} \tag{8-9}$$

式中：Q 为流量，$\mathrm{m^3/s}$。

导叶损失为

$$\Delta h_{\mathrm{D}}=\frac{p_{1\mathrm{outlet}}-p_{1\mathrm{inlet}}}{\rho g} \tag{8-10}$$

式中：$p_{1\mathrm{inlet}}$，$p_{1\mathrm{outlet}}$分别为导叶进、出口截面上单位面积的平均总压，Pa。

压水室损失为

$$\Delta h_{\mathrm{C}}=\frac{p_{2\mathrm{outlet}}-p_{2\mathrm{inlet}}}{\rho g} \tag{8-11}$$

式中：$p_{2\mathrm{inlet}}$，$p_{2\mathrm{outlet}}$分别为压水室进、出口截面上单位面积的平均总压，Pa。

图 8-10 为不同空化状态下叶轮扬程及效率曲线。从图 8-10 可知，NPSHa＝4.87 m 时，叶轮扬程下降 1％，效率并未下降；NPSHa＝4.36 m 时，叶轮扬程下降 5.3％，效率下降 1％。此后，叶轮扬程及效率迅速下降，出现空化断裂。可见，空化对叶轮扬程的影响同样大于对效率的影响。

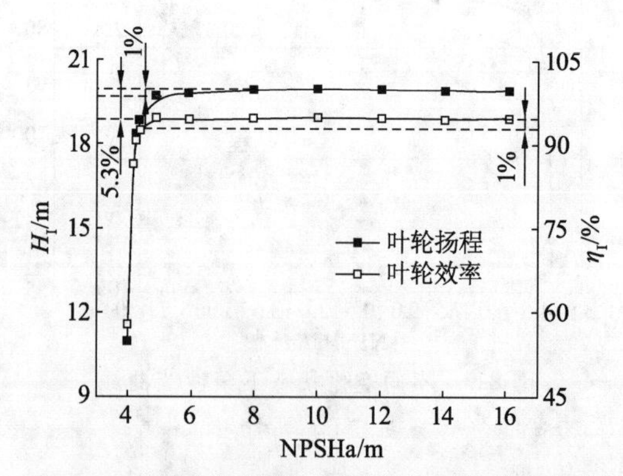

图 8-10　不同空化状态下叶轮扬程及效率曲线

从图 8-9 和图 8-10 中还可以看出，在计算整机和只计算叶轮两种情况下，其扬程及效率随有效空化余量减小的变化趋势基本相同。在空化初生状态下(选取 NPSHa＝14.06 m 计算)，整机扬程 17.8 m，效率 84.4%；叶轮扬程 19.9 m，效率 94.4%。整机扬程比叶轮扬程低 10.5%，整机效率比叶轮效率低 10.6%。这是由环形压水室和导叶造成的流动损失、叶轮进口的冲击损失及进出口管路造成的沿程损失和数值计算精度引起的。图 8-11 为不同空化状态下导叶和压水室损失图。从图 8-11 可知，导叶和压水室损失为 1.84 m，占总损失的 87.6%。可见，导叶和压水室中的流动损失是导致整机扬程及效率低于叶轮的主要原因。

在有效空化余量 NPSHa＝4.87 m 时，泵扬程下降 3%，效率下降 2.3%；叶轮扬程下降 1%，效率并未下降。这种下降差异主要是由环形压水室及导叶内损失造成的。

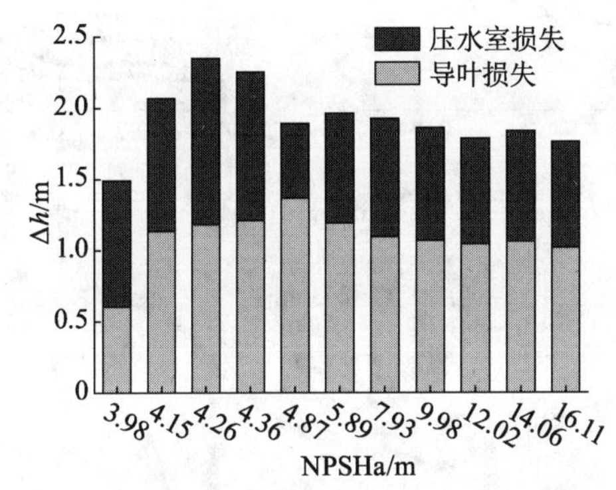

图 8-11　不同空化状态下导叶和压水室损失图

由图 8-11 可以看出，随着空化程度加剧，导叶内损失呈现先增大后减小趋势。在空化初生与发展状态下，导叶内损失变化很小。在临界空化点导叶内损失增大且出现极大值，在临界空化点之后随空化程度加剧损失逐渐减小。压水室内损失在空化初生与发展状态下变化很小。在临界空化点压水室内损失具有极小值，在临界空化点之后呈现先增大后减小趋势。随着空化程度加剧，压水室与导叶整体损失呈现先增大后减小趋势。在空化断裂状态下，即 NPSHa＝4.26 m 时出现最大值；在临界空化，即 NPSHa＝4.87 m 时具有最小值。导叶及压水室内损失变化主要是由叶轮内空化干扰下游流场造成的。由于在临界空化点之前的空化状态下，即空化初生与空化发展状态下，导叶与压水室内整体损失变化较小，故不对压水室与导叶展开说明，只重点分析叶轮内流场分布规律。

8.2.3 空化状态下核主泵叶轮内压力分布

图 8-12 为不同空化状态下叶轮过流断面上压力沿流道方向变化曲线。横坐标为叶轮进口到出口流道中线的相对长度，用 S 表示，其中 0 代表叶轮进口，1 代表叶轮出口。纵坐标为叶轮不同半径处过流断面上的压力平均值。选取等距的 50 个过流断面，监测每个截面上的压力平均值。

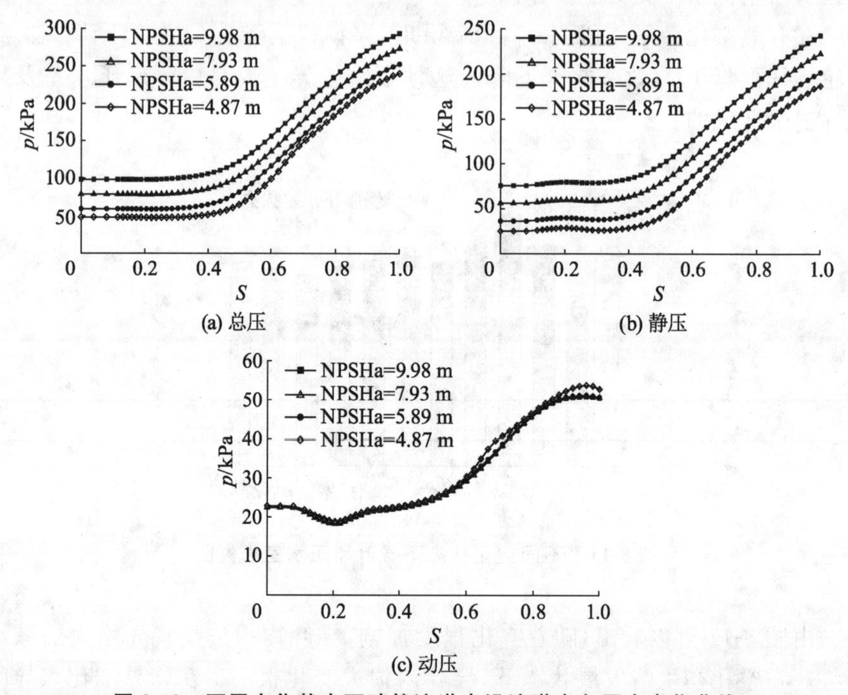

图 8-12 不同空化状态下叶轮流道内沿流道方向压力变化曲线

由图 8-12a 可知，流体进入叶轮后其总压呈现先减小后增大趋势，符合叶轮做功原理。在叶轮进口处总压变化缓慢，这是由核主泵叶片进口边不在同一轴面上造成的。在叶轮流道相对位置 $S=0.2$ 处，总压具有最小值，这是因为此处流体才开始接触叶片，受到叶片做功。在流道相对位置 $S=0.4$ 处，流体只受到 25%左右叶片入口区域作用，所以在相对位置 $S=0.2\sim0.4$ 处，其总压增大非常缓慢。在流道相对位置 $S=0.6$ 处，几乎整个叶片入口区域都开始对流体做功，因此在相对位置 $S=0.4\sim0.6$ 处，其总压变化率逐渐增大。在流道相对位置 $S=0.6\sim1.0$ 处，总压变化率先增大后减小，说明从叶片进口到出口，其对流体做功先增大后减小。不同空化工况下，总压曲线变化趋势基本相同。随着有效空化余量减小，叶轮流道内总压值逐渐减小。在空化初生和发展状态下，沿流道总压变化趋势相同。在临界空化时，流道相对位置 $S=0.5$ 附近，总压变化率明显减小；流道相对位置为 $S=0.7$ 附近，总压变化率明显增大。这种随着空化程度加剧，叶轮流道内产生的总压变化差异，主要是由气泡对叶轮流道的排挤作用造成的。在空化初生和发展状态下，气泡只在叶轮流道局部区域内产生和溃灭，对流道的排挤作用不明显，不会对泵扬程及效率产生明显影响。在临界空化时，气泡数量大幅增加，叶片吸力面气泡堆积程度加剧，对流道的排挤作用明显增大。此时在空化区域内，由于气泡的排挤作用，使得过流断面面积减小，流速升高，从而导致压力变化减小；在空化区域末端，即 $S=0.7$ 附近，由于气泡溃灭，使得过流断面面积突然增大，流速降低，从而导致压力变化增大。

由图 8-12b 可知，不同空化状态下，静压曲线变化趋势基本相同。在流道相对位置 $S=0\sim0.2$ 处，静压均逐渐增大，在 $S=0.2\sim0.4$ 处，静压先减小后增大，在 $S=0.3$ 处具有最小值；在流道相对位置 $S=0.4\sim1.0$ 处，静压逐渐增大，静压变化率先增大后减小。静压沿流道在叶轮进口处的这种变化规律是由核主泵叶片进口边不在同一轴面引起的。随着有效空化余量减小，叶轮流道内静压值逐渐减小。静压变化趋势和总压类似，在空化初生和发展状态下，沿流道静压变化趋势相同；在临界空化时，流道相对位置 $S=0.5$ 附近静压变化率明显减小，流道相对位置 $S=0.7$ 附近静压变化率明显增大。这是由空化产生的气泡对流道的排挤作用引起的。

由图 8-12c 可知，不同空化状态下，动压曲线变化趋势基本相同。在流道相对位置 $S=0\sim0.2$ 处，动压均逐渐减小，在 $S=0.2$ 处具有最小值；在流道相对位置 $S=0.2\sim0.4$ 处，动压逐渐增大，其变化率逐渐减小；在流道相对位置 $S=0.4\sim1.0$ 处，动压先增大，在靠近叶片出口处又减小。动压沿流道在叶轮进口处的这种变化规律也是由核主泵叶片进口边不在同一轴面引起的。随着空化程度加剧，叶轮流道内动压值几乎相同。在空化初生和发展状态下，其动压值不变。在临界空化时，流道相对位置 $S=0\sim0.6$ 处动压值略有增大，这是由于在空化区域，气泡排挤流道，使得流速升高引起的。在流道相对位置 $S=0.7$ 附近，动压值明显增大，这是因为在空化区域末端，即 $S=0.7$ 附近，气泡突然溃灭，液体以高速填充空穴引起的。气泡溃灭导致过流断面面积增大，在流道相对位置 $S=0.8$ 附近流速又恢复至无空化时的速度。在叶片出口处，动压增大是由气泡溃灭导致液体流动角发生变化引起的。

8.3 空化状态下核主泵叶轮内流场分布规律

8.3.1 空化状态下核主泵叶轮内速度场分布

图 8-13 为不同有效空化余量下靠近前盖板处 $0.3l_{span}$ 流面展开图上速度分布云图，其中 l_{span} 定义为叶轮入口的径向流道宽度。从图 8-13 可以看出，叶片吸力面流体速度大于叶片压力面，在叶片吸力面进口处流体速度最大，说明此处是空化容易发生的地方。在不同空化状态下，叶轮流道内速度分布不同。随着空化程度加剧，叶片吸力面速度较大区域逐渐向叶片出口延伸，速度最大值从叶片进口向出口移动，叶片压力面流体速度也呈现逐渐增大趋势。

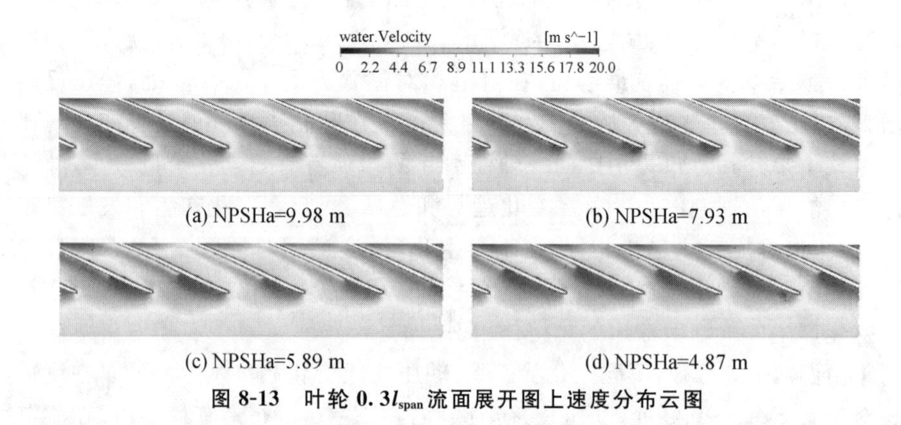

(a) NPSHa=9.98 m (b) NPSHa=7.93 m

(c) NPSHa=5.89 m (d) NPSHa=4.87 m

图 8-13 叶轮 $0.3l_{span}$ 流面展开图上速度分布云图

8.3.2 空化状态下核主泵叶轮湍流耗散分布

湍流动能耗散率 ε 是指在分子黏性作用下由湍流动能转化为分子热运动动能的速率，计算公式如下：

$$\varepsilon=\frac{\mu_t}{\rho}\overline{\left(\frac{\partial u_i'}{\partial x_k}\right)\left(\frac{\partial u_i'}{\partial x_k}\right)} \tag{8-12}$$

式中：$\partial u_i'$ 为流体运动的脉动速度；μ_t 为湍动黏度，它是空间坐标的函数，取决于流动状态。

图 8-14 为不同空化状态下叶轮过流断面上湍流耗散率沿流道方向变化曲线。横坐标为叶轮进口到出口流道中线的相对长度，用 S 表示，其中 0 代表叶轮进口，1 代表叶轮出口。纵坐标为叶轮不同半径处过流断面上的湍流耗散率平均值。从图 8-14 可知，沿流道方向叶轮内湍流耗散率整体呈现先增

大后减小再增大趋势。随着空化程度加剧，叶轮内湍流耗散率变化较大。在叶轮流道相对位置 $S=0\sim0.3$ 附近以及叶轮出口处湍流耗散率随空化程度加剧变化极小。在流道相对位置 $S=0.3\sim1.0$ 附近，随着空化程度加剧湍流耗散率逐渐减小，且减小区域向叶轮出口靠近。这主要是由于随着空化程度加剧，气泡区域面积增大并向叶轮出口延伸，而气泡的动力黏度比水小很多，从而使得湍流耗散率减小。

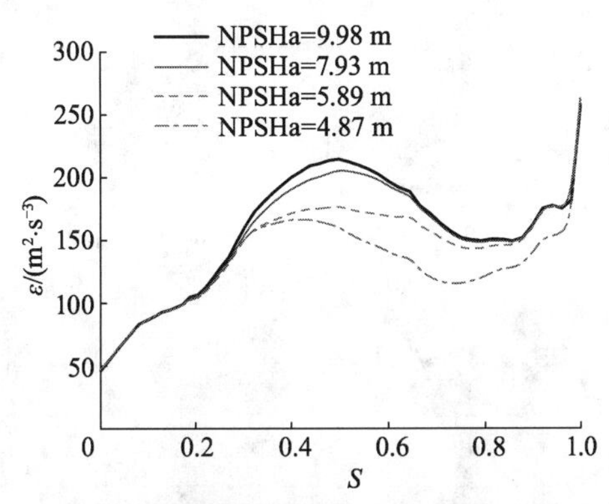

图 8-14 叶轮流道内湍流耗散率变化曲线

图 8-15 为不同空化状态下叶片上湍流耗散云图。选择前述叶片 1 进行分析。从图 8-15 可知，在空化状态下，湍流耗散率较大区域在不同空化工况下呈现出相同特征，即主要分布在叶片靠近前盖板侧，且在靠近前盖板的叶片压力面进口处和出口处以及叶片吸力面出口处湍流耗散率最大。这主要是因为流体在进入叶轮后首先绕流前盖板压力面处时冲击此处，使流体速度方向发生改变，出现速度脉动，形成较大速度梯度造成的。当流体流向导叶时，叶轮前盖板处速度较大，叶轮与导叶动静耦合产生的脉动速度增大，形成了高湍流耗散区。除此之外，叶片吸力面湍流耗散损失区域大于叶片压力面。这是由于叶片吸力面处于低压区，存在一定的逆压梯度，造成流动不稳定，增大了湍流耗散损失。在空化状态下，随着空化程度加剧，叶片压力面湍流耗散损失几乎不变，叶片吸力面湍流耗散损失呈现逐渐减小趋势。这是因为在空化状态下，气泡主要产生在叶片吸力面，而气泡的产生改变了流动状态，使其湍流黏度降低，减小了湍流耗散损失。

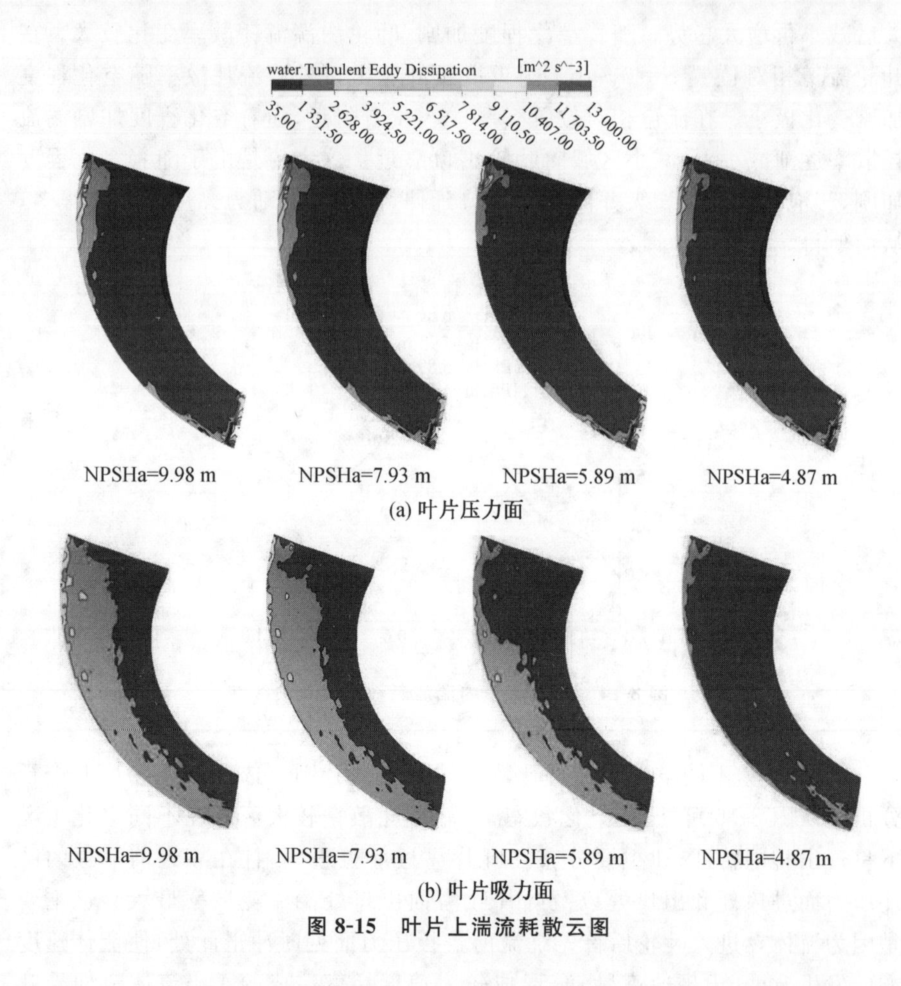

图 8-15　叶片上湍流耗散云图

8.4　叶片进口边几何形状对核主泵空化流动特性的影响

空化通常发生在叶轮进口区域，因此泵进口参数对空化的影响至关重要，而叶轮进口边几何形状则能明显改变泵空化初生工况。本节选取 4 种叶片进口边几何形状，通过对比不同叶片进口边几何形状下核主泵的外特性及空化特性，说明叶片进口边几何形状对核主泵外特性及空化流动影响的规律及原因。

8.4.1　计算模型方案

根据工程应用设计 4 种叶片进口方案，分析叶片进口边几何形状对核主泵水力性能及空化性能的影响。4 种方案叶片进口边几何形状如图 8-16 所示(以叶片吸力面截面为基准面将叶片拉直后的垂直投影),其进口边几何参数如表 8-1 所示,其中 R_1 为叶片进口边与压力面圆角半径,R_2 为叶片进口边与吸力面圆角半径。

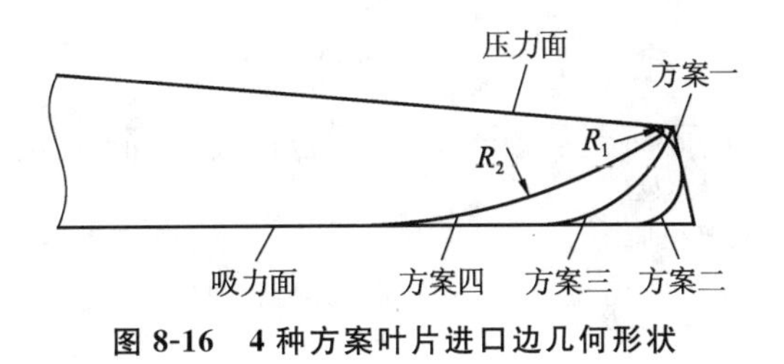

图 8-16　4 种方案叶片进口边几何形状

表 8-1　4 种方案叶片进口边几何参数

参数	方案一	方案二	方案三	方案四
R_1/mm	0	2.0	0.8	0.8
R_2/mm	0	2.0	6.0	25.0

8.4.2　叶片进口边几何形状对核主泵外特性的影响

图 8-17 为 4 种叶片进口边几何形状下泵扬程、效率曲线。从图 8-17a 中可以看出,从小流量工况到大流量工况,叶片进口边几何形状对泵扬程影响逐渐减弱,方案二、方案三、方案四、方案一泵扬程曲线依次变得平缓。方案一在小流量工况下扬程明显低于其他方案,扬程最高值与最低值在 $0.4Q_d$,$0.6Q_d$ 时相差最大,分别为 2.27 m,1.10 m。这是由于该模型泵在设计工况下具有一定正冲角,当流量小于设计流量时,叶轮进口处轴面速度减小,引起相对流动角减小,使得叶片进口冲角增大,进而导致叶片进口处冲击损失增大;而方案一叶片进口未倒圆角,对进口流动条件变化极为敏感,进而使得方案一叶片进口处冲击损失相比其他方案明显增大,故在小流量工况时,方案一扬程明显低于其他方案。从图 8-17b 中可以看出,4 种方案均在设计流量下效率最高,偏离设计工况时,效率出现不同程度的降低。在 $0.4Q_d$,$1.2Q_d$ 时4 种方案效率相差较小。总体来看,方案四效率最高。这是由于方案四叶片进口减薄程度加剧,对流体的排挤作用最弱,对进口流动条件改变的适应性较好,使得叶片进口处的流动损失减小,进而导致效率高于其他方案。

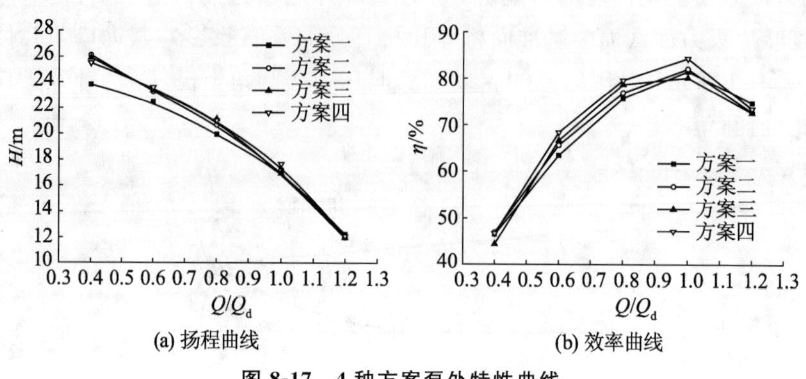

(a) 扬程曲线 (b) 效率曲线

图 8-17 4 种方案泵外特性曲线

8.4.3 叶片进口边几何形状对泵空化性能的影响

(1) 不同叶片进口边几何形状下泵空化特性曲线

图 8-18 为 4 种叶片进口边几何形状下泵空化特性曲线。从图 8-18 可知，不同叶片进口边几何形状对泵空化特性曲线影响不同。有效空化余量 NPSHa＝20.2 m 时，4 种方案均未发生空化。NPSHa＝16.11 m 时，方案二、方案三、方案四扬程并未下降，方案一扬程下降 1.3%。NPSHa＝4.87 m 时，方案一扬程下降 3.3%，方案二扬程下降 2.7%，方案三和方案四扬程均下降 3%。NPSHa＝4.36 m 时，4 种方案扬程均出现陡降趋势。可见，4 种方案下泵必需空化余量相差较小。

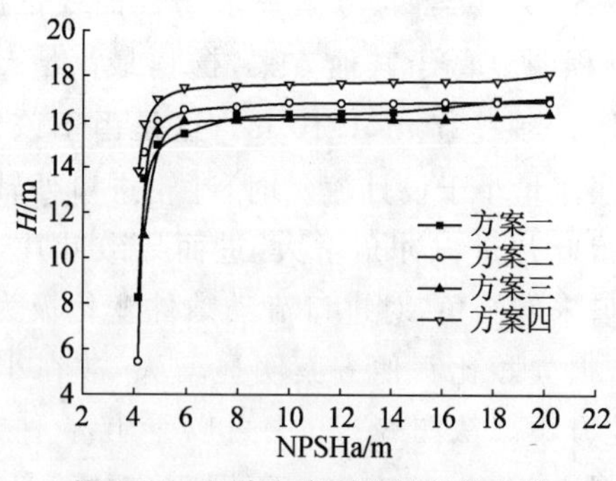

图 8-18 4 种方案泵空化特性曲线

(2) 不同叶片进口边几何形状下叶片表面气泡分布

图 8-19 为有效空化余量 NPSHa＝16.11 m 时叶片吸力面气泡分布。标

尺为无量纲常数,其中 0 表示完全液相,1 表示完全气相。从图 8-19 可知,当 NPSHa=16.11 m 时,方案四叶片吸力面没有气泡产生,其余方案叶片吸力面均产生少量气泡,且方案一气泡体积分数最大。可见,在有效空化余量 NPSHa=16.11 m 时,方案四为正常工况状态,方案一、方案二、方案三均为空化初生状态。这是由于从方案一到方案四,叶片进口边圆角逐渐增大,叶片吸力面进口减薄程度加剧,增大了过流断面面积,使流速降低,进而导致叶片进口吸力面处压力增大,且叶片进口低压区逐渐向叶片出口方向移动。尤其是方案一叶片进口边未倒圆角,过流断面面积最小,导致叶片进口处压力最小,且低压区极其靠近叶片头部。当逐步降低泵进口压力时,方案一更容易发生空化,且气泡产生位置更靠近叶片进口边,对叶片进口处流体流动影响加大。这也是在 NPSHa=16.11 m 时,方案四扬程有所下降的原因。

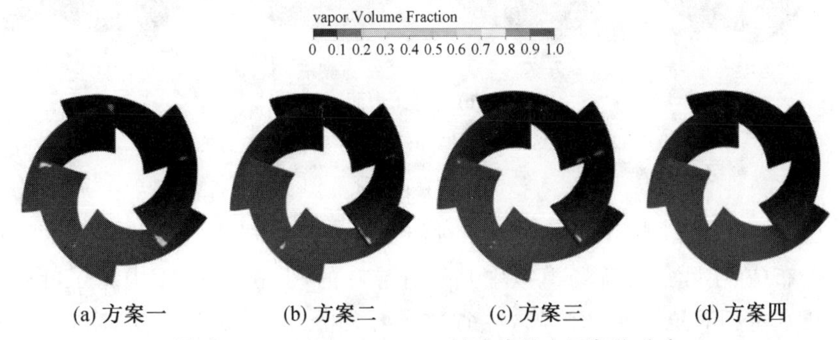

图 8-19　NPSHa=16.11 m 时叶片吸力面气泡分布

图 8-20 为有效空化余量 NPSHa=4.87 m 时叶片表面气泡分布。从图 8-20 可知,泵内发生空化时,气泡主要集中在叶片吸力面靠近前盖板处,在空化区域末端完全气相,叶片吸力面气泡分布相对比较均匀。在 NPSHa=4.87 m 时,叶片压力面也逐渐产生气泡,且气泡分布不均匀度较高,这主要是由叶轮与导叶及环形压水室耦合造成的。从图 8-20 还可以看出,不同叶片进口边几何形状对叶片上气泡分布影响程度不同。在临界空化,即 NPSHa=4.87 m 时,4 种方案叶片吸力面气泡区域面积相差较小。从方案一到方案四,叶片吸力面完全气相区域面积逐渐增大,叶片进口处气泡体积分数增大。这可能是由叶片进口边差异引起吸力面低压区向后移动造成的。NPSHa=4.87 m 时,方案四叶片压力面气泡区域面积最小,其余方案压力面气泡区域面积相差较小。

图 8-20 NPSHa＝4.87 m 时叶片表面气泡分布

图 8-21 为叶轮与环形压水室相对位置以及环形压水室出口中心截面内流线分布(在实际三维流场模拟中是带有导叶的,但在图 8-21 中为了叶轮与环形压水室相对位置表达清晰,故省去导叶部分,只展示叶片实体以及环形压水室出口中心截面内流线)。从图8-21 可知,液体在绕流环形压水室隔舌时,在右侧隔舌处产生撞击与回流,对叶轮右侧流体流出产生了一定的抑制作用,使得叶轮右侧流道内压力比左侧稍大,进而影响了气泡分布。

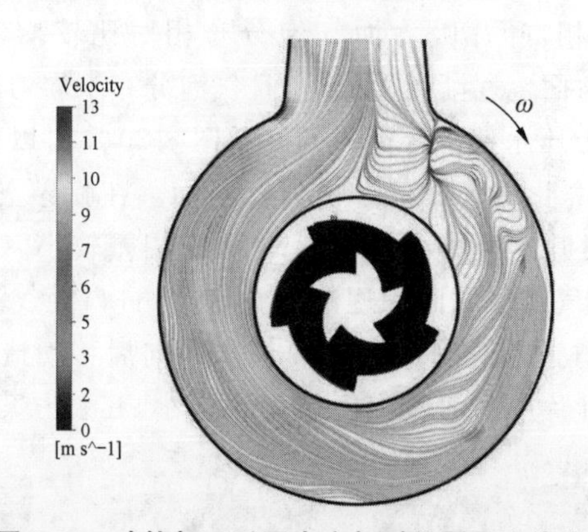

图 8-21 叶轮与环形压水室相对位置及流线分布

(3) 不同叶片进口边几何形状下叶片上压力分布

图 8-22 为有效空化余量 NPSHa=4.87 m 时叶片吸力面前盖板流线上压力曲线。横坐标为叶轮进口到出口流道中线的相对长度,用 S 表示,其中 0 代表叶片进口,1 代表叶片出口。与进口其他位置相比,叶轮进口边靠近前盖板的叶片吸力面处半径最大,加之此处之前处于流道拐弯内壁,由于离心力的作用使得该处的速度最大,相应地进口压力损失与绕流引起的动压降增大,因而此处是空化最容易发生的地方。在 NPSHa=4.87 m 时,叶片吸力面气泡分布相对比较均匀,导叶及压水室对叶片吸力面头部空化影响很小;且吸入室为直锥形,叶轮进口流动充分发展,故任选一个叶片吸力面上前盖板流线进行研究。从图 8-22a 可知,在相对位置 $S=0\sim0.5$ 附近,静压值很小。在 $S=0.5$ 附近,静压突增后略有减小,然后沿着前盖板流线均匀增大。静压沿前盖板流线的这种突变规律主要是由空化产生气泡排挤流道引起的。在 NPSHa=4.87 m 时,相对位置 $S=0\sim0.5$ 附近,前盖板流线上静压值低于液体饱和蒸汽压,发生空化,产生气泡。在气泡随着流体向叶轮出口扩散的过程中,叶轮对流体做功,当流体获得的压力高于饱和蒸汽压时,即相对位置 $S=0.5$ 附近,气泡内蒸汽重新凝结,气泡溃灭,对流体的排挤作用消失,使得过流断面面积增大,流速降低,从而导致该处的压力恢复甚至高于无空化状态下的压力。另外,气泡溃灭时产生的局部高压也会导致压力增大。

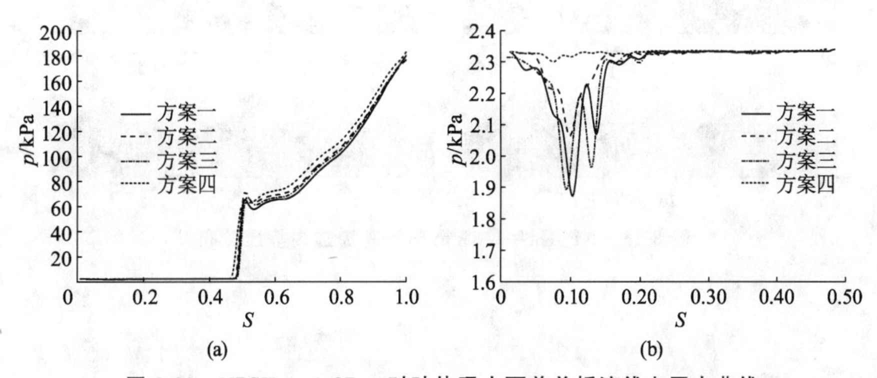

图 8-22　NPSHa=4.87 m 时叶片吸力面前盖板流线上压力曲线

图 8-22b 为有效空化余量 NPSHa=4.87 m 时不同方案叶片进口处前盖板流线上的静压曲线,是图 8-22a 在相对位置 $S=0\sim0.5$ 处的局部放大图。从图 8-22b 可知,在 NPSHa=4.87 m 时,不同叶片进口边几何形状对空化区域静压影响较大,4 种方案叶片进口处前盖板流线上静压值均小于饱和蒸汽压 2 338 Pa,且方案四静压值明显大于其他方案。在空化区域前端,4 种方案

前盖板流线上静压均出现一定幅度变化，尤其是方案一、方案二和方案三，静压变化幅度较大，其最低压大幅降低。这是由于液体在绕流叶片头部时发生撞击，导致叶片进口处速度变化较大，进而影响静压出现一定幅度变化。另外，在空化区域前端气泡体积分数较小，气泡在局部范围内的产生与溃灭也会导致静压出现一定幅度变化。随着叶片进口减薄程度加剧，叶片进口更加接近流线型，液体绕流叶片头部时产生的冲击减小，使得静压变化幅度减小。相比其他方案，方案二对叶片压力面做了改变，使得叶片进口角发生一定变化，导致空化区域静压波动规律不同。

图 8-23 为有效空化余量 NPSHa＝4.87 m 时靠近前盖板处 $0.3l_{span}$ 流面展开图上静压分布。从图 8-23 可知，$0.3l_{span}$ 流面展开图上静压分布不均，这主要是由叶轮与导叶及环形压水室耦合造成的。在 NPSHa＝4.87 m 时，不同叶片进口边几何形状对流道内静压分布影响不同。从方案一到方案四，随着叶片进口边圆角增大，叶片进口吸力面低压区起始位置逐渐向后移动。相比其他方案，方案四叶片压力面低压区面积明显减小，与图 8-23 中气泡分布相同，这是由于方案四叶片进口边圆角增大，使得该处过流断面面积增大，流速降低，进而引起叶片进口处流道内静压增大所致。

(a) 方案一　(b) 方案二

(c) 方案三　(d) 方案四

图 8-23　NPSHa＝4.87 m 时叶轮流道内静压分布

参考文献

[1] 秦武,李志鹏,沈宗沼,等. 核反应堆冷却剂循环泵的现状及发展[J]. 水泵技术,2007(3):1-6.

[2] 雷明凯. 核主泵制造的基础理论问题研究进展[J]. 中国核电,2018,11(1):51-58.

[3] 王秀礼,王鹏,袁寿其,等. 核主泵空化过渡过程水动力特性研究[J]. 原子能科学技术, 2014, 48(8): 1421-1427.

[4] Knierim C, Baumgarten S, Fritz J, et al. Design process for an advanced reactor coolant pump for a 1 400 MW nuclear power plant[C]//Proceedings of FEDSM2005, Houston, USA, June 2005.

[5] Baumgarten S, Brecht B, Bruhns U, et al. Reactor coolant pump type RUV for Wetinghouse reactor for AP1000[C]//Proceeding of ICPP10, San Diego, USA, June 2010.

[6] Cho Y, Kim Y, Cho S, et al. Advancement of reactor coolant pump (RCP) performance verification test in KAERI[C]//Proceedings of the 2014 22nd International Conference on Nuclear Engineering (ICONE22), 2014, 1-6.

[7] 龙云,朱荣生,付强,等. 核主泵小流量工况下不稳定流动数值模拟[J]. 排灌机械工程学报,2014,32(4): 290-295.

[8] 李靖,王晓放,周方明. 非均布导叶对核主泵模型泵性能及压力脉动的影响[J]. 流体机械, 2014,42(9):19-24.

[9] 倪丹,杨敏官,高波,等. 混流式核主泵内流动结构与压力脉动特性关联分析[J]. 工程热物理学报, 2017, 38(8):1676-1682.

[10] 苏宋洲,王鹏飞,许忠斌,等. 核主泵启动过程压力脉动和径向力研究[J].

核动力工程,2017，38(3)：110－114.
[11] 杨敏官,陆胜,高波,等.叶片厚度对混流式核主泵叶轮能量性能影响研究[J].流体机械,2015，43(5):28－32.
[12] 黄树亮,冯进军,陈巧艳,等.AP1000 全失流事故 DNBR 计算分析[J].核动力工程,2015，36 (2)：33－36.
[13] 朱荣生,李小龙,袁寿其,等.1 000 MW 级核主泵压水室出口压力脉动[J].排灌机械工程学报，2012，30 (4):395－400.
[14] 朱荣生,郑宝义,袁寿其,等.1 000 MW 核主泵失水事故工况下气液两相流分析[J].原子能科学技术，2012,46(10):1202－1206.
[15] Poullikkas A. Two phase flow performance of nuclear cooling pumps[J]. Progress in Nuclear Energy，2000,36(2):123－130.
[16] Poullikkas A. Effects of two-phase liquid-gas flow on the performance of nuclear reactor cooling pumps [J]. Progress in Nuclear Energy，2003,42(1):3－10.
[17] Chan A M C，Kawaji M，Nakamura H，et al. Experimental study of two-phase pump performance using a full size nuclear reactor pump[J]. Nuclear Engineering and Design，1999，193(1):159－172.
[18] Farhadi K, Bousbia-Salah A, Auria F D. A model for the analysis of pump start-up transients in Tehran research reactor[J]. Progress in Nuclear Energy,2007,49(7):499－510.
[19] Farhadi K. Transient behaviour of a parallel pump in nuclear research reactors[J]. Progress in Nuclear Energy,2011,53(2):195－199.
[20] 刘夏杰,刘军生,王德忠,等.核电事故对核主泵安全特性影响的试验研究[J].原子能科学技术，2009，43(5):448－451.
[21] Choi K Y, Kim Y S, Yi S J, et al. Development of a pump performance model for an integral effect test facility[J]. Nuclear Engineering and Design,2008,238(10):2614－2623.
[22] Gao H, Gao F, Zhao X C, et al. Transient flow analysis in reactor coolant pump systems during flow coastdown period [J]. Nuclear Engineering and Design,2011,241(2):509－514.
[23] Gao H, Gao F, Zhao X C, et al. Analysis of reactor coolant pump transient performance in primary coolant system during start-up period[J]. Annals of Nuclear Energy，2013,54:202－208.
[24] 付强,曹梁,朱荣生,等.空化模型热力学修正的核主泵空化研究[J].核

动力工程,2015, 36(6): 128 - 132.

[25] 陆鹏波. 高温高压混流泵空化及其对泵结构设计影响分析[D]. 大连: 大连理工大学, 2012.

[26] 王秀礼,户永刚,袁寿其,等. 基于流固耦合的核主泵汽蚀动力特性研究[J]. 哈尔滨工程大学学报, 2015,36(2):213 - 217.

[27] Modesti D, Pirozzoli S, Grasso F. Direct numerical simulation of developed compressible flow in square ducts[J]. International Journal of Heat and Fluid Flow,2019,76:130 - 140.

[28] Chisachi K, Hiroshi M, Akira M. Large eddy simulation of unsteady flow in a mixed flow pump[J]. International Journal of Rotating Machinery,2003,9:345 - 351.

[29] Takahide N, Yasuhiro I, Toshiyuki S, et al. Investigation of the flow field in a multistage pump by using LES[C]// Proceedings of 2005 ASME Fluids Engineering Division Summer Meeting(FEDSM 2005), 2005: 1476 - 1487.

[30] 杨建明,刘文俊,吴玉林. 用大涡模拟方法计算尾水管内非定常周期性湍流[J]. 水利学报, 2001,3(8):79 - 84.

[31] 王文全,张立翔,郭亚昆,等. 弯曲槽道边壁振动情况下湍流特性的大涡模拟[J]. 水科学进展,2008,19(5):618 - 623.

[32] Zhang M L, Shen Y M. Three-dimensional simulation of meandering river based on 3-D RNG $k-\varepsilon$ turbulence model[J]. Journal of Hydrodynamics, Ser. B, 2008, 20(4): 448 - 455.

[33] Spalart P R, Jou W H, Strelets M, et al. Comments on the feasibility of LES for wings and on a hybrid RANS/LES approach[C]// Proceedings of 1st AFOSR International Conference on DNS and LES: Advances in DNS/LES, 1997,1:137 - 147.

[34] Yu H S, Thé J. Validation and optimization of SST $k-\omega$ turbulence model for pollutant dispersion within a building array[J]. Atmospheric Environment,2016,145:225 - 23877.

[35] Arroyo-Callejo G, Laroche E, Millan P, et al. Numerical investigation of compound angle effusion cooling using differential Reynolds stress model and zonal detached eddy simulation approaches[J]. Journal of Turbo Machinery,2016; 138 (10): 1—11.

[36] Breuer M. Large eddy simulation of the subcritical flow past a circular

cylinder: Numerical and modeling aspects [J]. International Journal for Numerical Methods in Fluids, 1998, 28(9): 1281 - 1302.

[37] Spalart P R, Deck S, Shur M L, et al. A new version of detached-eddy simulation, resistant to ambiguous grid densities[J]. Theoretical and Computational Fluid Dynamics, 2006, 20 (3): 181 - 195.

[38] 黄剑峰,张立翔,王文全,等. 混流式水轮机三维非定常流分离涡模型的精细模拟[J]. 中国电机工程学报, 2011, 26: 83 - 89.

[39] Spalart P R, Allamas S R. A one-equation turbulence model for an aerodynamic flow [J]. AIAA paper 92 - 0439, 1992.

[40] Hiroshi F, Hiroshi T, Koji M. Experimental study on unstable characteristics of mixed-flow pump at low flow-rates[C]//Proceedings of FEDSM′ 03′ 4TH ASME_ JSME Joint Fluids Engineering Conference, 2003: 1 - 6.

[41] Kumar P, Saini R P. Study of cavitation in hydro turbines—A review[J]. Renewable and Sustainable Energy Reviews, 2010, 14(1): 374 - 383.

[42] Ji B, Luo X W, Peng X X, et al. Numerical investigation of the ventilated cavitating flow around an under-water vehicle based on a three-component cavitation model[J]. Journal of Hydrodynamics, Ser. B, 2010, 22(6): 753 - 759.

[43] Basha S A, Gopal K R. In-cylinder fluid flow, turbulence and spray models—A review[J]. Renewable and Sustainable Energy Reviews, 2009, 13(6): 1620 - 1627.

[44] Sun Z, Wang W Y, Dong X W, et al. Studying corrosion in the vane wheel of a submersible pump[J]. World Pumps, 2000, 2000(406): 24 - 27.

[45] 程效锐,符丽,包文瑞. 叶片进口几何形状对核主泵空化流动特性的影响[J]. 兰州理工大学学报, 2019, 45(2): 51 - 57.

[46] 程效锐,滕飞,张舒研,等. 环形压水室截面面积对核主泵性能的影响[J]. 流体机械, 2019, 47(3): 6 - 12.

[47] 程效锐,吕博儒,吉晨颖,等. 转子悬臂比对核主泵水力振动的影响[J]. 原子能科学技术, 2019, 53(4): 673 - 681.

[48] 程效锐,包文瑞,符丽,等. 核主泵环形压水室的内部流动稳态特性[J]. 兰州理工大学学报, 2019, 45(1): 49 - 56.

[49] 程效锐,符丽,包文瑞. 核主泵空化流动对能量转换的影响[J]. 排灌机械工程学报, 2018, 36(5): 369 - 376.

[50] 程效锐,许彪,叶小婷,等.导叶周向位置对核主泵叶轮径向力的影响[J].兰州理工大学学报,2018,44(4):52-59.

[51] 程效锐,魏彦强,刘贺,等.核主泵叶轮与导叶能量转换的数值计算[J].流体机械, 2018,46(9):38-43.

[52] 程效锐,包文瑞,符丽.隔舌圆角对核主泵环形压水室流动特性的影响[J].排灌机械工程学报,2017,35(9):737-743.

[53] 程效锐,叶小婷,包文瑞.导叶轴向安放位置对核主泵性能的影响[J].排灌机械工程学报,2017,35(6):472-480.

[54] 程效锐,包文瑞.核主泵前腔间隙对性能影响的数值计算[J].排灌机械工程学报, 2016,34(9):748-754.

[55] 程效锐,贾程莉,杨从新,等.导叶周向布置位置对核主泵压力脉动的影响[J].机械工程学报,2016,52(16):197-204.

[56] 杨从新,齐亚楠,黎义斌,等.核主泵叶轮与导叶叶片数匹配规律的数值优化[J].机械工程学报,2015,51(15):53-60.

[57] 杨从新,王玲,杨焘.导叶叶片厚度对核主泵性能的影响[J].兰州理工大学学报, 2019, 45(2):45-50.

[58] 杨从新,王玲.导叶出口液流的速度环量对核主泵性能的影响[J].兰州理工大学学报, 2018,44(5):57-63.

[59] 杨从新,贾程莉,程效锐,等.导叶周向布置位置对核主泵性能的影响[J].兰州理工大学学报, 2015,41(5):54-58.

[60] 杨从新,齐亚楠,黎义斌,等.导叶叶片出口角对核主泵性能的影响[J].甘肃科学学报,2016,28(3):49-53.

[61] 黎义斌,李仁年,王秀勇,等.核主泵内部流动干涉的瞬态效应研究[J].中国电机工程学报,2015,35(4):922-928.

[62] 黎义斌,祁炳,杨由超,等.基于比面积调控的核主泵动静叶栅数值优化研究[J].哈尔滨工程大学学报,2018,39(1):85-92.

[63] 黎义斌,张梅,朱月龙,等.核主泵动静叶栅内部瞬态流动特性研究[J].核动力工程,2018,39(2):20-26.

[64] 黎义斌,李仁年,王秀勇,等.核主泵水力性能数值预测的缩比效应研究[J].原子能科学技术,2015,49(4):609-615.

[65] 王秀勇,黎义斌,朱月龙,等.导叶扩散度对核主泵水力性能影响的数值分析[J].原子能科学技术,2017,51(8):1400-1406.

[66] 王秀勇,黎义斌,齐亚楠,等.基于正交试验的核主泵导叶水力性能数值优化[J].原子能科学技术,2015,49(12):2181-2188.

[67] 贾程莉,杨从新,兰小刚,等.隔舌倒圆半径对核主泵性能的影响[J].排灌机械工程学报,2017,35(7):571-576.
[68] Cheng X R, Bao W R, Fu L. Influences of tongue fillet radius on flow characteristic of annular casing in reactor coolant pump[J]. Journal of Drainage & Irrigation Machinery Engineering, 2017, 35(9):737-743.
[69] Cheng X R. Effect of cavitation flow on energy conversion characteristics of nuclear main pump[C]// ASME Fluids Engineering Division Summer Meeting, 2018.